高 等 学 校 教 学 用 书

电 力 拖 动

北京科技大学 周绍英 编

北 京
冶 金 工 业 出 版 社
2008

图书在版编目(CIP)数据

电力拖动/周绍英编．—北京：冶金工业出版社，
1990.5（2008.6 重印）
高等学校教学用书
ISBN 978-7-5024-0700-1

Ⅰ.电… Ⅱ.周… Ⅲ.电力传动—高等学校—教材
Ⅳ.TM921

中国版本图书馆 CIP 数据核字（2008）第 081113 号

出版人　曹胜利
地　　址　北京北河沿大街嵩祝院北巷 39 号，邮编 100009
电　　话　(010)64027926　电子信箱　postmaster@cnmip.com.cn
责任编辑　宋　良　美术编辑　李　心　责任印制　丁小晶
ISBN 978-7-5024-0700-1
北京兴顺印刷厂印刷；冶金工业出版社发行；各地新华书店经销
1990 年 5 月第 1 版，2008 年 6 月第 8 次印刷
787mm×1092mm　1/16；13.75 印张；327 千字；214 页；24601-26100 册
21.00 元
冶金工业出版社发行部　电话：(010)64044283　传真：(010)64027893
冶金书店　地址：北京东四西大街 46 号(100711)　电话：(010)65289081
（本书如有印装质量问题，本社发行部负责退换）

前　言

本书是在北京科技大学校内教材《电力拖动基础》的基础上，广泛听取校内外使用者的建议后，重新编写而成的。"电力拖动"课程是自动化专业重要的技术基础课，也是自动化专业工程技术人员必学的专业基础知识。

本书从电力拖动系统动力学入手，系统全面地介绍了直流电力拖动和交流电力拖动知识。着重分析他励直流电动机起动、制动及调速等各种运行状态的动静态特性和参数计算；异步电动机的特性分析、起动制动方法和交流机常用的调速方式。同时，对电动机容量选择的理论和方法也作了介绍，并附有用自动控制理论方法对"他励直流电动机考虑电枢电感时的过渡特性解析"和计算机计算起动电阻、绘制动态特性的程序框图。第三章还介绍了异步机参数的计算方法。

随着科学技术的发展，在电力拖动领域中，交流调速系统发展很快，为便于学生学习"近代交流调速"这门课，应在"电力拖动"课程中加强交流拖动部分，同时应使教材适于培养学生的自学能力。本书正是以此为出发点编写的，具有如下特点：

1）反映了现代科学技术的发展，表现出较强的专业特点和时代气息。这是该书有别于同类书的主要特点之一。

2）便于自学又不繁琐，这是本书的最大特点。内容阐述上注意了启发式，提出问题，解决问题，得出结论一环扣一环。层次清晰、逻辑性、系统性较强。重点难点突出，论述清楚。

3）每章后面有大量的思考题和习题。

4）是在多年教学经验基础上编写的，取材较广泛，且有自己的特色。

本书由北京科技大学自动化系周绍英副教授编；附录一由李国华副教授编写；附录二由张景民副教授和彭晓伟提供。在编著过程中，得到校内外很多同行和读者的帮助，特别是赵殿甲教授、任兴权教授和宋银宾教授，对原校内教材作了认真审阅，并写出评语。在此表示最衷心的感谢。

由于作者水平有限，书中不当之处，敬请读者批评指正。

编　者

一九八九年二月

目　录

绪　论

在工业企业中，各种生产机械为了完成各种工艺过程的要求，大多数都需要有机械能。早期的机械能来源于水力、蒸汽。电机出现以后，由于电能具有变换、传输、分配、使用和控制都比较方便、经济，而且易于大量生产、集中管理、远距离传输和实现自动控制的优点，就由电力代替了水力和蒸汽。这种用电机拖动生产机械的拖动方式，叫“电机拖动”或“电力拖动”。

早期的“电力拖动”方式是“成组拖动”。一台电动机通过一根长轴（俗称“天轴”）拖动全车间的数台生产机械。这样一旦电机出现故障，全车间就得停产。随着生产的发展，出现了“单电机拖动”，即由一台电机拖动一台生产机械。而一台生产机械往往又具有几个不同的运动。例如车床，就有刀架的横向移动，纵向移动和主轴的转动。单电机拖动方式不便于各种运动的分别调节，而且使传动机构复杂化。后来出现的“多电动机拖动”，由多台电机分别拖动一台生产机械的各个运动部分，就克服了“单电机拖动”的缺点。

生产的不断发展，对生产工艺也不断提出更高的要求。例如，要求加工精度高，调速范围广，快速起、制动和反转等。这些要求须通过控制设备控制电动机来实现，因此形成了由控制设备、电动机、传动机构、生产机械等主要部分组成的电力拖动系统，如图0-1所示。其中的控制设备有继电器-接触器型有触点控制系统，发电机-电动机组，放大机控制系统，磁放大器控制系统，离子拖动控制系统，近代的可控硅控制系统和计算机控制系统。由于磁放大器控制系统惯性大，离子拖动控制系统工作可靠性差，二者已被淘汰。其他控制系统目前在我国都有应用。

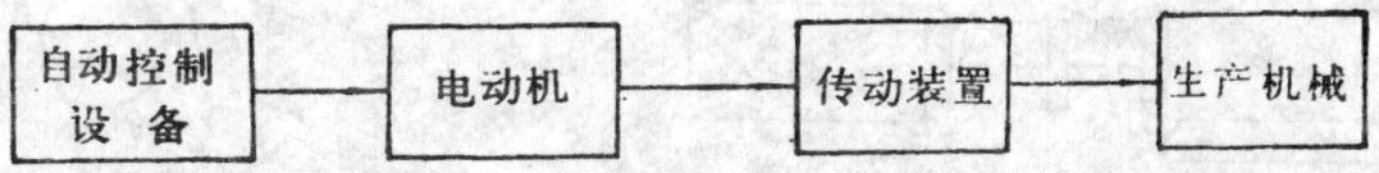

图 0-1　电力拖动系统的结构图

综上所述，凡是用电动机将电能转换成机械能，拖动生产机械，并完成一定工艺要求的系统，都称为“电力拖动系统”。

本课程研究的主要对象是电力拖动系统中的电动机、传动机构和生产机械三个主要部分。至于控制设备，将在后续课中进行研究。

本课程以数学、电工基础、电机学为基础，为可控硅电路、自动控制系统、计算机控制系统及近代交流调速等课程准备必要的理论基础。它既具有很强的理论性，又具有一定的实践性，是一门重要的技术基础课。

通过本课程的学习，要求掌握下面一些基本内容和方法。

1）掌握分析电动机机械特性及各种运行状态（电动、制动、反转）的基本理论和基本运算；

2）掌握电力拖动系统机械过渡过程的基本特性及主要分析方法，了解电枢电感对过渡过程的影响；

3）掌握各种调速方法的原理、特点及特性；

4）掌握电动机容量选择的原理和方法；

5）学习、掌握电力拖动系统的基本实验方法。

1 电力拖动系统动力学

凡是以电动机将电能转换成机械能，拖动生产机械，并完成一定工艺要求的系统，都称为电力拖动系统。最简单的电力拖动系统如日常生活中的电风扇、电唱机，工业生产中的水泵等；复杂的电力拖动系统如连轧机、可逆轧机等。电力拖动系统中所用的电机种类很多，有直流机、交流机。直流机中有他励、并励、串励、复励之分；交流机中有同步机、异步机之分。异步机又可分为绕线异步机和鼠笼异步机等等。生产机械的性质也各不相同。因此，实际的电力拖动系统有许多种，不可能分别进行研究，只有找到它们的共性，找出其普遍的运动规律，予以综合分析。无论电动机的种类如何，生产机械的性质如何，每个电力拖动系统都是一个动力学整体。从动力学角度来分析，它们都服从动力学的统一规律。因此，我们首先研究电力拖动系统的动力学，建立电力拖动系统的运动方程式。

1.1 单轴电力拖动系统运动方程式

所谓单轴电力拖动系统，就是电动机出轴直接拖动生产机械运转的系统，如图1-1所示。

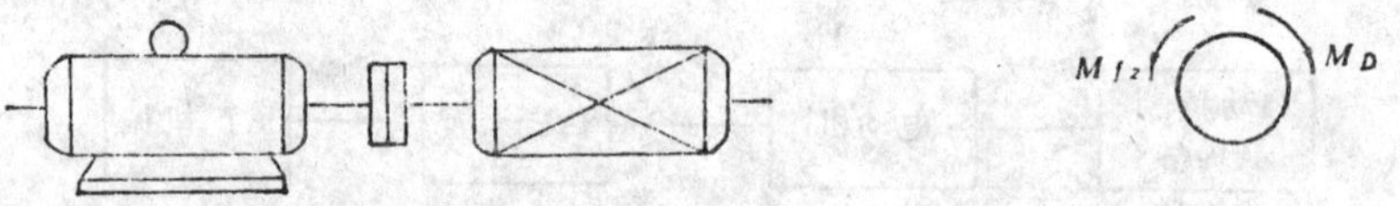

图 1-1 单轴拖动系统及轴上转矩

1.1.1 单轴电力拖动系统运动方程式

图1-1所示电力拖动系统，当电动机转矩M_D和负载转矩M_{fz}相等时，系统处于静态。或者恒速旋转，或者静止不动。此时$M_D-M_{fz}=0$。而当$M_D\neq M_{fz}$时，例如$M_D>M_{fz}$，则电动机转矩M_D除了克服运动系统的负载转矩M_{fz}外，还使系统沿电动机转矩M_D的方向，产生角加速度$\frac{d\Omega}{dt}$。当$M_D-M_{fz}=$常数时，角加速度的大小与系统的转动惯量J成反比，即

$$M_D-M_{fz}=J\frac{d\Omega}{dt}$$

$$\text{或}\quad M_D-M_{fz}=M_g$$

式中 M_g——惯性转矩。

下面从能量守恒原理推导运动方程式的实用公式。由物理学可知，当一个物体在外力（外力与摩擦力相等）作用下做匀速直线运动时，储存的动能为

$$W=\frac{1}{2}mv^2$$

式中　m——物体的质量；

　　　v——物体的运动速度。

那么一个旋转体在转矩作用下匀速旋转时，系统也储存动能，可表示为

$$W_d=\frac{1}{2}J\Omega^2$$

式中　J——系统的转动惯量；

　　　Ω——系统的角速度。

与直线运动的动能公式相比较，可知转动惯量相当于直线运动时的质量，是物体在转动中惯性大小的量度。转动惯量J等于转动体中每个质点的质量与这一质点到转轴的距离的平方之乘积的总和。

电动机拖动生产机械以角速度Ω恒速旋转，经过dt时间，转过$d\alpha$角，电动机转矩M_D做的功为A_D。A_D除克服负载转矩M_{fz}所做的功A_{fz}以外，其余的功应该等于系统储存的动能W_d。因此，可以得到动能守恒方程式

$$A_D-A_{fz}=W_d \tag{1-1}$$

功对时间的变化率即为功率，所以有

$$\frac{dA_D}{dt}-\frac{dA_{fz}}{dt}=\frac{dW_d}{dt}$$

或写成为功率平衡方程式

$$P_D-P_{fz}=P_d \tag{1-2}$$

考虑到功率P与转矩M的关系为$P=M\Omega$，于是有

$$M_D-M_{fz}=\frac{P_d}{\Omega_D} \tag{1-3}$$

现在只看P_d，对电动机轴

$$P_d=\frac{dW_d}{dt}=\frac{d}{dt}\left(\frac{1}{2}J_D\Omega_D^2\right)=\frac{d}{dt}\left(J_D\frac{\Omega_D^2}{2}\right)$$

$$=J_D\Omega_D\frac{d\Omega_D}{dt}+\frac{\Omega_D^2}{2}\ \frac{dJ_D}{dt}$$

$$=J_D\Omega_D\frac{d\Omega_D}{dt}+\frac{\Omega_D^2}{2}\ \frac{dJ_D}{d\alpha}\ \frac{d\alpha}{dt}$$

$$=J_D\Omega_D\frac{d\Omega_D}{dt}+\frac{\Omega_D^3}{2}\ \frac{dJ_D}{d\alpha}$$

将P_d表达式代入式1-3中，于是得到运动方程式的一般形式

$$M_D-M_{fz}=J_D\frac{d\Omega_D}{dt}+\frac{\Omega_D^2}{2}\ \frac{dJ_D}{d\alpha} \tag{1-4}$$

公式右边第一项是当角速度随时间变化时产生的惯性转矩，第二项是当转动惯量J随转角α变化时产生的惯性转矩。而在多数情况下，转动惯量J是不变化的，即$\frac{dJ}{d\alpha}=0$，所以可将式1-4简化。对单轴电力拖动系统，可写成

$$M_D-M_{fz}=J_D\frac{d\Omega_D}{dt} \tag{1-5}$$

式中　J_D——电动机轴上所有转动体的转动惯量（$N\cdot m\cdot s^2$）；

Ω_D——电动机轴的角速度（rad/s）。

在工程实践中，往往不用转动惯量J而用飞轮矩GD^2表示旋转体的惯性。旋转体的速度用转速n表示，而不用角速度Ω表示。因此将式1-5中的J用GD^2代替，将Ω用n代替，以得到运动方程式的实用形式。J与GD^2的关系为

$$J=m\rho^2=\frac{G}{g}\left(\frac{D}{2}\right)^2=\frac{GD^2}{4g} \tag{1-6}$$

式中　m——转动体的质量（kg）；

G——转动体的重量（N）；

g——重力加速度（m/s^2）；

D——回转直径，或称惯性直径（m）；

ρ——回转半径，或称惯性半径(m)。

下面看一下ρ的物理概念。图1-2a为任意一个旋转体，以OO'为轴旋转。现在我们设想将围绕某一转轴旋转的物体质量m集中在一个点上（如图1-2b中的A点），其转动惯量与旋转体的转动惯量相等，此点到转轴的距离叫做回转半径ρ。注意，ρ和物体的半径R是绝然不同的两个概念，一定要区别开。这里回转直径$D=2\rho$，而$D\neq 2R$。如图1-2a所示，回转轴线与母线平行并通过重心的圆柱体，由表1-1知，其$\rho^2=\frac{R^2}{2}$，即

$$D=2\rho=2R/\sqrt{2}=1.414R$$

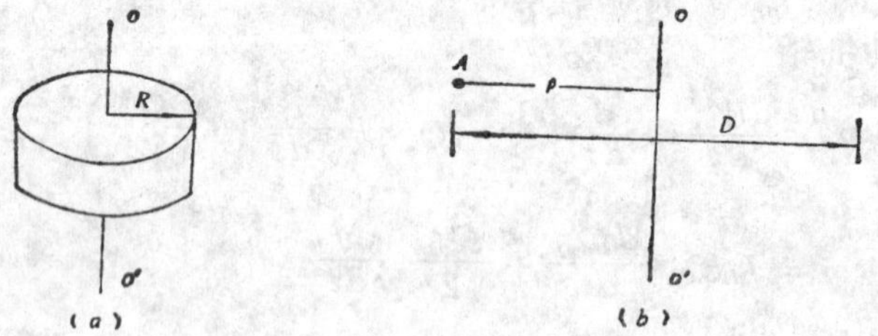

图 1-2　旋转体的回转半径和回转直径

a—旋转体；b—回转半径

角速度Ω与转速n的关系为$\Omega=\frac{2\pi n}{60}$，则

$$\frac{d\Omega}{dt}=\frac{2\pi}{60}\frac{dn}{dt} \tag{1-7}$$

将式1-6和式1-7代入式1-5中，得

$$M_D-M_{fz}=\frac{GD_D^2}{4g}\ \frac{2\pi}{60}\ \frac{dn}{dt}$$

则运动方程式的实用形式为

$$M_D-M_{fz}=\frac{GD_D^2}{375}\ \frac{dn}{dt} \tag{1-8}$$

式中　M——电动机产生的转矩（N·m）；

M_{fz}——负载转矩（N·m）；

$\frac{GD^2}{375}\ \frac{dn}{dt}=\mathrm{Mg}$——惯性转矩（N·m）；

GD^2——旋转体的飞轮矩（N·m²）。

式1-8表征了电力拖动系统机械运动的普遍规律，是研究电力拖动系统各种运行状态的基础，也是生产实践设计计算的依据，是个重要的公式。因为今后研究的全是电动机单轴系统，所以为简便起见，可将M_D和GD_D^2等量的下标去掉。

表 1-1　**规则物体的回转半径**

几何图形	物体名称与回转轴线	回转半径ρ的平方
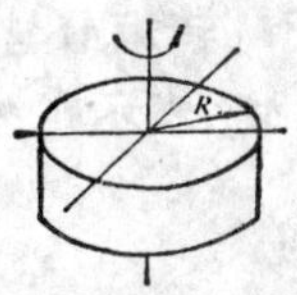	回转轴线与母线平行并通过重心的圆柱体	$\rho^2=\frac{R^2}{2}$
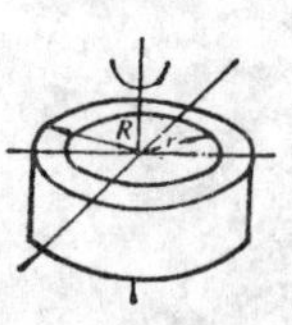	回转轴线与母线平行并通过重心的空心圆柱体	$\rho^2=\frac{R^2+r^2}{2}$
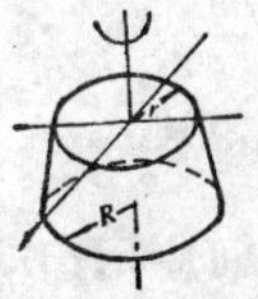	回转轴线与锥底面垂直并通过重心的截锥体	$\rho^2=\frac{3}{10}\ \frac{R^5-r^5}{R^3-r^3}$
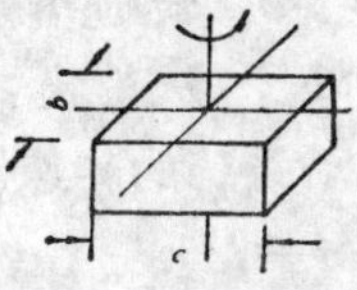	回转轴线通过重心并与长方体的一棱平行	$\rho^2=\frac{b^2+c^2}{12}$

1.1.2 各量的物理意义及正方向的规定

运动方程式中各量的物理意义都在前面做了标注。这里值得提出的是GD^2，其中G是旋转体的重量，D是回转直径，但是从$J=GD^2/4g$来看，GD^2做为一个整体代表旋转体的惯性大小，切不可将它割裂开而理解为G与D^2的乘积。在进行设计计算时，由电动机的产品样本可查出电动机电枢的飞轮矩GD^2值，从机械设计部门得到生产机械各旋转部件的GD^2值。对于几何形状规则的部件，也可从表1-1查出回转半径ρ的数值，再根据$GD^2=4G\rho^2$计算出GD^2的值（因为$GD^2=4gJ$，$J=m\rho^2$，$m=\dfrac{G}{g}$，所以$GD^2=4G\rho^2$）。一些几何形状不规则的部件，可先设法分成几个形状简单的部分，进行上述计算，然后把各部分的GD^2加起来，求出整个部件的GD^2。对于一些常见的齿轮、抱闸轮和飞轮等，也可以根据它的外径和重量进行估算，常用的经验公式如下：

齿轮的飞轮矩$GD^2_{ch}\approx 0.6\times G_{ch}\times D_j^2$　　N·m²

其中　G_{ch}——齿轮的重量（N）；

D_j——齿轮的节圆直径(m)。

飞轮的飞轮矩$GD_f^2\approx 0.65\times G_f\times D_f^2$　N·m²

其中　G_f——飞轮的重量（N）；

D_f——飞轮的外径(m)。

因为$4g\times 60/2\pi=375(\mathrm{m/s^2})$，所以式1-8中的“375”是具有加速度量纲的常数。

再看正方向的规定。一般习惯上规定转速n对观察者顺时针为正；转矩M与n的正方向相同为正；负载转矩M_{fz}与n的正方向相反为正。将$+n$、$+M$、$+M_{fz}$表示在轴的剖面图和直角坐标系上，如图1-3所示。

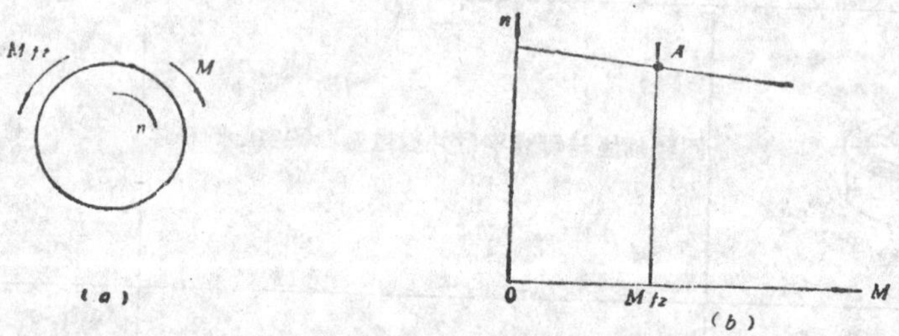

图 1-3　转速n、转矩M、负载转矩M_{fz}的正方向

a—轴的剖面图；b—直角坐标系

明确了各量的物理意义及各量正方向的规定，下面再说明一下如何应用运动方程式来判断电力拖动系统的运行状态。当$M=M_{fz}$时，$dn/dt=0$，系统处于静态，此时转速$n=0$或$n=$常数，即系统静止或以恒定转速运行。当$M>M_{fz}$时，$dn/dt>0$，转速n随着时间t的增加而增加，即系统处于加速状态。反之，当$M<M_{fz}$时，系统处于减速状态，此时若$n=0$，系统仍静止不动。不管是加速状态还是减速状态，电力拖动系统的转速都在变化，相对于转速n恒定不变的静态来讲，统称为动态。因此，只要$M\neq M_{fz}$，系统就处于动态。

当$M-M_{fz}$=常数时，系统处于匀加速或匀减速运动状态。其加速度和减速度的大小都与系统的飞轮矩GD^2的大小成反比。系统的惯性越大，转速的变化越小；惯性越小，则转速的变化越大。这正是将M_g称为惯性转矩的原因所在。

为了很好地掌握和运用运动方程式，研究电力拖动系统的各种运行状态，还要对其中的转矩M和负载转矩M_{fz}进行深入的研究。M是电动机的转矩，它和转速n的关系是电动机很重要的特性，在第二章中要专门研究，下面对负载转矩M_{fz}进行分析。

1.1.3 负载转矩

广义的负载转矩是指生产机械的负载转矩M_{fz}与生产过程中的某些因素，例如转速、行程、时间等的关系。而在电力拖动系统中，为了使电动机的机械特性与负载转矩特性相配合，研究电动机的各种运行状态所涉及到的负载转矩特性，是指负载转矩M_{fz}与转速n的关系。在此定义下，典型的负载转矩特性有如下几种。

1.1.3.1 恒转矩负载特性

所谓恒转矩负载特性，是指负载转矩M_{fz}与其转速n无关。无论转速n如何变化，负载转矩始终保持为常数。在恒转矩负载中，又分为反抗性恒转矩负载和位能性恒转矩负载两种。

反抗性恒转矩负载　反抗性恒转矩负载的转矩作用方向总是阻碍运动的方向，因此随转速方向改变而改变。摩擦类负载的转矩就具有这种性质。当外加转矩使系统向某一个方向旋转时，摩擦转矩就阻碍系统旋转；当外加转矩方向改变，使系统朝和原来旋转方向相反的方向旋转时，则摩擦转矩的方向也随之反过来，仍阻碍系统的旋转。所以，正的反抗性恒转矩负载特性位于第一象限，负的反抗性恒转矩负载特性位于第三象限。当转速$n=0$时，即外加转矩不足以使系统运动时，根据作用力与反作用力原理，这时反抗性负载转矩的大小和方向决定于外加转矩的大小和方向，即与外加转矩大小相等、方向相反。此间负载转矩特性与横轴重合。

根据以上分析，可以得到如图1-4a所示的反抗性恒转矩负载特性。当电动机拖动反抗性恒转矩负载正转时，转速n、转矩M、负载转矩M_{fz}全为正，它们的方向如图1-4b所示。

属于这一类的生产机械如起重机的大车、小车移行机构，皮带运输机，龙门刨床的传动系统，机床刀架平移机构等。

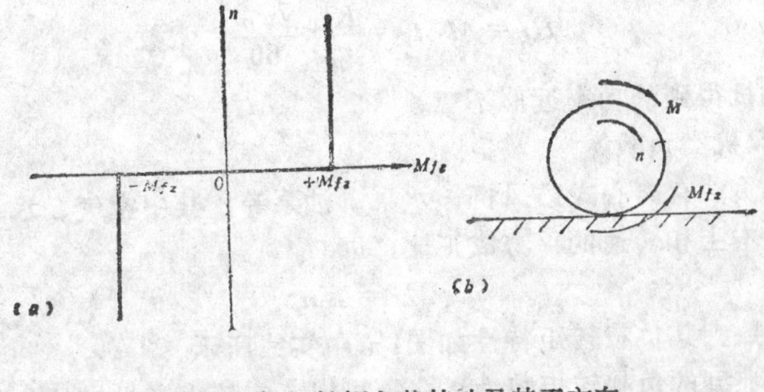

图 1-4　反抗性恒转矩负载特性及其正方向

a—反抗性恒转矩负载特性；b—负载转矩正方向

位能性恒转矩负载　因为位能性恒转矩负载的转矩是受重力作用产生的，所以它具有固定不变的方向，其方向不随转速方向的改变而改变。

最典型的位能性负载是起重机的提升机构。不论是提升重物还是下放重物，重力的作用方向总是向下的，重力产生的位能性转矩的方向是固定不变的。因此，位能性恒转矩负载的转矩特性是贯穿第一、四象限的一条直线，如图1-5所示。

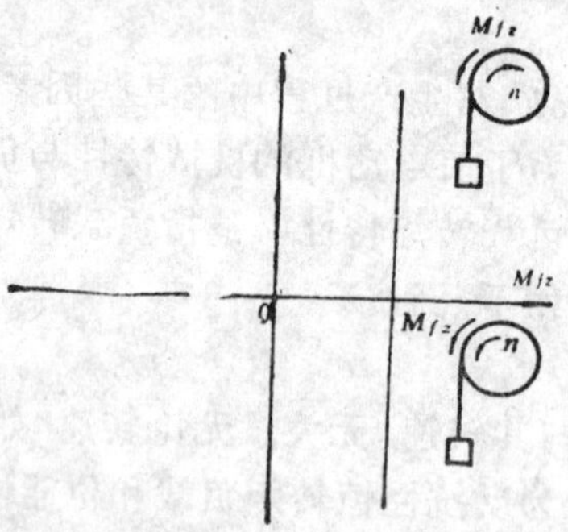

图 1-5　位能性恒转矩特性

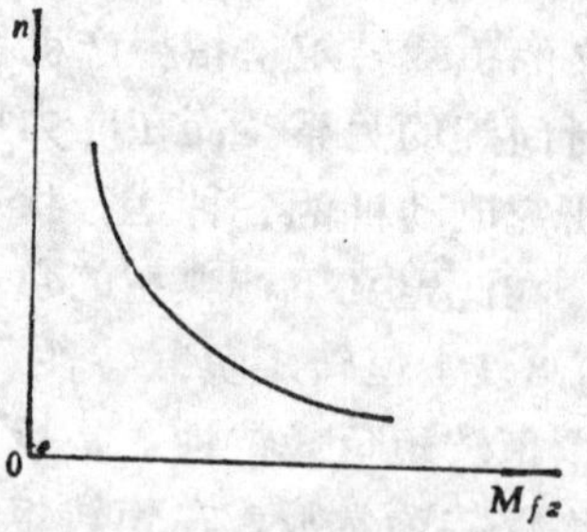

图 1-6　恒功率负载特性

1.1.3.2　恒功率负载

所谓恒功率负载，是当转速 n 变化时，从电动机吸收的功率基本不变。负载从电动机吸收的功率也就是电动机轴上输出的功率 P_2

$$\because \quad P_2 = M_{fz}\Omega = \text{常数}$$

$$\therefore \quad M_{fz} = \frac{P_2}{\Omega} = P_2 \frac{60}{2\pi n}$$

因 P_2 为常数，所以负载转矩应该随着转速 n 的增加而减小，即 M_{fz} 与 n 成反比。其负载转矩特性如图1-6所示。

典型的恒功率负载有车床的主轴机构和轧钢机的主传动。车床在进行粗加工时，切削量比较大，切削阻力比较大，即负载转矩大。宜用低速加工。到精加工时，为使工件的表面光洁度好，切削量要小，切削阻力小，即负载转矩小。这时一般都进行高速切削。这样在不同的转速下，负载转矩 M_{fz} 就近似与转速 n 成反比（$M_{fz}=K/n$），即切削功率 P_{fz} 为

$$P_{fz} = M_{fz}\Omega = \frac{K}{n} \times \frac{2\pi n}{60} = \text{常数}$$

因此负载从电动机得到的功率近似不变。

1.1.3.3　风机类负载

属于这类的负载有离心式鼓风机、水泵、油泵等，其中空气、水、油等介质对机器中的叶片之阻力基本上和转速的平方成正比，即

$$M_{fz} = Kn^2$$

式中 K 为比例系数。其负载转矩特性如图1-7中实线所示。

以上是几种典型的负载转矩特性。必须指出，实际生产机械的负载转矩特性可能是以上几种典型特性的综合。例如，实际的鼓风机由于轴承上有一定的摩擦转矩 M_m，是反抗

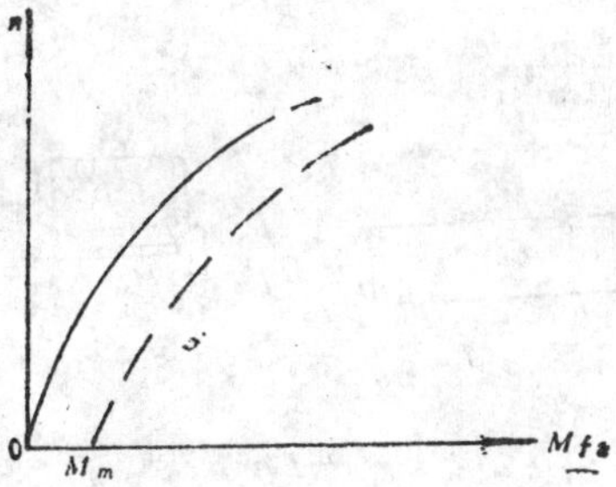

图 1-7　风机类负载特性

性负载性质的，要由外加转矩克服了这个M_m后，才能使鼓风机转动。因此实际的鼓风机负载转矩为

$$M_{fz}=M_m+Kn^2$$

其负载转矩特性如图1-7中虚线所示。再如起重机的提升机构，除位能转矩外，系统也存在摩擦转矩，因此实际提升机构的负载转矩特性是反抗性负载和位能性负载两种典型特性的综合（详见2.7节）。

1.2　多轴电力拖动系统运动方程式

1.1节中介绍的是单轴电力拖动系统运动方程式，实际的电力拖动系统中，一般生产机械为满足其工艺要求，需要较低的转速。而电动机为了节省材料，一般转速都比较高。因为电动机的功率$P=M\Omega$，为保证一定的输出功率，当$P=$常数，Ω值小，即转速低时，M值要大，即磁通Φ和电枢电流I_s要大。电动机的每极磁通Φ大，意味着所用的铁磁材料多；电流大，意味着电枢导线粗，即消耗的有色金属多。所以，为了节省铁磁材料和有色金属，一般电动机转速都比较高。这点也可以从电动机设计的阿诺德公式加以说明。根据电机设计部门提供的资料，存在着下列关系

$$P=CD^2ln$$

式中　C——阿诺德常数，它与电机的电磁参数（线负荷与磁密）有关；

　　　D——电动机的电枢直径；

　　　l——电枢的有效长度；

　　　n——电动机的转速。

电动机的重量G和体积成正比，也有$G\propto D^2l$的关系。由此可看出，提高电动机的转速n，就可以减小电机的体积。因此，一般都希望制造转速较高的电机。所以，电动机和生产机械之间必须装设减速机构，例如齿轮减速箱、蜗轮蜗杆、皮带等。图1-8a所示是在电动机和生产机械之间设齿轮减速箱的电力拖动系统示意图。由图可以看出，在电动机和生产机械之间要经过多根轴传动，所以生产实践中的电力拖动系统多为多轴电力拖动系统。

对于多轴电力拖动系统，如果用单轴系统运动方程式研究其运动情况的话，则需要对每根轴分别写出运动方程式，再列出各轴间相互关系的方程式，消去中间变量，联立求解。显然这是很麻烦的。而对电力拖动系统，一般不须详细研究每根轴的问题，而只须研

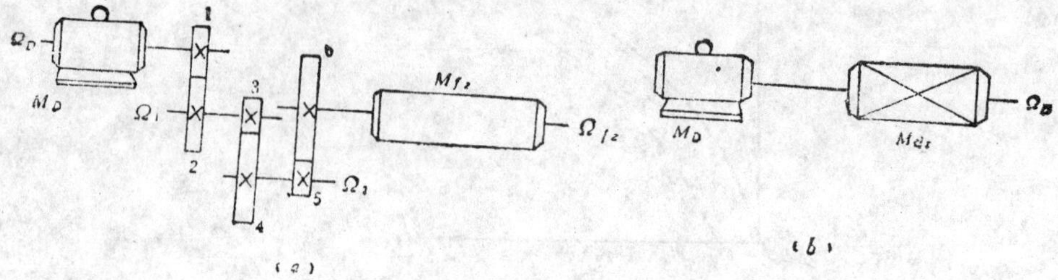

图 1-8　多轴拖动系统折算成单轴拖动系统

a—多轴系统；b—单轴系统

究电动机轴。因此，为简单起见，采用了折算的办法。将多轴电力拖动系统折算成单轴电力拖动系统，即将转动惯量和负载转矩折算到一根轴上去，然后再分析其运动情况。例如，把图1-8 a 的多轴系统等效成图1-8 b 的单轴系统。这样便可利用单轴系统的运动方程式来分析多轴系统的运动情况，所以多轴系统运动方程式和单轴系统运动方程式形式上是一样的，只是式中的M_{fz}是折算后的等效负载转矩M_{dx}，GD^2是折算后的系统总的等效飞轮矩GD^2_{dx}而已。因此，应重点研究负载转矩和飞轮矩的具体折算方法。折算的原则是保证两个系统传送的功率和储存的动能相同。原则上向哪根轴折算都可以，但是由于我们研究的对象是电动机，而且电动机轴一般是高速轴，根据传送功率不变的原则，高速轴上的负载转矩数值小。因此，一般多向电动机轴进行折算。

1.2.1　负载转矩和直线力的折算

1.2.1.1　负载转矩的折算（多轴旋转系统折算成等效的单轴旋转系统）

由能量守恒定律可知，负载转矩的折算原则应该是：折算前后系统传送的功率不变。也就是说，在多轴系统中，负载转矩所消耗的功率应该和单轴系统中等效负载转矩消耗的功率相等。在图1-8 a 中，当不考虑系统的损耗时，有

$$M_D\Omega_D = M_{fz}\Omega_{fz}$$

考虑系统的传动损耗时，在电动机处于电动状态时，损耗由电动机承担。所以，应将电动机功率乘以一个小于1的系数η_c（η_c为传动效率），即

$$\eta_c M_D\Omega_D = M_{fz}\Omega_{fz}$$

$$\therefore \quad M_D\Omega_D = \frac{M_{fz}\Omega_{fz}}{\eta_c} \tag{1-9}$$

从式1-9看出，由于系统实际上有损耗，要适当加大电动机的输出功率，才能保证负载得到的功率不变。

设折算成单轴系统后的等效转矩为M_{dx}，则在图1-8 b 中

$$M_D\Omega_D = M_{dx}\Omega_D$$

根据折算原则，有 (1-10)

$$M_{dx}\Omega_D = \frac{M_{fz}\Omega_{fz}}{\eta_c}$$

所以，等效转矩M_{dx}为

$$M_{dx}=M_{fz}\frac{\Omega_{fz}}{\Omega_D}\times\frac{1}{\eta_c}=M_{fz}\frac{1}{j\eta_c} \tag{1-11}$$

式中　$j=\frac{\Omega_D}{\Omega_{fz}}$——系统的传速比。

如已知各级的传速比或齿轮齿数，可做如下变换

$$M_{dx}=M_{fz}\frac{\Omega_1}{\Omega_D}\frac{\Omega_2}{\Omega_1}\frac{\Omega_{fz}}{\Omega_2}\frac{1}{\eta_c}$$

由此可得

$$M_{dx}=M_{fz}\frac{n_1}{n}\frac{n_2}{n_1}\frac{n_{fz}}{n_2}\frac{1}{\eta_c} \tag{1-12}$$

$$M_{dx}=M_{fz}\frac{1}{j_1 j_2 j_{fz}\eta_c} \tag{1-13}$$

式中　n、n_1、n_2、n_{fz}——分别为电动机轴、第一根轴、第二根轴及负载轴的转速；

j_1、j_2、j_{fz}——各级的传速比。

当一对齿轮互相啮合，同时旋转时，如图1-8a中的齿轮3和齿轮4，其齿数Z和转速n的关系为

$$\frac{n_1}{n_2}=\frac{Z_4}{Z_3}$$

因此可得

$$M_{dx}=M_{fz}\frac{Z_1}{Z_2}\frac{Z_3}{Z_4}\frac{Z_5}{Z_6}\frac{1}{\eta_c} \tag{1-14}$$

式中　Z_1～Z_6——各齿轮齿数。

当已知总传速比、各轴转速、各级传速比或齿轮齿数时，可分别用式1-11、式1-12、式1-13、式1-14计算等效转矩M_{dx}。

若电动机工作在制动状态，如提升机构下放重物时，为使下放速度不致过快，应该使电动机工作在制动状态，产生一个与转速方向相反的转矩，与负载转矩相平衡，保证以恒定的转速下放重物。这时，负载为原动力，由工作机构向电动机传送功率，因此系统的损耗应该由工作机构承担。此时等效转矩的公式为

$$M_{dx}=M_{fz}\frac{\eta_c}{j} \tag{1-15}$$

同样也可以导出与式1-12～式1-14相类似的公式。

1.2.1.2　直线作用力的折算

在提升机构中，如果不知道负载转矩，而是已知直线作用力F_{fz}，如图1-9所示，此时有两种处理方法。一是将直线作用力F_{fz}乘以卷筒半径与钢绳半径之和，得到负载转矩M_{fz}，再按负载转矩公式折算。另一方法是将直线作用力直接进行折算。下面推导直线作用力的折算公式。

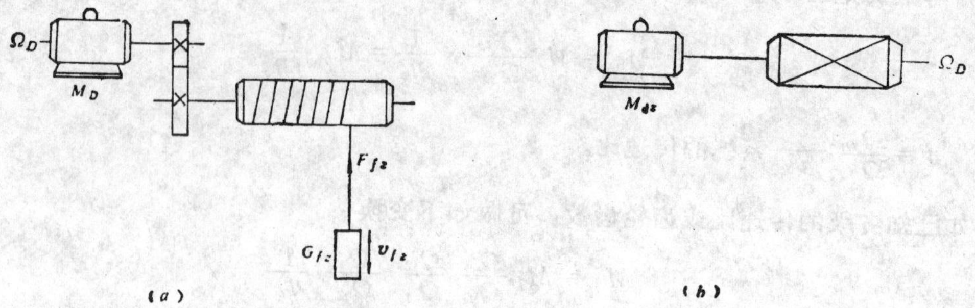

图 1-9 直线运动系统折算成单轴系统

a—直线运动系统；b—单轴系统

当电动机工作在电动状态时（如提升重物），有

$$M_D\Omega_D=\frac{F_{fz}v_{fz}}{\eta_c^{\uparrow}}=M_{dz}\Omega_D$$

$$M_{dz}=F_{fz}\frac{v_{fz}}{\Omega_D}\frac{1}{\eta_c^{\uparrow}}$$

再将Ω_D换成电动机的转速n，于是

$$M_{dz}=9.55\frac{F_{fz}v_{fz}}{n\eta_c^{\uparrow}} \tag{1-16}$$

式中 F_{fz}——工作机构的直线作用力（N）；

v_{fz}——重物提升速度（m/s）；

n——电动机的转速（r/min）。

当电动机工作在制动状态（如下放重物）时，有

$$M_{dz}=9.55\frac{F_{fz}v_{fz}}{n}\eta_c^{\downarrow} \tag{1-17}$$

1.2.2 转动惯量的折算

图1-10是一个提升机构的示意图。在此系统中，各级齿轮和卷筒的转动惯量和作直线运动的重物质量都要进行折算。现分别进行研究。

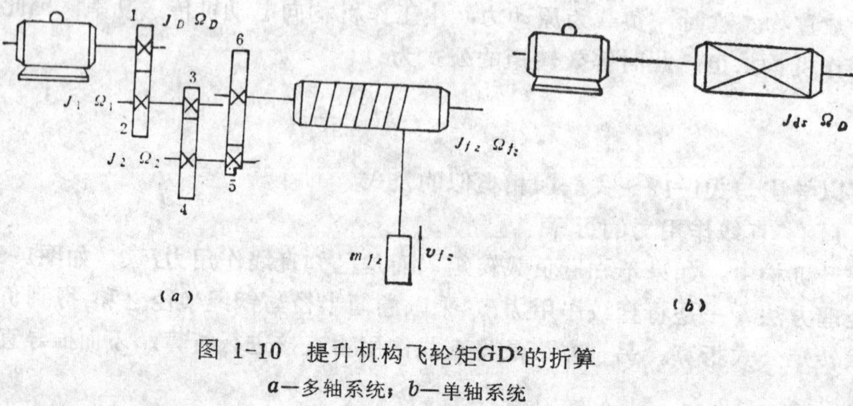

图 1-10 提升机构飞轮矩GD²的折算

a—多轴系统；b—单轴系统

转动惯量的折算原则是折算前后系统储存的动能不变。

1.2.2.1 转动部分转动惯量的折算

由力学规律可知，旋转体的动能为$\frac{1}{2}J\Omega^2$。设折算成单轴系统后的等效转动惯量为J_{dx}，则对图1-10所示的系统有

$$\frac{1}{2}J_{dx}\Omega_D^2=\frac{1}{2}J_D\Omega_D^2+\frac{1}{2}J_1\Omega_1^2+\frac{1}{2}J_2\Omega_2^2+\frac{1}{2}J_{fz}\Omega_{fz}^2$$

公式两边同乘以$4g$，除以Ω_D^2，再进行必要的变换，则可得等效飞轮矩GD_{dx}^2的折算公式

$$GD_{dx}^2=GD_D^2+GD_1^2\frac{1}{j_1^2}+GD_2^2\frac{1}{j_1^2j_2^2}+GD_{fz}^2\frac{1}{j_1^2j_2^2j_{fz}^2} \tag{1-18}$$

这里必须提醒大家的是，式1-18右边各项的GD^2都是每根轴的GD^2。如在图1-10中，电动机轴的GD_D^2为电动机转子的飞轮矩GD_d^2与齿轮1飞轮矩之和；第二根轴的飞轮矩GD_1^2为齿轮2和齿轮3飞轮矩之和。

由式1-18看出，当传动级数多时，计算是相当麻烦的。一般说来，在总的飞轮矩GD^2中，电动机的飞轮矩GD_d^2往往占主要成分，而传动机构中齿轮的飞轮矩有时在设计时是未知的，而且齿轮的飞轮矩所占比例不大，因此工程实践中可以按近似公式计算。将式1-18简化为

$$GD_{dx}^2=\delta GD_d^2+GD_{fz}^2\frac{1}{j_1^2j_2^2j_{fz}^2} \tag{1-19}$$

式中 $\delta=1.1\sim1.25$。

如果生产机械的飞轮矩也是未知的，则可再加大系数δ，取$\delta=1.15\sim1.3$，并用如下公式计算GD_{dx}^2，即

$$GD_{dx}^2=\delta GD_d^2 \tag{1-20}$$

1.2.2.2 直线运动部件质量m_{fz}的折算

在图1-10中，电动机以v_{fz}速度提升重物，电动机除了克服转动部分的惯性以外，还要克服重物质量m_{fz}产生的惯性，因此也要将代表这部分惯性的物体质量m_{fz}折算到电动机轴上去。设折算后的等效转动惯量为J'_{dx}，则

$$\frac{1}{2}J'_{dx}\Omega_D^2=\frac{1}{2}m_{fz}v_{fz}^2$$

考虑到 $J'_{dx}=GD_{dx}^{2\prime}/4g$，$m_{fz}=G_{fz}/g$，$\Omega_D=2\pi n/60$，于是有

$$GD_{dx}^{2\prime}=4g\frac{G_{fz}}{g}\cdot\frac{v_{fz}^2\times60^2}{(2\pi n)^2}$$

$$\therefore\quad GD_{dx}^{2\prime}=365G_{fz}\left(\frac{v_{fz}}{n}\right)^2 \tag{1-21}$$

式中 G_{fz}——直线运动部件的重量(N)；

v_{fz}——直线运动部件的线速度（m/s)。

实际的提升机构总的等效飞轮矩应该是转动部分等效飞轮矩和直线运动部件等效飞轮矩之和，所以提升系统等效飞轮矩的计算公式为

$$GD^2_{dx}=GD^2_D+GD^2_1\frac{1}{j_1^2}+GD^2_2\frac{1}{j_1^2 j_2}+G^2_{fz}\frac{1}{j_1^2 j_2^2 j_{fz}^2}+365G_{fz}\left(\frac{v_{fz}}{n}\right)^2 \quad (1\text{-}22)$$

由以上分析看出，不论电力拖动系统多么复杂，都可以折算成简单的等效单轴电力拖动系统。因此，在本书后面各章中，使用的运动方程式全是指单轴系统运动方程式。其中的M_{fz}代表折算到电动机轴上的等效负载转矩M_{dx}，GD^2代表折算到电动机轴上的系统总的飞轮矩GD^2_{dx}。这点以后不再加以说明。

1.3 传动机构的损耗和效率

在多轴电力拖动系统中，由于传动机构中齿轮的啮合和摩擦、轴承的传动摩擦或皮带的绕曲等原因，当传递能量时，必然有一定的损耗，叫做损耗功率或损耗转矩。在1.2节中推导折算公式时，是用传动机构的效率来体现这部分损耗的。当电动机为原动力时，损耗由电动机承担，因此要适当加大电动机的输出功率，如式1-9有

$$M_D\Omega_D=\frac{M_{fz}\Omega_{fz}}{\eta_c}$$

相反，当负载为原动力时（电动机处于制动状态），损耗由工作机构承担，于是有

$$M_D\Omega_D=M_{fz}\Omega_{fz}\eta_c$$

式中的η_c是传动系统的总传动效率，它如何计算呢？

1.3.1 齿轮传动效率的计算

不同的传动机构（如齿轮、齿条、皮带、曲柄机构等）具有不同的传动效率。在工程计算时，可查阅有关的机械工程手册。但是，由于传动机构的效率η_c定义是

$$\eta_c=\frac{P_{sc}}{P_{sr}}=\frac{P_{sc}}{P_{sc}+\Delta P}=\frac{M_{sc}}{M_{sr}}=\frac{M_{sc}}{M_{sc}+\Delta M}$$

式中 P_{sr}、M_{sr}——传动机构的输入功率和输入转矩；

P_{sc}、M_{sc}——传动机构的输出功率和输出转矩；

ΔP、ΔM——传动机构的损耗功率和损耗转矩。

由η_c的表达式可以看出，传动机构的效率不是恒定不变的。当输入功率或转矩一定时，输出功率或转矩越小，传动机构的效率越低。所以，齿轮的传动效率与其负载系数$K_{fz}=$

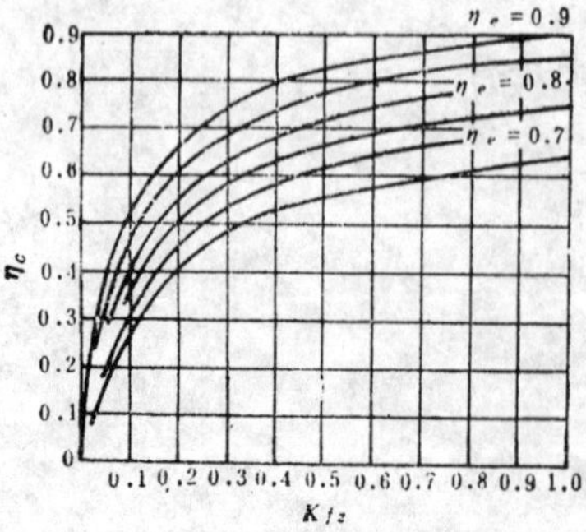

图 1-11 齿轮传动效率与负载系数的关系曲线

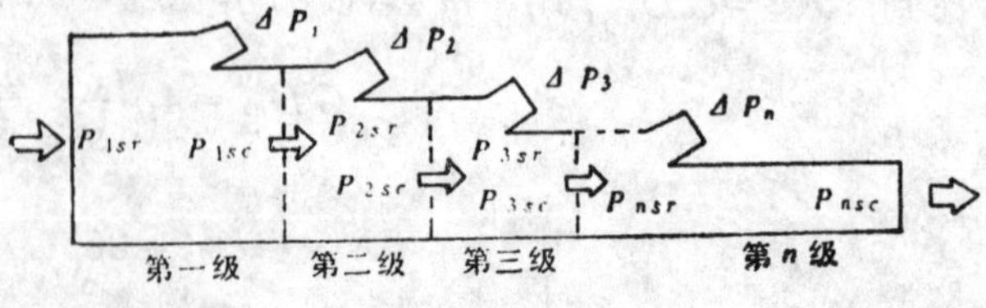

图 1-12 多级齿轮传动系统的功率传递图

M_{sc}/M_{sce}有关。这里的M_{sc}为齿轮实际输出的转矩，M_{sce}为齿轮的额定输出转矩。根据手册中给出的效率曲线$\eta_c=f(K_{fz})$（如图1-11所示），按照额定效率η_e和负载系数K_{fz}，可以查得相应的输出转矩下的传动效率η_c。从效率曲线也可以看出，负载越小，传动效率越低。

1.3.2 多级齿轮传动效率的计算

在多轴电力拖动系统中，往往要经过多级齿轮传送功率。那么，总传动效率η_c如何计算呢？在n级齿轮传动机构中，令总的传动效率为η_c，各级齿轮传动效率为η_{c1}、η_{c2}、η_{c3}……η_{cn}。多级齿轮传送功率如图1-12所示。由图可写出传动机构的总效率。

$$\eta_c=\frac{P_{nsc}}{P_{1sr}}$$

$$=\frac{P_{1sc}}{P_{1sr}}\frac{P_{2sc}}{P_{1sc}}\frac{P_{3sc}}{P_{2sc}}\cdots\frac{P_{nsc}}{P_{(n-1)sc}}$$

$$\because\quad P_{1sc}=P_{2sr},\quad P_{2sc}=P_{3sr},\quad \cdots P_{(n-1)sc}=P_{nsr}$$

$$\therefore\quad \eta_c=\frac{P_{1sc}}{P_{1sr}}\frac{P_{2sc}}{P_{2sr}}\frac{P_{3sc}}{P_{3sr}}\cdots\frac{P_{nsc}}{P_{nsr}}$$

$$=\eta_{c1}\eta_{c2}\eta_{c3}\cdots\eta_{cn} \tag{1-23}$$

通过上述推导，证明了多级齿轮传动机构的总效率是各级齿轮传动效率的乘积。

1.3.3 提升机构效率的确定

在1.2节中推导出了提升机构提升负载和下放负载时，折算到电动机轴上的等效转矩计算公式（式1-16和式1-17），其中的提升负载时传动机构的效率$\eta_c^{\uparrow}$和下放负载时的传动系统效率$\eta_c^{\downarrow}$如何计算呢？二者是否相等？提升负载时，电动机工作在电动状态，因此提升效率$\eta_c^{\uparrow}$可以按照齿轮传动效率的计算方法，即根据负载系数K_{fz}，由该传动机构的额定传动效率η_e，在图1-11所示的效率曲线上查出相应的$\eta_c^{\uparrow}$值。在提升与下放传动损耗相等的条件下，下放效率$\eta_c^{\downarrow}$可用下式计算，即

$$\eta_c^{\downarrow}=2-\frac{1}{\eta_c^{\uparrow}} \tag{1-24}$$

可证明如下。下放重物时，由生产机械向电动机传送功率，损耗功率由生产机械承担，传动损耗功率为

$$\Delta P=\frac{F_{fz}v_{fz}}{\eta_c^{\uparrow}}-F_{fz}v_{fz}=F_{fz}v_{fz}\left(\frac{1}{\eta_c^{\uparrow}}-1\right)$$

生产机械提供的系统输入功率P_{sr}为

$$P_{sr}=F_{fz}v_{fz}$$

输入功率去掉损耗功率后，是电动机得到的功率，即输出功率P_{sc}为

$$P_{sc}=P_{sr}-\Delta P=F_{fz}v_{fz}-F_{fz}v_{fz}\left(\frac{1}{\eta_c^{\uparrow}}-1\right)$$

$$=F_{fz}v_{fz}\left(2-\frac{1}{\eta_c^{\uparrow}}\right)=P_{sr}\left(2-\frac{1}{\eta_c^{\uparrow}}\right)$$

$$\therefore \qquad \eta_c^{\downarrow}=\frac{P_{sc}}{P_{sr}}=2-\frac{1}{\eta_c^{\uparrow}}$$

由式1-24看出，当$\eta_c^{\uparrow}=0.5$时，$\eta_c^{\downarrow}=0$；$\eta_c^{\uparrow}<0.5$时，$\eta_c^{\downarrow}$为负值。这是什么意思呢？$\eta_c^{\uparrow}=0.5$意味着电动机的提升功率只有一半去克服重力，另一半则消耗在传动机构中了。因此在下放时，重力作用刚好和损耗相平衡 电动机不用承担任何功率，所以折算到电动机轴上的等效功率P_{dx}为零。此时靠重物本身进行匀速下放。如果$\eta_c^{\uparrow}<0.5$，说明损耗更大，下放时重力产生的转矩不足以克服传动机构中的损耗转矩，因此电动机必须产生与转速方向相同的转矩，帮助重物下放，此时称为“强迫下放”。由于下放时电动机的转速为负，所以$M_{fz}^{\downarrow}$也应为负值，因此$\eta_c^{\downarrow}$是负值。在空钩下放时，就会出现这种情况。

在生产实践中，$\eta_c^{\downarrow}$为负值是有好处的。因为只要电动机不产生推动重物下放的转矩，重物就停在空中，更可以做到安全生产。象电梯一类的生产机械，为了人身安全，就需要有这种性能。因此常用蜗轮蜗杆这类损耗大的传动部件，其提升效率只有0.3～0.5，因而下放效率为负值。这叫传动机构的自锁作用。

例1-1 有一电力拖动系统，传动机构为两级减速箱，其示意图如图1-13所示。已知齿轮齿数之比$Z_2/Z_1=3$，$\frac{Z_4}{Z_3}=5$。传动系统的效率$\eta_c=0.92$。各齿轮的飞轮矩分别为$GD_1^2=29.4\text{N}\cdot\text{m}^2$，$GD_2^2=78.4\text{N}\cdot\text{m}^2$，$GD_3^2=49\text{N}\cdot\text{m}^2$，$GD_4^2=196\text{N}\cdot\text{m}^2$，电动机的飞轮矩$GD_d^2=294\text{N}\cdot\text{m}^2$，负载的飞轮矩$GD_{fz}^2=450.8\text{N}\cdot\text{m}^2$。负载转矩$M_{fz}=470.4\text{N}\cdot\text{m}$，试求：

1） 折算到电动机轴上的负载转矩；

2） 折算到电动机轴上的系统飞轮矩。

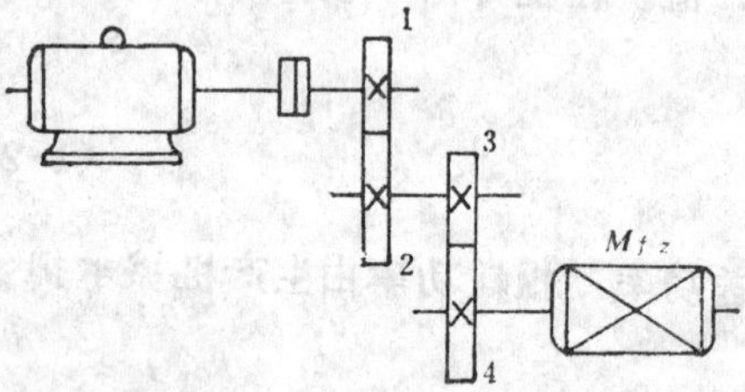

图 1-13 两级传动系统

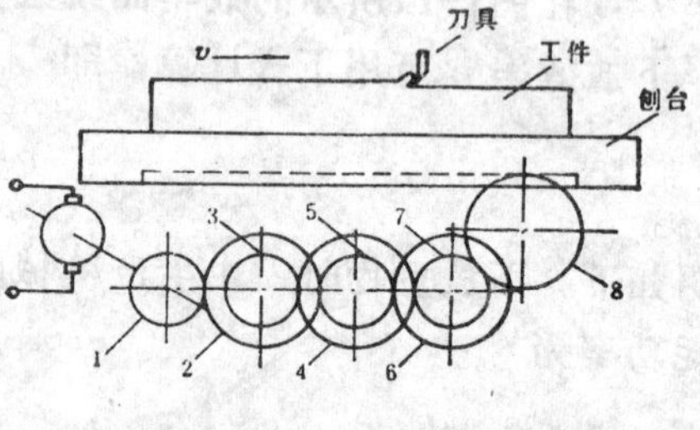

图 1-14 龙门刨床传动系统图

解： 由题意，已知条件是传动机构的齿数比，所以用式1-14计算折算到电动机轴上的等效负载转矩 M_{dx}，即

$$M_{dx}=M_{fz}\frac{Z_1}{Z_2}\frac{Z_3}{Z_4}\frac{1}{\eta_c}$$

$$=470.4\times\frac{1}{3}\times\frac{1}{5}\times\frac{1}{0.92}=34.1\text{N}\cdot\text{m}$$

由式1-18得计算折算到电动机轴上的系统总飞轮矩的公式为

$$GD_{dx}^2=(GD_d^2+GD_1^2)+(GD_2^2+GD_3^2)\frac{1}{j_1^2}$$

$$+(GD_4^2+GD_{fz}^2)\frac{1}{j_1^2 j_{fz}^2}$$

$$=(294+29.4)+(78.4+49)\frac{1}{3^2}$$

$$+(196+450.8)\frac{1}{3^2\times 5^2}=340\text{N}\cdot\text{m}^2$$

如用近似公式式1-20，则

$$GD_{dx}^2=\delta GD_d^2=1.16\times 294=341\text{N}\cdot\text{m}^2$$

可见两种方法计算的结果近似。因此，在工程设计中允许近似计算。另外，从此例中也看到，将负载转矩和飞轮矩向高速轴折算，其数值减小，从而保证了$P=M\Omega=$常数。

例1-2 图1-14为龙门刨床的传动系统。已知切削力$F_{fz}=19600\text{N}$，切削速度$v_{fz}=10\text{m/min}$，工作台重量$G_T=29400\text{N}$，工件重量$G_j=5880\text{N}$，工作台与导轨的摩擦系数$\mu=0.1$，齿轮8的直径$D_8=0.5\text{m}$，各个齿轮的齿数与飞轮矩见表1-2。每对齿轮的传动效率$\eta_z=0.95$，由垂直方向切削力所引起的工作台与导轨之间的摩擦损失略去不计。设电动机的飞轮矩$GD_d^2=230\text{N}\cdot\text{m}^2$。试求：

表 1-2 **传动齿轮齿数与飞轮矩**

齿轮号	1	2	3	4	5	6	7	8
齿数Z	15	47	22	58	18	58	14	46
飞轮矩GD² (N·m²)	3	14.9	7.8	23.5	13.7	37.3	25.5	41.2

1） 折算到电动机轴上的负载转矩；

2） 折算到电动机轴上的系统飞轮矩。

解： 1） 由式1-14得计算折算到电动机轴上的等效负载转矩M_{dx}的公式为

$$M_{dx}=[F_{fz}+\mu(G_T+G_j)]\frac{D_8}{2}\times\frac{Z_1}{Z_2}\times\frac{Z_3}{Z_4}\times\frac{Z_5}{Z_6}\times\frac{Z_7}{Z_8}\times\frac{1}{\eta_z^4}$$

$$=[19600+0.1(29400+5880)]\frac{0.5}{2}\times\frac{15}{47}\times\frac{22}{58}\times\frac{18}{58}\times\frac{14}{46}$$

$$\times\frac{1}{0.95^4}=81.2\text{N}\cdot\text{m}$$

也可以按直线作用力的折算公式式1-16进行折算，则M_{dx}为

$$M_{dx}=9.55\frac{F_{fz}v_{fz}}{n\eta_C}=9.55\frac{[F+\mu(G_T+G_j)]v_{fz}}{n\eta_C}$$

$$=9.55\frac{[19600+0.1\times(29400+5880)]\dfrac{10}{60}}{557\times0.95^4}=81.14\text{N}\cdot\text{m}$$

式中电动机的转速n计算如下

$$n=\frac{v_{fz}}{2\pi r_8/60}\times\frac{Z_8}{Z_7}\times\frac{Z_6}{Z_5}\times\frac{Z_4}{Z_3}\times\frac{Z_2}{Z_1}$$

$$=\frac{10/60}{\dfrac{2\pi}{60}\times\dfrac{0.5}{2}}\times\frac{46}{14}\times\frac{58}{18}\times\frac{58}{22}\times\frac{47}{15}=557\text{r/min}$$

2）由于本系统既有旋转部件又有直线运动部件，因此用式1-22计算折算到电动机轴上的飞轮矩GD_{dz}^2，于是有

$$GD_{dz}^2=(GD_d^2+GD_1^2)+(GD_2^2+GD_3^2)\frac{1}{j_1^2}+(GD_4^2+GD_5^2)\frac{1}{j_1^2j_2^2}$$

$$+(GD_6^2+GD_7^2)\frac{1}{j_1^2j_2^2j_3^2}+GD_8^2\frac{1}{j_1^2j_2^2j_3^2j_{fz}^2}+365G_{fz}\left(\frac{v_{fz}}{n}\right)^2$$

$$=(230+3)+(14.9+7.8)\left(\frac{15}{47}\right)^2+(23.5+13.7)\left(\frac{15}{47}\right)^2\left(\frac{22}{58}\right)^2$$

$$+(37.3+25.5)\times\left(\frac{15}{47}\right)^2\left(\frac{22}{58}\right)^2\left(\frac{18}{58}\right)^2+41.2\left(\frac{15}{47}\right)^2\left(\frac{22}{58}\right)^2$$

$$\times\left(\frac{18}{58}\right)^2\left(\frac{14}{46}\right)^2+365\frac{(29400+5880)\left(\dfrac{10}{60}\right)^2}{557^2}$$

$$=237.11\text{N}\cdot\text{m}^2$$

小　结

凡是由电动机将电能变为机械能拖动生产机械，并完成一定工艺要求的系统，都称为电力拖动系统。生产实践中的电力拖动系统有很多种，虽然所用电机、传动机构、生产机械都可以有所不同，但是它们都是一个动力学整体，因而可以用运动方程式来研究。

任何一个复杂的多轴电力拖动系统都可以等效成简单的单轴电力拖动系统。所谓"等效"，就是保持折算前后两个系统传送的功率及储存的动能相同。按此原则将负载转矩和飞轮矩向电动机轴进行折算。因此在运动方程式中，M_{fz}代表折算到电动机轴上的等效负载转矩；GD^2代表折算到电动机轴上的系统的等效飞轮矩。

运动方程式表征了电力拖动系统机械运动的普遍规律，是研究电力拖动系统各种运动状态的基础，也是生产实践中设计计算的依据，是个很重要的公式。

思考题及习题

1-1　什么叫电力拖动系统？它包括哪几部分。各起什么作用。

1-2　说明运动方程式中M、M_{fz}和$\frac{GD^2}{375}\frac{dn}{dt}$及$GD^2$的物理概念，并指出$n$、$M$、$M_{fz}$三者的习惯规定正

方向。

1-3　试用运动方程式说明系统处于静止、恒速旋转、加速、减速各种工作状态的条件是什么？

1-4　什么叫负载转矩特性？典型的负载转矩特性有哪几种？各有什么特点？试画出其转矩特性。

1-5　什么叫多轴电力拖动系统？为什么实际电力拖动系统多为多轴系统？

1-6　多轴系统为什么要折算成单轴系统？一般向哪根轴折算？折算的原则是什么？

1-7　为什么在一个电力拖动系统中，低速轴转矩大，高速轴转矩小？

1-8　龙门刨床的主传动机构如图1-15所示，齿轮1与电动机轴直接相联接，经过齿轮2、3、4、5依次传动到齿轮6，再与工作台G_T的齿条啮合。各齿轮的数据如表1-3。工作台重量$G_T=14700$N，工件重量$G_j=9800$N，切削力$F_{fz}=9800$N，切削速度$v=43$m/min，系统的传动效率$\eta_c=0.8$，齿轮6的节距t_j为20mm，电动机转子飞轮矩$GD_d{}^2=230$N·m²，工作台与导轨的摩擦系数$\mu=0.1$。试计算：

表 1-3　　**传动齿轮的齿数与飞轮矩**

齿轮号	1	2	3	4	5	6
齿数Z	20	55	38	64	30	78
飞轮矩 GD^2 (N·m²)	8.25	40.20	19.60	56.80	37.25	137.20

1）折算到电动机轴上的总飞轮矩及负载转矩；

2）切削时电动机输出的功率。

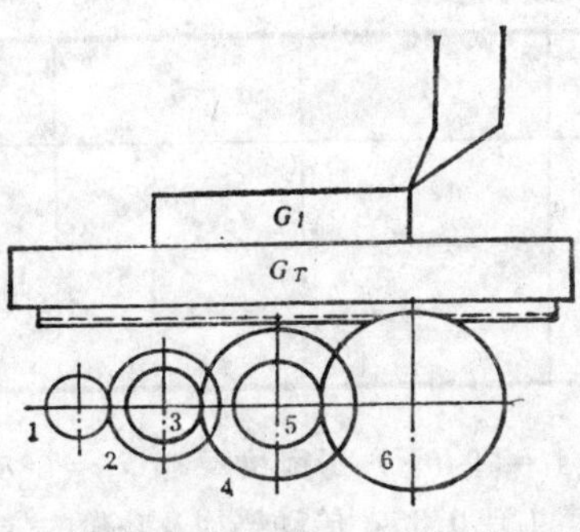

图 1-15　龙门刨床的主传动机构图

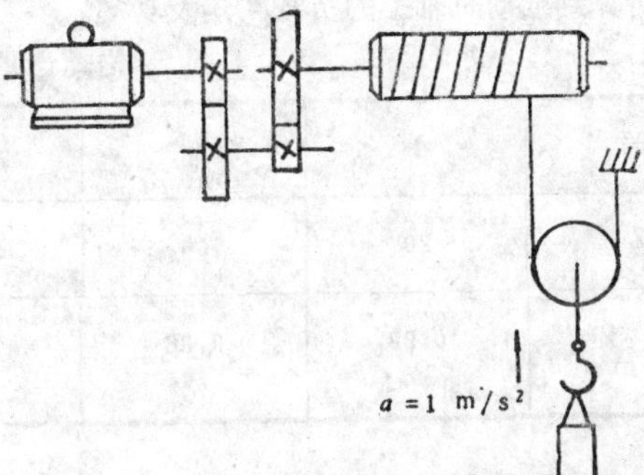

图 1-16　拖动系统传动机构图

1-9　图1-16所示电力拖动系统，减速装置为两级减速箱。已知折算到电动机轴上的负载转矩$M_{dz}=191$N·m，折算到电动机轴上的系统总转动惯量$J_{dz}=1.96$N·m·s²，鼓轮直径$D=0.4$m，减速箱的传动比$j=2.57$，试求若以1m/s²的加速度提升重物时，电动机应产生的电磁转矩。

1-10　某电力拖动系统的传动机构如图1-17所示。已知每根轴的飞轮矩和转速分别为：$GD_1^2=78.4$N·m²，$n_1=2500$r/min；$GD_2^2=245$N·m²，$n_2=1000$r/min；$GD_3^2=735$N·m²，$n_3=500$r/min。负载转矩$M_{fz}=98$N·m，电动机拖动转矩$M=29.4$N·m。试求：

1）生产机械轴的平均加速度是多少？

2）为使生产机械具有3r/min/s的加速度，要加装飞轮矩$GD^2=612.5$N·m²的飞轮，问此飞轮应装在哪根轴上？

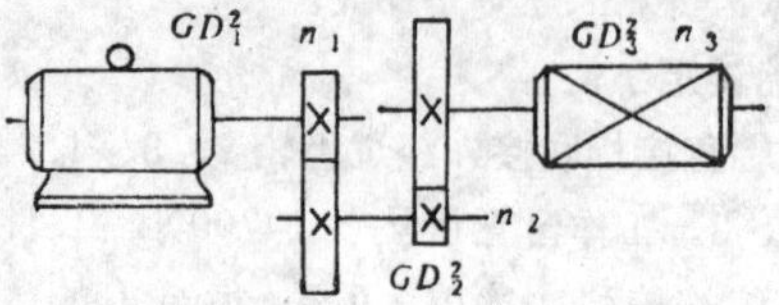

图 1-17　拖动系统传动机构图

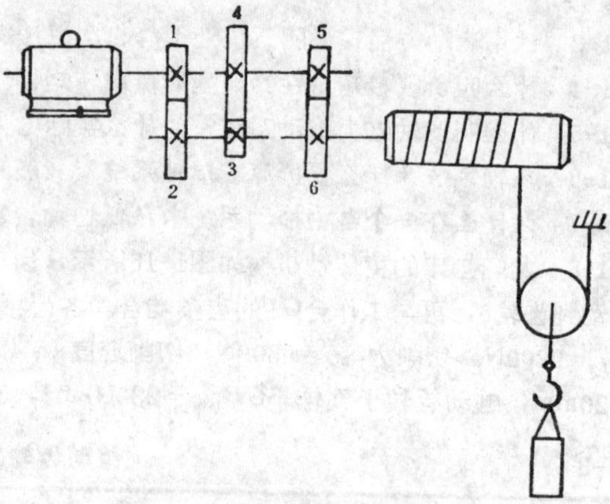

图 1-18　卷扬机构传动系统图

1-11　某卷扬机传动机构系统如图1-18所示，各齿轮齿数及飞轮矩如表1-4所示。卷筒直径$D=0.6$m，重量$G_T=1274$N，卷筒的回转半径ρ与卷筒半径r之比为0.76，重物的重量$G_{fz}=58800$N，钩和滑轮重量$G_0=1960$N，重物提升速度$v_{fz}=12$m/min，每对齿轮的传动效率为0.95，滑轮的传动效率为0.97，卷筒的效率为0.96，略去钢丝绳的重量。电动机数据为$P_e=20$kW，$n_e=950$r/min，$GD_d{}^2=20.58$N·m²。试求：

1）重物折算到电动机轴上的飞轮矩；

2）此系统折算到电动机轴上的总飞轮矩；

3）折算到电动机轴上的负载转矩及功率。

表 1-4　　**传动齿轮的齿数及飞轮矩**

齿轮号	1	2	3	4	5	6
齿数Z	20	100	30	124	25	92
飞轮矩 GD² (N·m²)	0.98	5.88	2.94	9.8	7.84	13.72

1-12　某拖动系统传动机构如图1-19所示。罐笼重量$G_{gz}=2940$N，平衡块重量$G_p=5880$N，罐笼提升速度$v_{fz}=1.5$m/s，电动机转速$n=980$r/min，传动效率$\eta_c=0.85$，传动机构及鼓轮的转动惯量忽略不计。试求：(注：重物重量$G_{fz}=9800$N)

1）折算到电动机轴上的直线运动部分的飞轮矩；

2）罐笼提升和下放时，折算到电动机轴上的负载转矩。

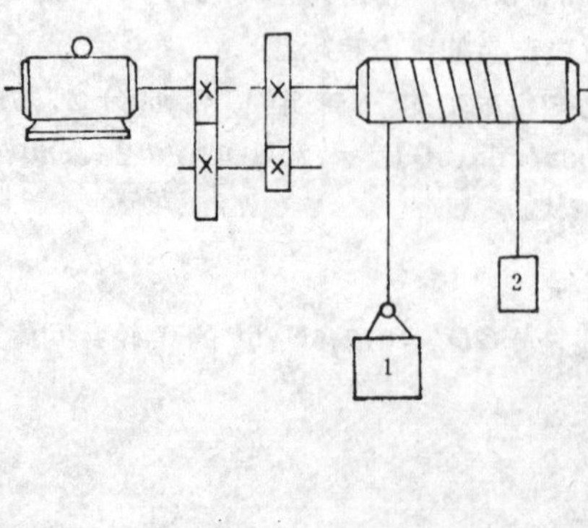

图 1-19　罐笼系统传动机构图

1—罐笼；2—平衡块

2　直流电机的电力拖动

在第1章中，我们推导出了电力拖动系统的运动方程式。它是分析电力拖动系统静态特性和动态特性的基础。当一台电动机拖动负载运转时，作用在电动机轴上的转矩有电动机的转矩M和负载的转矩M_{fz}。对负载转矩M_{fz}，在第1章中已做了分析研究。本章将要研究的是：在相同时间过程里，电动机产生的转矩M（或电流I_s）与电力拖动系统的转速n之间的关系$M=f(n)$，即电动机的静态特性，也叫机械特性；当$M\neq M_{fz}$时，电动机转矩M和时间t的关系$M=f(t)$及系统的转速n与时间t的关系$n=f(t)$，即动态特性。其中机械特性是我们研究的重点。以图2-1为例。

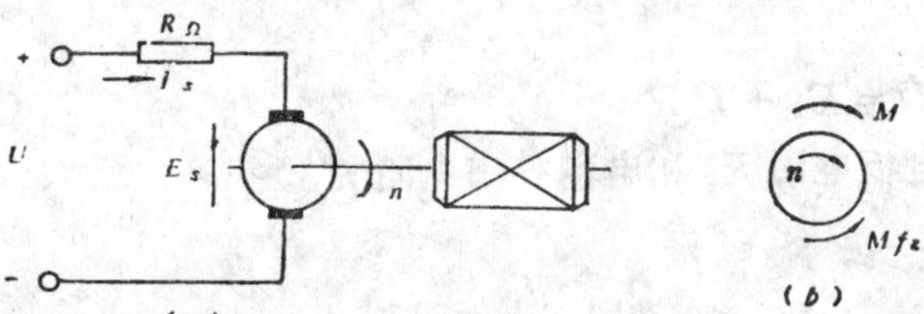

图 2-1　直流电机拖动系统

a—直流电机拖动系统；b—轴上转矩

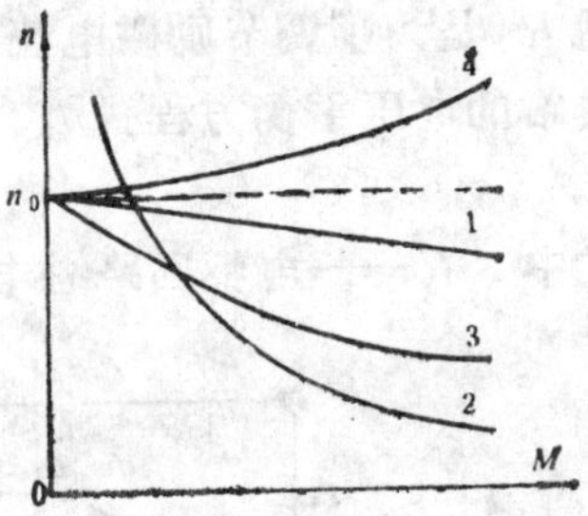

图 2-2　各种直流电动机机械特性

1—他励直流机；2—串励直流机；3—积复励直流机；4—差复励直流机

2.1　直流电动机机械特性的分类

由电机学可知，直流机按励磁方式分为他励直流电动机、并励直流电动机、串励直流电动机和复励直流电动机。它们的机械特性形状不同，如图2-2所示。由图可见，虽然它们的转矩M和转速n之间都有相互依赖的关系，但是变化规律不同。为了表征机械特性形状的特点，我们引用机械特性“硬度”的概念。所谓机械特性的硬度，是指在机械特性曲线的工作范围内，某一点的转矩对该点转速的微分，即硬度β为

$$\beta=\frac{\mathrm{d}M}{\mathrm{d}n} \tag{2-1}$$

也可以用微小增量ΔM和Δn之比表示为

$$\beta=\frac{\Delta M}{\Delta n} \tag{2-2}$$

当转速变化时，对应的转矩变化越大，β越大，也就是特性越硬。所以把β大的特性叫硬特性，反之叫软特性。

根据硬度的概念，显而易见他励直流电动机的机械特性属于硬特性，串励直流电动机和复励直流电动机的机械特性属软特性。一般生产机械大多数要求使用能提供硬特性的电机。但是，起重机、电车这类生产机械，从安全角度出发，要求电力拖动系统电动机具有软特性。使之负载增大时，运行速度自动降低；负载减小时，速度又自动上升。因此，要

根据工艺要求适当选用电动机。

由于他励直流电动机机械特性硬，广泛应用于国民经济的各个领域中，是我们研究的重点。

2.2 他励直流电动机的机械特性

凡是由电动机拖动生产机械完成一定工艺要求的系统，都叫电力拖动系统。这里重要的是要由电动机产生转矩M，拖动系统以转速n旋转。所以，研究电力拖动系统时，最关心的量是M和n。在一定条件下，它们之间存在着确定的关系。这个关系就叫机械特性。

2.2.1 机械特性方程式

为了研究M和n之间的关系(在主磁通Φ为常数时)，首先要建立二者之间的关系式。为此我们按照惯例画出他励直流电动机的电路原理图，如图2-3所示。励磁电路中串入电阻R_L是为了调节励磁电流I_L，从而调节磁通Φ。根据克希荷夫第二定律，可以列出电枢电路的电压平衡方程式

$$U=E_s+I_sR \tag{2-3}$$

式中 R——电枢回路总电阻，包括电枢电阻R_s和电枢外串电阻R_Ω。

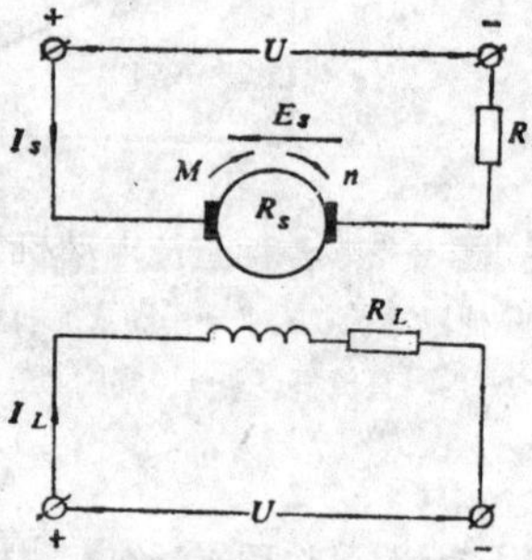

图 2-3 他励直流电动机电路原理图

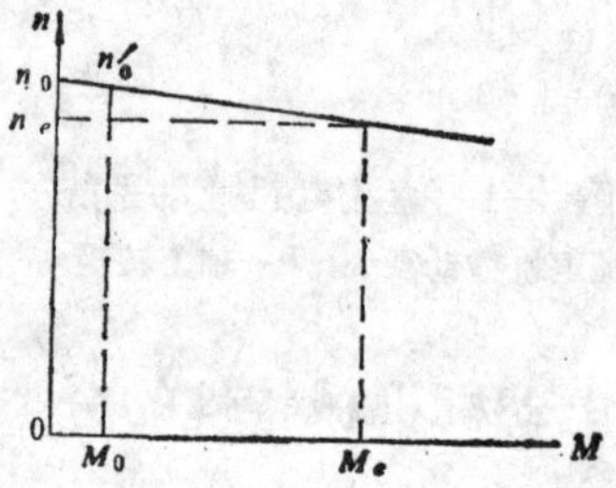

图 2-4 他励直流电动机的固有机械特性

根据安培力定律，由电机学知，电动机产生的电磁转矩M为

$$M=C_m\Phi I_s$$

$$I_s=\frac{M}{C_m\Phi} \tag{2-4}$$

又由法拉第电磁感应定律和电机学知，电动机的反电势E_s为

$$E_s=C_e\Phi n \tag{2-5}$$

将式2-5代入式2-3，则可得到电动机的转速公式为

$$n=\frac{U}{C_e\Phi}-\frac{R}{C_e\Phi}I_s \tag{2-6}$$

将式2-4代入式2-6，即得他励直流电动机的机械特性方程式

$$n=\frac{U}{C_e\Phi}-\frac{R}{C_cC_m\Phi^2}M \tag{2-7}$$

式中 C_e——电势常数；

C_m——转矩常数。

由电机学知

$$C_e=\frac{pN}{60a}, \quad C_m=\frac{pN}{2\pi a}$$

其中 p——电动机的极对数；

N——电动机的电枢导体数；

a——电动机电枢绕组支路对数。

$$\therefore \quad C_m=9.55C_e$$

还应指出的是，在研究电动机的机械特性时。式2-7中的M是电动机产生的电磁转矩。而研究电力拖动系统时，与外界负载转矩相平衡的应该是电动机轴上输出的转矩M_{sc}。电动状态下，二者之差是空载转矩M_0，即

$$M_{sc}=M-M_0$$

这样一来，讨论问题就很不方便。由于M_0很小，在一般情况下，都可以将它忽略不计，认为电磁转矩M近似与轴上输出转矩M_{sc}相等。这样就使问题简化了。

另外，由于在$\Phi=$常数时，$M\propto I_s$，同时因为电枢电流I_s比转矩M易于直接量测，所以在实验和后续课程中，常用电动机的转速方程式代表机械特性方程式。用I_s与n的关系表示机械特性。

式2-7为他励直流电动机机械特性的一般方程式。当$M=0$时，$n=U/C_e\Phi$。令此时的转速为n_0，称为理想空载转速。公式中的第二项是当电动机带上负载以后产生的转速降落，用Δn表示。所以，式2-7还可以表示为

$$n=n_0-\Delta n \tag{2-8}$$

2.2.2 固有机械特性

电动机本身固有的特性称为固有特性。它应具备的条件是：1）电源电压$U=U_e$；2）励磁磁通$\Phi=\Phi_e$；3）电枢所串电阻$R_\Omega=0$。固有机械特性的方程式为

$$n=\frac{U_e}{C_e\Phi_e}-\frac{R_s}{C_eC_m\Phi_e^2}M \tag{2-9}$$

根据上式，可画出如图2-4所示的固有机械特性。它是过理想空载点和额定工作点（$M=M_e$，$n=n_e$）的一条略微向下倾斜的直线。下面提出两个问题：

第一 $M=0$，$n=n_0$的点，为什么叫理想空载点？

第二 为什么转矩M增大，n反而减小？

搞清楚这两个问题，我们对他励直流电动机的固有特性就有了比较深入的了解。那么，特性下斜的程度又与什么因素有关呢？从机械特性方程式知，Δn越大，特性下斜程度越大，固有机械特性的$\Delta n=(R_s/C_eC_m\Phi_e^2)M$，其中$C_e$、$C_m$、$\Phi_e$都是常数。当$M$一定时，$\Delta n$只与$R_s$有关。容量大的电机，电枢绕组导线粗。电枢绕组多采用迭绕组，并联支路数多，R_s小，Δn小；容量小的电机，电枢绕组导线细，多采用波绕组，并联支路数少，R_s大，Δn大。因此，对同一种系列的电机，容量越大其固有特性越硬；反之，容量越小其固有特性越软。例如国产Z_2系列他励直流电动机，按规定$\Delta n_e\%$为10%～18%，而大容量电机为3%～8%。此处$\Delta n_e\%$为额定转速变化率

$$\Delta n_e\%=\frac{n_0-n_e}{n_e}\times 100\% \tag{2-10}$$

2.2.3 人为机械特性

由式2-7可知，如果人为地改变电动机电枢电压U、励磁磁通Φ、或电枢回路外接电阻值，都可以得到人为特性。下面分别加以讨论。

2.2.3.1 电枢回路串接电阻时的人为特性

当保持电动机电枢电压$U=U_e$，磁通$\Phi=\Phi_e$，只在电枢回路串接电阻R_Ω时，其电枢电路原理图如图2-5a所示。此时的机械特性方程式为

$$n=\frac{U_e}{C_e\Phi_e}-\frac{R_s+R_\Omega}{C_eC_m\Phi_e^2}M \tag{2-11}$$

由式2-11看出，改变电枢回路外接电阻R_Ω时，理想空载转速n_0不变，而Δn改变。R_Ω越大，Δn越大，特性越软。因此，改变电枢外接电阻R_Ω的人为特性是通过理想空载点的一束直线，如图2-5b所示。

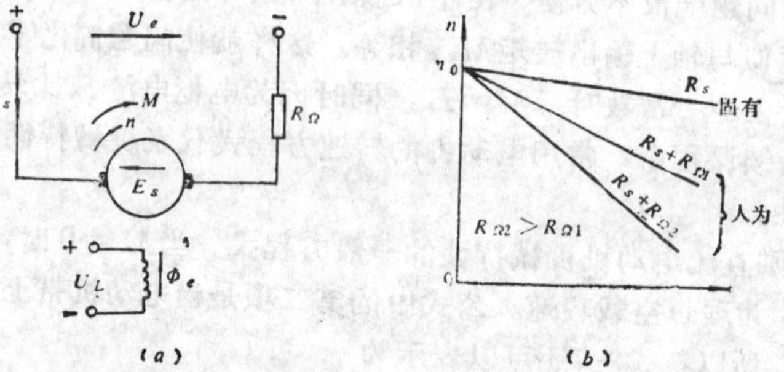

图 2-5 电枢串接电阻时的原理图和人为特性

a—原理图；b—人为特性

从物理概念上讲，在相同负载转矩下，电动机转矩$M=M_{fz}=$常数。因$M=C_m\Phi_eI_s$，所以$I_s=$常数。串接电阻越大，电枢回路电阻上的压降越大，因此产生的转速降落越大。但是，理想空载点上$U_e=E_s=C_e\Phi_en_0$，串接电阻大小与n_0无关。所以，R_Ω值的改变只影响Δn，不影响n_0。

2.2.3.2 改变电动机供电电压的人为特性

改变电动机供电电压时，电动机电枢回路的原理如图2-6 a 所示。其机械特性方程式为

$$n=\frac{U}{C_e\Phi_e}-\frac{R_s}{C_eC_m\Phi_e^2}M \tag{2-12}$$

从式2-12看出，当改变电枢电压U时，理想空载转速n_0与U成正比变化，而转速降Δn不变，因此，改变电枢供电电压的人为特性是与固有特性平行的一组直线，如图2-6 b 所示。

从物理概念上讲，因为理想空载时$E_s=U$，U降低，E_s也要相应地降低，而$E_s=C_e\Phi_en_0$，所以，n_0随U的降低而减小。但无论U如何变化，在负载一定时，电枢回路的电阻压降总是不变的，所以Δn不变。

因为额定电压是电动机在设计制造时便决定了的，受绕组绝缘及换向器片间电压的限制，电动机不能超压运转，所以，只可以降低电压U。因此，改变电枢供电电压的人为特

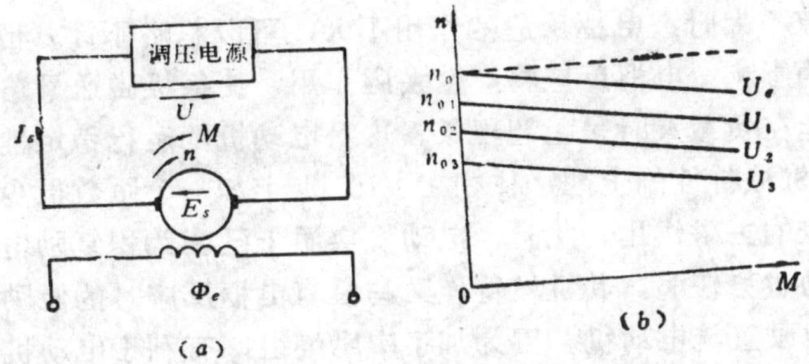

图 2-6　电源电压可调的他励直流电动机原理图及机械特性

a—原理图；b—机械特性

性全在固有特性的下方。

2.2.3.3　减弱电动机磁通时的人为特性

减弱电动机磁通时的线路原理如图2-7a所示。此时$U=U_e$，$R_\Omega=0$，所以机械特性方程式为

$$n=\frac{U_e}{C_e\Phi}-\frac{R_s}{C_e C_m\Phi^2}M \tag{2-13}$$

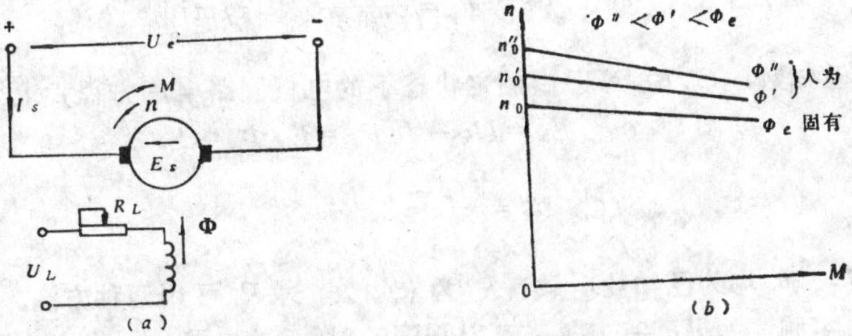

图 2-7　弱磁的他励直流电动机原理图及机械特性

a—原理图；b—机械特性

从式2-13看出，减弱磁通Φ时，理想空载转速n_0升高，转速降Δn加大，而且n_0与Φ成反比，Δn与Φ^2成反比，所以机械特性变软，如图2-7b所示。这是因为理想空载时，外加电压U_e与电动机反电势E_s相等，而$E_s=C_e\Phi n_0$。当减弱磁通Φ时，只有n_0相应地升高，才能维持$U_e=E_s$的平衡关系。所以，n_0与Φ成反比。再看转速降Δn，当电动机轴上加一负载时，使得电动机转速下降，反电势E_s减小，电枢电流I_s增大，以使电动机转矩M增大，与负载转矩相平衡。又由于Φ的减弱（$\Phi<\Phi_e$），要使I_s增大得更多，才能使转矩M与外加负载相平衡。因此，I_sR_s更大，即转速降Δn更大，所以，Δn与Φ^2成反比地加大。

在设计电动机时，为节省铁磁材料，已使磁路接近饱和。所以，只有减弱磁通。因此，改变励磁磁通的人为特性都在固有特性的上方。

上面在讨论他励直流电动机固有机械特性和人为机械特性时，都是在假设磁通Φ为常数的条件下进行的。实际上，当电动机带上负载以后，电枢导体中有电流流过，产生电枢反应。电枢电流不大时，电枢反应的作用不大，可以忽略不计。但是，电枢电流较大时，由于磁路饱和的影响，电枢反应将产生去磁作用，使每极磁通量略有减小，结果使转速n上升，机械特性在负载大时呈上翘现象。这对电动机的运行稳定性不利（原因将在后面论述）。为了避免机械特性的上翘，往往在主磁极上加一个匝数很少的串励绕组，其磁势可以抵消电枢反应的去磁作用。此时，电动机实质上已变为积复励电动机。但由于励磁绕组匝数很少，串励磁势较弱，其机械特性又与没有电枢反应时的他励直流电动机相同，因此，仍可视为他励直流电动机。因为加了串励绕组，有利于电动机稳定运行，所以称此串励绕组为稳定绕组。这样，在讨论问题时，就完全可以忽略电枢反应的影响，而认为Φ为常数了。

2.2.4 机械特性的计算与绘制方法

他励直流电动机的固有机械特性和人为机械特性都是直线，无需逐点描图，只要找出特性上面任意两点，就可以画出特性曲线。一般选择理想空载点（$n=n_0$，$M=0$）和额定工作点（$n=n_e$，$M=M_e$）。

先看固有机械特性的计算与绘制。一般在电动机的铭牌上给出电机的额定功率P_e、额定电压U_e、额定电流I_e和额定转速n_e等数据。由这些已知数据，可计算上述两点的坐标值。

$$n_0=\frac{U_e}{C_e\Phi_e}\qquad \text{r/min}$$

式中U_e为已知数，$C_e\Phi_e$可以由额定状态下的电枢回路电压方程式求得

$$\because \qquad E_e=U_e-I_eR_s=C_e\Phi_e n_e$$

$$\therefore \qquad C_e\Phi_e=\frac{U_e-I_eR_s}{n_e} \tag{2-14}$$

式中U_e、I_e、n_e均为已知数，只有R_s为未知数。求R_s可用两种方法。

（1）实测　如果已有电机，可以用图2-8所示的电路，用伏安法测量电枢电阻R_s。图中R_Ω为限制电流过大而串入的可调电阻。实测时，励磁绕组开路，给电枢绕组加上直流电。如果由于剩磁的作用，使电动机爬行时，可先将电枢绕组断开电源，试着给励磁绕组加一电压，以使励磁绕组中流过的电流所产生的磁通与剩磁方向相反。去磁后，再将电枢绕组合向直流电源，测出U_s和I_s，计算R_s（$R_s=U_s/I_s$）。测得的电枢电阻R_s，包括电枢绕组、换向极绕组和补偿绕组的电阻，以及电刷和电刷与换向片间的接触电阻。为了量测的准确起见，可以改变电刷与换向片的接触位置，量测几组数据再求平均值。

（2）估算　如果手头没有电机，可以估算R_s。估算的依据是：额定负载下的铜耗约占总损耗的1/2。此时电机的总损耗p_e为

$$p_e=U_eI_e-P_e\times10^3$$

$$\therefore \qquad R_s=\frac{1}{2}\left(\frac{U_eI_e-P_e\times10^3}{I_e^2}\right)\Omega \tag{2-15}$$

有了R_s，就可以算出$C_e\Phi_e$，从而计算出n_0，确定机械特性上的理想空载点。额定工作点的n_e为已知数，只需求出M_e。

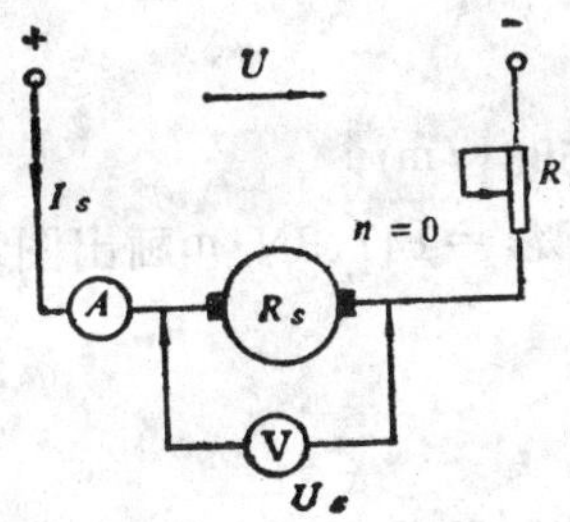

图 2-8 用伏安法量测电枢电阻的线路

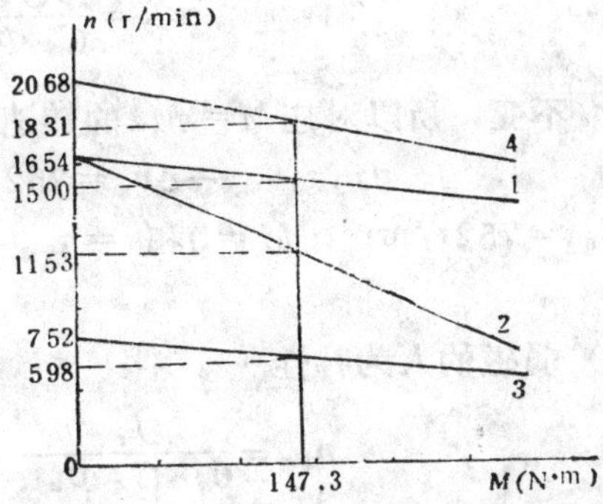

图 2-9 固有特性和人为特性计算实例

$$M_e = C_m\Phi_e I_e = 9.55C_e\Phi_e I_e$$

通过这两点连线，即可绘制出固有机械特性曲线。由此可归纳出计算固有机械特性的步骤：1）估算或实测R_s；2）计算$C_e\Phi_e$；3）求n_0；4）计算M_e。估算R_s时，须注意，Z_2系列电动机因铜耗占总损耗的比例较高，利用式2-15时，系数应取2/3。

在此基础上绘制人为特性就比较简单了，只要将相应的参数值代入相应的人为特性方程式中即可。下面举例说明。

例 2-1 一台Z_2系列他励直流电动机，$P_e = 22\text{kW}$，$U_e = 220\text{V}$，$I_e = 116\text{A}$，$n_e = 1500\text{r/min}$，试计算并绘制：

1）固有机械特性；

2）电枢回路串$R_\Omega = 0.4\Omega$电阻的人为特性；

3）电源电压降低为100V时的人为特性；

4）弱磁至$\Phi = 0.8\Phi_e$时的人为特性。

解： 1）固有特性

$$R_s = \frac{2}{3}\left(\frac{U_e I_e - P_e \times 10^3}{I_e^2}\right) = \frac{2}{3}\left(\frac{220 \times 116 - 22 \times 10^3}{116^2}\right) = 0.174\Omega$$

$$C_e\Phi_e = \frac{U_e - I_e R_s}{n_e} = \frac{220 - 116 \times 0.174}{1500} = 0.133$$

$$n_0 = \frac{U_e}{C_e\Phi_e} = \frac{220}{0.133} = 1654\text{r/min}$$

$$M_e = 9.55C_e\Phi_e I_e = 9.55 \times 0.133 \times 116 = 147.3\text{N·m}$$

由$n = n_0 = 1654\text{r/min}$，$M = 0$和$n = n_e = 1500\text{r/min}$，$M = M_e = 147.3\text{N·m}$，在坐标纸上标出理想空载点和额定工作点，连成直线，如图2-9中曲线1所示。

2）串R_Ω的人为特性

$$n_{e1} = n_0 - \frac{R_s + R_\Omega}{C_e C_m \Phi_e^2} M_e = 1654 - \frac{0.174 + 0.4}{9.55 \times 0.133^2} \times 147.3 = 1153\text{r/min}$$

由$n = n_0 = 1654\text{r/min}$，$M = 0$和$n = n_{e1} = 1153\text{r/min}$，$M = M_e = 147.3\text{N·m}$两点在图2-9上画出曲线2。

3）降低电源电压的人为特性

$$n_{02}=\frac{U}{C_e\Phi_e}=\frac{100}{0.133}=752\text{r/min}$$

此时Δn_e不变，所以对应$M=M_e$的转速n_{e2}为

$$n_{e2}=n_{02}-\Delta n_e=752-(1654-1500)=598\text{r/min}$$

由$n=n_{02}=752\text{r/min}$，$M=0$和$n=n_{e2}=598\text{r/min}$，$M=M_e=147.3\text{N·m}$画出图2-9上的曲线3。

4）弱磁的人为特性

$$n_{03}=\frac{U_e}{0.8C_e\Phi_e}=\frac{220}{0.8\times0.133}=2068\text{r/min}$$

$$n_{e3}=n_{03}-\frac{R_s}{0.8^2\times9.55(C_e\Phi_e)^2}M_e=2068-\frac{0.174}{0.8^2\times9.55\times0.133^2}\times147.3$$

$$=1831\text{r/min}$$

由$n=n_{03}=2068\text{r/min}$，$M=0$和$n=n_{e3}=1831\text{r/min}$，$M=M_e=147.3\text{N·m}$画出图2-9中的曲线4。注意弱磁时，$M=M_e$所对应的电枢电流大于额定电流$I_e$。

2.2.5 电力拖动系统稳定运行的条件

前面分析了负载转矩特性和电动机的机械特性，把两种特性配合起来，就可以研究电力拖动系统的运行问题。静态时，$M=M_{fz}$，从轴上受力情况看，如图2-10a所示。把$M=f(n)$和$M_{fz}=f(n)$画在同一直角坐标系中，如图2-10b所示，则系统以n_A转速恒速运行。此时系统处于平衡状态。因此，只要两条特性有交点（即$M=M_{fz}$），就是平衡状态。在此前提条件下，才可以讨论平衡是否稳定。平衡是否稳定，决定于负载转矩特性与电动机机械特性的配合情况。$M=M_{fz}$只是平衡稳定运行的一个必要条件。

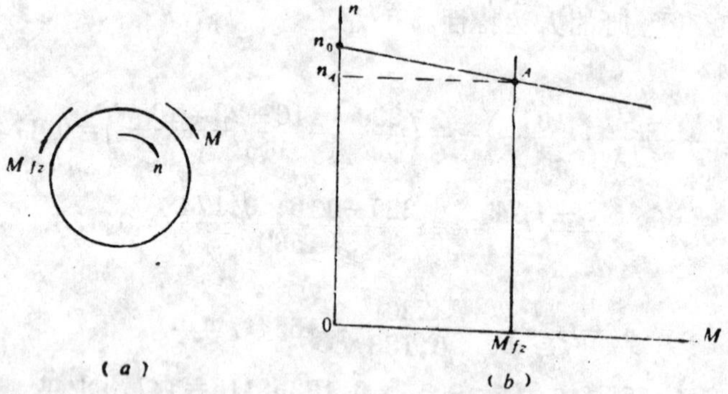

图 2-10 系统的平衡状态

a—轴上转矩；b—直角坐标系

所谓平衡稳定，是指电力拖动系统在某种扰动作用下，离开了平衡位置，在新的条件下达到新的平衡；或在扰动消失后，还能回到原来的平衡位置。“扰动”一般是指电网电压的波动或负载的微小变化。根据平衡稳定的定义，我们先从感性上认识平衡稳定的条件。

例一 他励直流电动机拖动恒转矩负载，在电网电压波动时的特性配合情况，如图

2-11 a 所示。系统原工作在平衡点 A，由于某种原因，电网电压向下波动，从 U_1 降到 U_2。瞬间由于机械惯性的影响，转速 n 来不及变化。忽略电磁惯性，则 I_s 突然减小，M 突然减小，从 A 点过渡到 C 点，负载转矩仍为原来的数值，所以 $M<M_{fz}$，破坏了原来的平衡状态。由运动方程式知，此时系统要减速。随着 n 的下降，反电势 E_s 减小，I_s 增大，M 增大，系统沿 CB 特性减速，只要 $M<M_{fz}$，此过程就一直进行。直到 B 点 $n=n_B$ 时，$M=M_{fz}$，系统又以 n_B 转速恒速运行。也就是在扰动作用下，系统离开了平衡位置（A 点），在新的条件下又达到了新的平衡（B 点）。如果扰动消失，电压从 U_2 升到 U_1，系统又回到 A 点稳定运行。也就是当扰动消失后，还能回到原来的平衡位置。所以，这个平衡是稳定的。

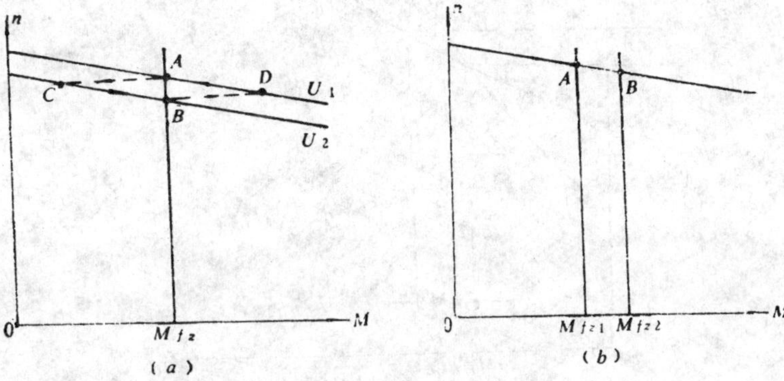

图 2-11　他励直流电动机的稳定运行

a—电压波动时的稳定运行；b—负载波动时的稳定运行

例二　他励直流电动机拖动恒转矩负载，当负载有微小变化时，特性配合情况如图 2-11 b 所示。系统原来运行在平衡点 A，由于某种原因，负载由 M_{fz1} 增大到 M_{fz2} 瞬间，电动机转矩 M 还是 A 点的数值，所以 $M<M_{fz}$，系统减速，直到 $M=M_{fz}$，达到新的平衡点 B。若扰动消失，负载转矩又从 M_{fz2} 减小到 M_{fz1}，则 $M>M_{fz}$，系统加速，回到原来的平衡点。

以上两个例子说明，当他励电动机与恒转矩负载配合时，平衡是稳定的。同时从例二中我们也据出一个很重要的概念，即他励直流电动机的电枢电流是随负载变化的。负载越大，电枢电流越大；负载越小，电枢电流越小，总使电动机电枢电流产生的转矩 M 与外界负载相平衡。因此，在电动机处于平衡状态时，它所产生的转矩（Φ 为常数时）决定于轴上负载转矩的大小。这个概念对任何电机都适用。这是一个很重要的概念。

同理可以说明，差复励电动机与恒转矩负载配合，平衡是不稳定的。这样我们从感性上认识到，下斜的机械特性与恒转矩负载配合，系统能够稳定运行；上翘特性与恒转矩负载配合，系统不能稳定运行。这也是他（并）励直流电动机得到广泛应用，而差复励直流电动机很少被采用的原因所在。同时也解释了电枢反应使电动机机械特性上翘为什么不利于电动机稳定运行的问题。

下面进一步分析平衡稳定运行的普遍条件。以图2-12为例说明。从前面分析知，系统稳定运行必须具备的条件是$M-M_{fz}=0$。此时必有$dn/dt=0$，转速为n_A。现设系统在某种扰动作用下离开了平衡位置A点，转速变为$n=n_A+\Delta n$，相应的电动机转矩变为$M=M_A+\Delta M$，负载转矩变为$M'_{fz}=M_{fz}+\Delta M_{fz}$，于是运动方程式变为

$$(M_A+\Delta M)-(M_{fz}+\Delta M_{fz})=\frac{GD^2}{375}\ \frac{d(n_A+\Delta n)}{dt}$$

式中 ΔM——系统受到扰动后，电动机转矩产生的增量；

ΔM_{fz}——负载转矩的增量；

Δn——转速的增量。

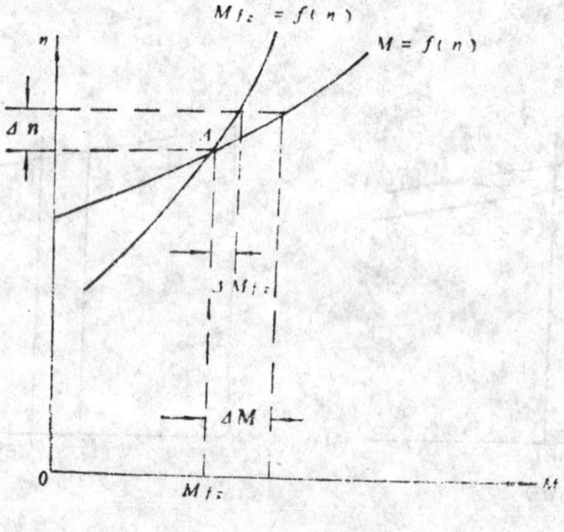

图 2-12 探讨稳定运行条件的例子

如果扰动消失后，这些增量也随着时间的增加而消失，则系统的平衡就是稳定的。考虑到平衡稳定的必要条件$M=M_{fz}$及平衡时$dn/dt=0$，则上式变为

$$\Delta M-\Delta M_{fz}=\frac{GD^2}{375}\ \frac{d\Delta n}{dt}$$

因为电动机转矩和负载转矩都是转速的函数，且各增量都很小，所以上式可以近似地表示为

$$\left(\frac{dM}{dn}\right)\Delta n-\left(\frac{dM_{fz}}{dn}\right)\Delta n=\frac{GD^2}{375}\ \frac{d\Delta n}{dt}$$

$$\left(\frac{dM}{dn}-\frac{dM_{fz}}{dn}\right)\frac{375}{GD^2}dt=\frac{d\Delta n}{\Delta n}$$

将上式两边积分，于是有

$$\left(\frac{dM}{dn}-\frac{dM_{fz}}{dn}\right)\frac{375}{GD^2}t=\ln\Delta n+C$$

由初始条件：$t=0$，$\Delta n=\Delta n_{qs}$，得到积分常数C

$$C=-\ln\Delta n_{qs}$$

$$\left(\frac{dM}{dn}-\frac{dM_{fz}}{dn}\right)\frac{375}{GD^2}t=\ln\Delta n-\ln\Delta n_{qs}$$

$$\therefore \qquad \Delta n=\Delta n_{qs}e^{\left(\frac{dM}{dn}-\frac{dM_{fz}}{dn}\right)\frac{375}{GD^2}t} \qquad (2\text{-}16)$$

式中　Δn_{qs}——起始转速的增量；

dM/dn——电动机机械特性的硬度；

$\frac{dM_{fz}}{dn}$——负载转矩特性的硬度。

由式2-16看出，只要 e 的指数为负，则转速增量Δn在扰动消失后，将随时间 t 的增加按指数曲线衰减。经过一段时间后，Δn即趋于零。因此，平衡稳定运转的充要条件应该是

$$\text{在}M=M_{fz}\text{处，}\quad \frac{dM}{dn}<\frac{dM_{fz}}{dn} \qquad (2\text{-}17)$$

对恒转矩负载，因为$dM_{fz}/dn=0$，所以平衡稳定的充要条件是

$$\text{在}M=M_{fz}\text{处，}\quad \frac{dM}{dn}<0 \qquad (2\text{-}18)$$

除差复励直流电动机外，直流电动机的机械特性都是下斜的，符合式2-18条件，因此拖动恒转矩负载都可以稳定运行。在直流拖动系统中，一般常将$M=M_{fz}$，$dn/dt=0$的运行状态叫静态或平衡状态，也称为稳态。但在其他情况下，平衡状态和稳态二者是否统一，要视具体情况而定。因为从概念上讲，"平衡"与"稳定"是有明显区别的。平衡的充要条件就是$M=M_{fz}$。而稳定运行的充要条件则是在$M=M_{fz}$处，$\frac{dM}{dn}<\frac{dM_{fz}}{dn}$。这点切勿混淆。

此外还可以用另一方法判别平衡是否稳定。因为不论什么扰动，都是使转速 n 产生一个增量。如果这个增量Δn是正的，即转速上升一个Δn，使$M<M_{fz}$。当扰动消失后，迫使转速下降，又回到原来的平衡状态。反之，如果这个增量Δn是负的，即转速下降一个Δn，使$M>M_{fz}$，使转速上升，也可以回到原来的平衡点。这个平衡则是稳定的。因此，平衡稳定运行的条件也可以规定为："在两特性曲线交点所对应的转速以上，应该保证$M<M_{fz}$；在这一转速以下，应保证$M>M_{fz}$"。

2.3　他励直流电动机的起动

2.3.1　直接起动时存在的问题及起动方法

起动就是使电动机从静止状态转动起来。电动机从静止运转到某一稳态转速的过程，叫起动过程。

电动机要转动，就要有转矩推动，而转矩$M=C_m\Phi I_s$。所以，在电动机起动时，首先应将电动机的励磁绕组通电建立起磁场，然后将电枢绕组通电使之流过电流。带电导体在磁场中受力产生转矩，电动机转子受到转矩的作用而转动起来。因为励磁绕组的电阻很大，可以将额定电压直接加在其上。而电动机静止时，可否将额定电压直接加到电枢绕组上呢？我们知道，起动瞬间，因为电动机的转速 n 为零，反电势E_s也为零，起动瞬间电枢电流$I_s=U_e/R_s$，由于电枢电阻R_s很小，在R_s上加上额定电压U_e，必然产生过大的电枢电流。起动瞬间，由于机械惯性的存在，电机这时受到转矩的作用，但是还没有转

动，所以这个电流叫堵转电流I_{dz}。I_{dz}与磁场作用产生的转矩叫堵转转矩M_{dz}。堵转电流通常可以达到电动机额定电流的10～20倍。这么大的电流会引起什么后果呢？首先对电动机本身来说，大电流将使换向困难，在换向器表面产生强烈的火花，甚至形成环火；在电枢绕组中产生过大的电动应力，会损坏电机绕组；其次，因为转矩和电枢电流成正比，相应地也产生10～20M_e，这样大的转矩突然加到传动机构上，会损坏机械部件的薄弱部分，例如传动齿轮的轮齿等。另外，大电流将使供电电网的电压向下波动。特别是电机容量较大时，使电网电压波动较大，将影响在同一电网上运行的其他设备的正常运行。因此，一般不允许在电动机静止时，将额定电压直接加到电枢绕组上进行直接起动。

之所以不允许直接起动，是因为起动瞬间产生过大的电流。因此，在起动时，要设法限制起动时的堵转电流。由$I_{dz}=U_e/R_s$看出，限制堵转电流的措施有两个。一是降低电源电压U，二是加大电枢回路电阻。因此，直流电动机的起动方法有降压起动和电枢串电阻起动两种。降压起动是在起动瞬间，转速等于零反电势为零时，加上降低的电压，将起动电流限制在允许的范围之内。待转速上升，反电势增大后，再逐渐增加电源电压。因此，降压起动要有可调电压源。这个问题将在直流机调速一节中介绍。本节只讲电枢串电阻起动的起动过程和起动电阻的计算方法。

2.3.2 电枢回路串电阻起动的起动过程

如果只是为了限制起动瞬间的堵转电流，可以在电枢回路中串入一段起动电阻R_Ω，如图2-13a所示。起动时，接触器C的常开接点是打开的，串入电阻R_Ω起动。电动机在图2-13b所示的特性ab上加速。起动到接近所要求的稳定转速时，在b点使接触器C的常开接点闭合，切除电阻R_Ω。由于机械惯性的影响转速来不及变化，而电枢电流及转矩突然增大，从b点过渡到c点，再沿特性cd加速到$M=M_{fz}$的d点稳定运行。从图2-13b看出，在切换起动电阻R_Ω的瞬间，还会产生较大的冲击电流和较大的转矩。为了在起动过程中使电枢电流和转矩被限制在允许的范围之内，一般采用逐级切换电阻的起动方法。其线路原理图和特性曲线如图2-14所示。起动瞬间，为了限制起动电流，应该串入全部电阻，所以起动时接触器1C、2C、3C的线圈全不通电，其接点处于常开状态。将电枢合向电源，电动机得到电流I_1，产生较大的起动转矩M_1，沿R_3所对应的特性bA起动。到A

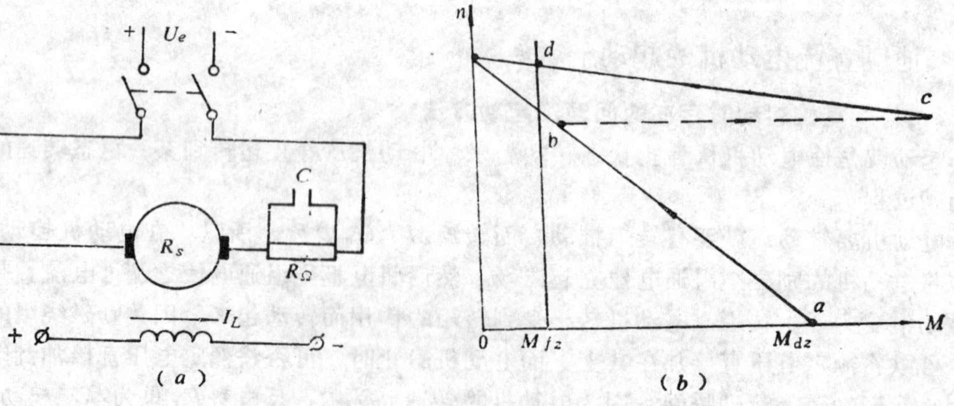

图 2-13 他励直流电动机串一段电阻起动时的原理图和机械特性

a—原理图；b—机械特性

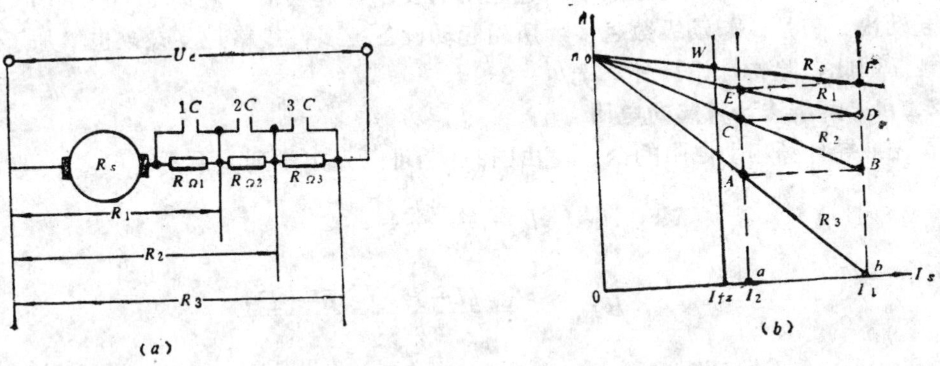

图 2-14 逐级切换电阻起动的线路原理图及特性曲线

a—原理图；b—机械特性

点时，产生加速度的转矩已很小，如继续加速就要延缓过渡过程。因此，为了缩短起动时间，到A点时，令接触器3C的线圈通电，其常开接点闭合，切除电阻$R_{\Omega 3}$。在切除电阻瞬间，由于转速来不及变化，电枢电流突然增大到I_1，电磁转矩突然增大到M_1，从A点过渡到B点。电动机沿特性曲线BC加速到C点，再使接触器2C线圈通电。其常开接点2C闭合，切除电阻$R_{\Omega 2}$，电机工作点从C点过渡到D点，并沿特性曲线DE加速到E点。再使接触器1C的常开接点闭合，切除电阻$R_{\Omega 1}$，电动机从E点过渡到F点，并沿固有特性一直加速到稳态运行点W，起动过程完结。起动过程中，接触器线圈的通电和电阻的切除都是由自动控制设备自动完成的。

这里要解决的问题是$M_1(I_1)$和$M_2(I_2)$选多大？起动级数m用几级合适？起动电阻如何计算？以及从图2-14b看到，各级起动电阻都在$I_s=I_2$时的A、C、E各点被切除，这又是如何保证的。这些问题将在后面讨论。

2.3.3 对起动的要求

最大转矩M_1的选择 不同的生产机械对起动有不同的要求，例如，无轨电车要求起动慢些、平稳些。但一般生产机械都要求快速起动，而且所用设备经济、可靠。这就要求起动时的最大转矩M_1和切换转矩M_2大。为了满足快速起动的要求，同时充分利用电动机的过载能力，则选

$$M_1 \leq \lambda M_e \quad (\text{或} I_1 \leq \lambda I_e) \tag{2-19}$$

式中 λ——电动机的过载倍数。

国标GB755—65规定，直流电机的过载倍数$\lambda=2\sim2.5$，即直流电机的最大转矩$M_m=\lambda M_e=(2\sim2.5)M_e$。在此转矩下，只允许电机工作两分钟。因此，对普通电机一般取$M_1=2M_e$。

切换转矩M_2的选择 选择M_2的原则是既要使电动机能够带负载起动，又要保证在切换时的加速转矩（M_2与M_{fz}之差）不过小。因为M_2选得大，加速转矩大，可满足快速起动的要求，但是起动级数增多；M_2选得太小，势必延缓起动过程。综合起来考虑，一般选

$$M_2=(1.1\sim1.2)M_{fz} \tag{2-20}$$

起动级数m的选择　为了满足快速起动的要求，起动级数应该多，使平均起动转矩大、起动快。但是，起动级数越多，所用起动设备越多，线路越复杂，也增加了运行的不可靠性。因此，除特殊设计外，选$m=3\sim4$。

2.3.4　解析法计算起动电阻

首先推导计算起动电阻的公式。由图2-14b可以列出下列关系式

$$A\text{点}\quad I_2=\frac{U-E_A}{R_3}$$

$$B\text{点}\quad I_1=\frac{U-E_B}{R_2}=\frac{U-E_A}{R_2}$$

$$C\text{点}\quad I_2=\frac{U-E_C}{R_2}$$

$$D\text{点}\quad I_1=\frac{U-E_D}{R_1}=\frac{U-E_C}{R_1}$$

$$E\text{点}\quad I_2=\frac{U-E_E}{R_1}$$

$$F\text{点}\quad I_1=\frac{U-E_F}{R_s}=\frac{U-E_E}{R_s}$$

将以上六个关系式两两相除，并令$I_1/I_2=\gamma$，则可得

$$\gamma=\frac{I_1}{I_2}=\frac{R_3}{R_2}=\frac{R_2}{R_1}=\frac{R_1}{R_s}$$

于是

$$\left.\begin{aligned}R_1&=\gamma R_s\\R_2&=\gamma R_1=\gamma^2R_s\\R_3&=\gamma R_2=\gamma^3R_s\end{aligned}\right\}\qquad(2\text{-}21)$$

如有m级则

$$R_m=\gamma^mR_s$$

$$\therefore\quad \gamma=\sqrt[m]{\frac{R_m}{R_s}}\qquad(2\text{-}22)$$

式中　R_m——最大起动电阻，$R_m=U_e/I_1$。

$$\left.\begin{aligned}R_{\Omega1}&=R_1-R_s\\R_{\Omega2}&=R_2-R_1\\R_{\Omega3}&=R_3-R_2\end{aligned}\right\}\qquad(2\text{-}23)$$

由上面分析可以总结出用解析法计算起动电阻的步骤。当起动级数m为已知数时，解析步骤为：

1）量测或估算电枢电阻R_s；

2）预选最大转矩M_1（或最大电流I_1）。计算R_m和γ；

3）验算M_2（或I_2），若$M_2=M_1/\gamma=(1.1\sim1.2)M_{fz}$，则满足要求；

4）计算起动电阻。

当起动级数m未知时，解析步骤为：

1）量测或估算R_s，

2）预选M_1、M_2，求R_m和γ；

3）求起动级数。由式2-22得

$$m=\frac{\ln\left(\frac{R_m}{R_s}\right)}{\ln\gamma} \tag{2-24}$$

如果算得的m不是整数，选最接近的整数，代入式2-22中修改γ，再修改相应的M_2值。如M_2仍在所要求的范围内，则满足要求。

4）求各级电阻值。

例 2-2 他励直流电动机，$P_e=16\text{kW}$，$U_e=220\text{V}$，$I_e=86\text{A}$，$n_e=670\text{r/min}$，$M_{fz}=0.7M_e$，用两级起动，试求起动电阻值。

解：线路原理及特性如图2-15所示。

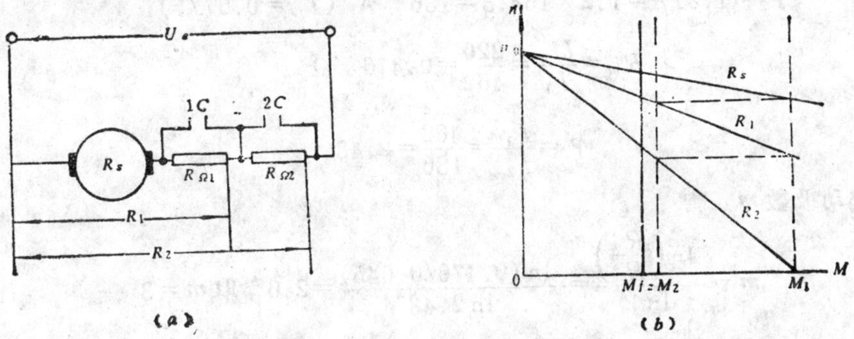

图 2-15 他励直流电动机两级起动

a—原理图；b—机械特性

1）估算R_s，依式2-15

$$R_s=\frac{1}{2}\left(\frac{U_eI_e-P_e\times10^3}{I_e^2}\right)=\frac{1}{2}\left(\frac{220\times86-16\times10^3}{86^2}\right)=0.2\quad\Omega$$

2）预选最大电流I_1，计算最大起动电阻和γ。

一般$I_1=(2\sim2.5)I_e$，预选$I_1=2I_e$

$$R_m=R_2=\frac{U_e}{2I_e}=\frac{220}{2\times86}=1.28\quad\Omega$$

$$\gamma=\sqrt{\frac{R_m}{R_s}}=\sqrt{\frac{1.28}{0.2}}=2.53$$

3）验算I_2

$$I_2=\frac{I_1}{\gamma}=\frac{2\times86}{2.53}=68\quad\text{A}$$

$$I_{fz}=0.7I_e=0.7\times86=60.2\quad\text{A}$$

$$\therefore\quad I_2=1.13I_{fz}\quad\text{符合要求}$$

4）计算起动电阻

$$R_1=\gamma R_s=2.53\times0.2=0.506\quad\Omega$$

$$R_2=\gamma^2 R_s=2.53^2\times0.2=1.28\quad\Omega$$

$$R_{\Omega1}=R_1-R_s=0.506-0.2=0.306\quad\Omega$$

$$R_{\Omega2}=R_2-R_1=1.28-0.506=0.774\quad\Omega$$

例 2-3 一他励直流电动机，$P_e=46\text{kW}$，$U_e=220\text{V}$，$I_e=231\text{A}$，$n_e=580\text{r/min}$，负载转矩$M_{fz}=0.67M_e$。试用解析法计算起动电阻。

解： 按起动级数m未知的计算步骤进行计算。

1）估算R_s

$$R_s=\frac{1}{2}\left(\frac{U_eI_e-P_e\times10^3}{I_e^2}\right)=\frac{1}{2}\left(\frac{220\times231-46\times10^3}{231^2}\right)=0.045\quad\Omega$$

2）预选I_1和I_2，求R_m及γ

$$I_1=2I_e=2\times231=462\quad\text{A}$$

$$I_2=1.2I_{fz}=1.2\times154.8=186\quad\text{A}\quad(I_{fz}=0.67I_e)$$

$$R_m=\frac{U_e}{I_1}=\frac{220}{462}=0.476\quad\Omega$$

$$\gamma=\frac{I_1}{I_2}=\frac{462}{186}=2.48$$

3）求起动级数m

$$m=\frac{\ln\left(\dfrac{R_m}{R_s}\right)}{\ln\gamma}=\frac{\ln(0.476/0.045)}{\ln2.48}=2.6\quad\text{取}\ m=3$$

$$\gamma=\sqrt[3]{\frac{R_m}{R_s}}=\sqrt[3]{\frac{0.476}{0.045}}=2.2$$

$$I_2=\frac{I_1}{\gamma}=\frac{462}{2.2}=210\,\text{A}=1.35I_{fz}$$

4）计算起动电阻

$$R_1=\gamma R_s=2.2\times0.045=0.099\quad\Omega$$

$$R_2=\gamma^2R_s=2.2^2\times0.045=0.218\quad\Omega$$

$$R_3=\gamma^3R_s=2.2^3\times0.045=0.479\quad\Omega$$

$$R_{\Omega1}=R_1-R_s=0.099-0.045=0.054\quad\Omega$$

$$R_{\Omega2}=R_2-R_1=0.218-0.099=0.119\quad\Omega$$

$$R_{\Omega3}=R_3-R_2=0.479-0.218=0.261\quad\Omega$$

2.4 起动时的过渡过程

2.4.1 过渡过程概述

电力拖动系统的运动情况分为静态和动态。所谓静态，是指电动机转矩M和负载转矩M_{fz}相等，系统静止不动或以恒速运动的状态；动态则是指$M\neq M_{fz}$，$dn/dt\neq0$的加速或减速状态。在图2-16A、B和C点上，系统都处于稳定工作状态即静态。而从A过渡到B，或从B过渡到A，电机都处于动态。从A到B或从B到A的过程都是过渡过程。所以，电力拖动系统的过渡过程是指系统从一个稳定工作状态过渡到另一个稳定工作状态的过程。

不论从A到B还是从B到A的过渡，都是起始瞬间电动机转矩M和负载转矩M_{fz}不相等，破坏了转矩的静态平衡关系，产生了加速度或减速度。在此期间内，电动机的转速n、电枢电流I_s、转矩M都在变化。又由于惯性的存在，使这些量不能突变，而是随着时间t按照一定的规律变化。n、M、I_s都是时间的函数。研究过渡过程，主要就是研究这些量随时间变化的规律，即$M=f(t)$、$n=f(t)$和$I_s=f(t)$等。

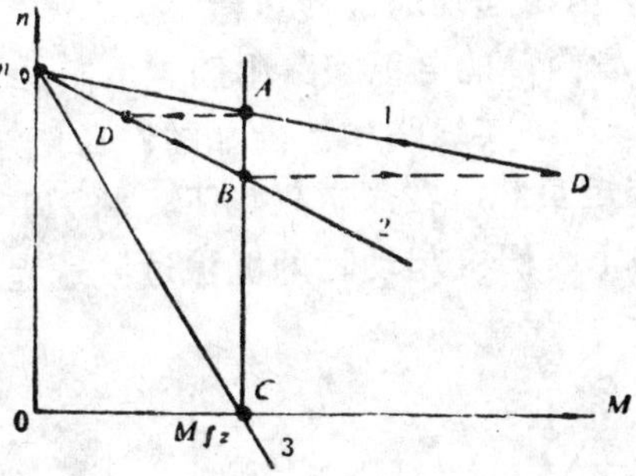

图 2-16　拖动系统的运转状态

由以上分析可以看出，产生过渡过程的外部原因是$M \neq M_{fz}$。其内因是系统有储能元件，能量的储存和释放不能瞬间完成，存在惯性。因此，只要是能够导致$M \neq M_{fz}$的因素，都会引起过渡过程。例如电压U、电阻R、磁通Φ及负载转矩M_{fz}的突变等等，都会导致过渡过程的产生。

在电力拖动系统中存在的惯性有：机械惯性、电磁惯性和热惯性。电机在运行中发热，使电枢电阻和励磁绕组电阻值发生变化，也会影响系统的工作状态。但是，由于热惯性比较大，电机发热使参数发生变化比较缓慢，可以不予考虑。根据惯性不同，可以将过渡过程分为三类：

（1）机械过渡过程　只考虑系统的机械惯性产生的过渡过程叫机械过渡过程。机械惯性反映在系统的GD^2上。由于GD^2的存在，使转速n不能突变。因为导致机械过渡过程产生的外部原因是$M \neq M_{fz}$，所以用运动方程式建立一阶微分方程式，用解析法来研究。当有非线性环节时，就用图解法进行分析。

（2）电磁过渡过程　只考虑电磁惯性而产生的过渡过程叫电磁过渡过程。电磁惯性是由于电感的存在而产生的。此时要列出电路的电压平衡方程式，建立一阶微分方程，研究电磁过渡过程。

（3）机电过渡过程　既考虑机械惯性又考虑电磁惯性时的过渡过程叫机电过渡过程。如在可控硅供电的直流拖动系统（即可控硅-电动机系统）中，既有飞轮矩GD^2存在，又有电枢绕组电感和平波电抗器的电感存在。不但n不能突变，电枢电流I_s及转矩M也不能突变。实际的过渡过程是机电过渡过程，需要建立二阶微分方程式来研究。

本章我们重点研究的是机械过渡过程。所以后面泛指的过渡过程都是机械过渡过程。

那么研究过渡过程有什么实际意义呢？不同的生产机械或同一生产机械在不同的生产工艺条件下，对其拖动系统过渡过程有不同的要求。一些经常起制动、正反转的生产机械，例如可逆轧钢机、龙门刨床的工作台等等，要求过渡过程尽可能短，以缩短非生产时间，从而提高生产率。可是象造纸机、印刷机这类生产机械，则要求过渡过程中加速度的大小有一定的限度。电梯、矿井提升机构、地铁电车等又要求有较小的加速度和减速度。为了满足生产机械对过渡过程提出的不同要求，必须掌握过渡过程的规律，进而研究加快和延缓过渡过程的方法；从节能的观点出发，要探讨减小过渡过程中能量损耗的方法；为了给控制系统的设计提供控制原则，为设计出最优控制系统打下基础，也要研究过渡过程。这些就是研究电力拖动系统过渡过程的实际意义。

2.4.2 电枢回路串固定电阻起动的过渡过程

为了简单起见，我们以最简单的电枢回路串固定电阻起动为例，推导出过渡过程中 $n=f(t)$ 和 $M=f(t)$ 的一般公式。其线路和特性如图2-17所示。在电枢回路中串入固定的起动电阻 R_Ω，电机拖动恒转矩负载，在额定磁场下，将刀开关合向电网，使电机起动。在忽略电枢绕组电感的条件下，研究起动时的机械过渡过程。

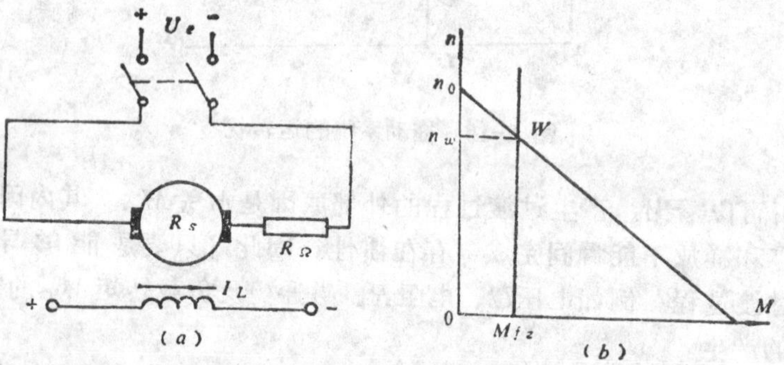

图 2-17 电枢串固定电阻起动的线路图及特性曲线

a—线路图；b—特性曲线

2.4.2.1 转速 n 的变化规律 $n=f(t)$

电力拖动系统的运动方程式为

$$M-M_{fz}=\frac{GD^2}{375}\frac{dn}{dt}$$

电磁转矩

$$M=C_m\Phi I_s$$

电枢电流

$$I_s=\frac{U_e-C_e\Phi n}{R}$$

于是

$$M=C_m\Phi\frac{U_e-C_e\Phi n}{R} \tag{2-25}$$

将式2-25代入运动方程式中，等式两边再同乘以 $R/C_e\Phi C_m\Phi$，可得

$$\frac{U}{C_e\Phi}-n=\frac{GD^2}{375}\frac{R}{C_e\Phi C_m\Phi}\frac{dn}{dt}+\frac{R}{C_e\Phi C_m\Phi}M_{fz}$$

设 $\dfrac{GD^2}{375}\dfrac{R}{C_e\Phi C_m\Phi}=T_m$——机电时间常数，并考虑到 $\dfrac{U}{C_e\Phi}=n_0$，

$\dfrac{R}{C_e\Phi C_m\Phi}M_{fz}=\Delta n_w$，所以有

$$n_0-n=T_m\frac{dn}{dt}+\Delta n_w$$

经整理后，得

$$T_m\frac{dn}{dt}+n=n_w \tag{2-26}$$

式中　$n_w=n_0-\Delta n_w$——稳态转速。

分离变量，等式两边同时积分，则有

$$\ln\frac{n-n_w}{C}=-\frac{t}{T_m}$$

$$n-n_w=Ce^{-t/T_m} \tag{2-27}$$

由初始条件：$t=0$时，$n=n_{qs}$，求积分常数C

$$C=n_{qs}-n_w$$

将积分常数代入式2-27，得

$$n-n_w=(n_{qs}-n_w)e^{-t/T_m}$$

$$\therefore\quad n=n_w+(n_{qs}-n_w)e^{-t/T_m} \tag{2-28}$$

$$\text{或}\quad n=n_{qs}e^{-t/T_m}+n_w(1-e^{-t/T_m}) \tag{2-29}$$

式中　n_{qs}——系统过渡过程的起始转速；

n_w——系统过渡过程的稳态转速。

式2-28和式2-29即为过渡过程中转速n随时间t变化的一般公式。它适用于起动、制动、调速等一切机械过渡过程。

串固定电阻起动时，$n_{qs}=0$，$n=f(t)$的公式为

$$n=n_w(1-e^{-t/T_m}) \tag{2-30}$$

由式2-30可见，他励直流电动机拖动恒转矩负载，电枢回路串固定电阻，从静止状态起动时，转速n随时间变化的规律为如图2-18所示的指数曲线1。

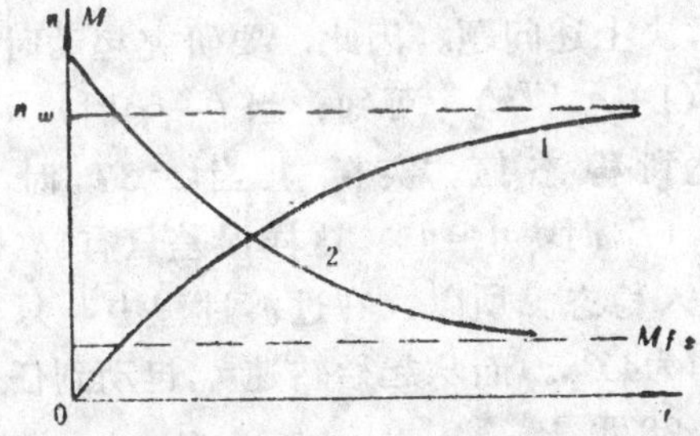

图 2-18　他励直流电动机起动时的动态特性

1—$n=f(t)$曲线；2—$M=f(t)$ 曲线

2.4.2.2　转矩M的变化规律

将式2-27两边对t求导数，再代入运动方程式中，于是有

$$M=\frac{GD^2}{375}\left(-\frac{C}{T_m}e^{-t/T_m}\right)+M_{fz} \tag{2-31}$$

由初始条件：$t=0$，$M=M_{qs}$，确定积分常数C

$$-C=(M_{qs}-M_{fz})\frac{375}{GD^2}T_m$$

将积分常数C代入式2-31，则有

$$M=M_{fz}+(M_{qs}-M_{fz})e^{-t/T_m} \tag{2-32}$$

或

$$M=M_{qs}e^{-t/T_m}+M_{fz}(1-e^{-t/T_m}) \tag{2-33}$$

式2-32和式2-33即为过渡过程中转矩M随时间t变化的一般公式。

因为当磁通Φ不变时，$M\propto I_s$，所以同样可以写出过渡过程中电枢电流I_s随时间变化的一般公式

$$I_s=I_{fz}+(I_{qs}-I_{fz})e^{-t/T_m} \tag{2-34}$$

或

$$I_s=I_{qs}e^{-t/T_m}+I_{fz}(1-e^{-t/T_m}) \tag{2-35}$$

起动时，$t=0$，M为最大的起动转矩即堵转转矩M_{dz}，电枢电流为最大值I_{dz}。起动完了，$M=M_{fz}$，$I_s=I_{fz}$。中间按指数曲线变化。图2-18中的曲线2即为$M=f(t)$和$I_s=f(t)$曲线。

2.4.2.3　从物理概念上解释曲线形状

为什么他励直流电动机电枢串固定电阻起动过程中，$n=f(t)$是一条指数曲线呢？我们知道，在起动瞬间即$t=0$时，转矩$M=M_{dz}$，有最大的加速转矩，系统得到最大的加速度，此时正是指数曲线斜率最大处。然后转速n上升，反电势E_s增加，电枢电流I_s和转矩M下降，加速转矩逐渐减小，转速n上升速度越来越慢，对应曲线的斜率逐渐减小。当起动完了，转矩M和负载转矩M_{fz}相等，加速转矩等于零，转速n不再上升，此时曲线的斜率也近似为零。所以过渡过程中$n=f(t)$刚好是一条指数曲线。

2.4.2.4　起动时间

在论述逐级切除电阻的起动过程时，提出一个问题，即如何保证各级起动电阻都在$I_s=I_2$所对应的A、C、E各点被切除？各级电阻的切除是由接触器1C、2C、3C的常开接点闭合来完成的。如果我们知道图2-14b中转速从零上升到n_A，从n_A上升到n_C，从n_C上升到n_E的各段时间，通过控制线路，按已知的三段时间，控制接触器1C、2C、3C常开接点的闭合时刻，就可以解决上述问题。因此，要研究起动时间。

从式2-30　$n=n_w(1-e^{-t/T_m})$　可知：当$t\to\infty$时，$n=n_w$。从理论上讲，当时间t为无穷大时，转速n才达到稳态值。实际上当$t=3T_m$时，$n=0.95n_w$；$t=4T_m$时，$n=0.98n_w$。可见当$t=(3\sim4)T_m$时，$n\approx n_w$。这样误差只有5%～2%。因此，工程上认为$t=(3\sim4)T_m$时，系统即进入稳态。所以，在过渡过程中，只要$n=f(t)$是一条完整的指数曲线，其过渡过程时间即为$4T_m$。而从起始转速n_{qs}起动到任一转速n_x的时间如何计算呢？设起动时间为t_{qx}，由式2-28可得

$$t_{qx}=T_m\ln\frac{n_{qs}-n_w}{n_x-n_w} \tag{2-36}$$

同理可得

$$t_{qx}=T_m\ln\frac{M_{qs}-M_{fz}}{M_x-M_{fz}} \tag{2-37}$$

$$t_{qx}=T_m\ln\frac{I_{qs}-I_{fz}}{I_x-I_{fz}} \tag{2-38}$$

起动时间的计算公式2-36～式2-38，也是计算过渡过程时间的通用公式，适用于起动、制动、调速、负载突变等各种不同情况下过渡过程时间的计算。

从过渡过程时间的通用公式可以看出，当起始值（n_{qs}、M_{qs}、I_{qs}）、稳态值（n_w、M_{fz}、I_{fz}）、终了值（n_x、M_x、I_x）一定时，影响过渡过程的因素是机电时间常数T_m。所以研究过渡过程时，T_m是一个重要的物理量。下面对T_m进行深入的研究。

2.4.2.5　机电时间常数T_m的物理意义

$$T_m=\frac{GD^2}{375}\ \frac{R}{C_e\Phi C_m\Phi} \tag{2-39}$$

将其分子分母同时乘以堵转电流I_{dz}，则得

$$T_m=\frac{GD^2}{375}\ \frac{n_0}{M_{dz}} \tag{2-40}$$

再从图2-19中相似三角形关系可得

$$T_m=\frac{GD^2}{375}\ \frac{n_w}{M_{dz}-M_{fz}} \tag{2-41}$$

$$T_m=\frac{GD^2}{375}\ \frac{\Delta n}{M_{fz}} \tag{2-42}$$

式2-39～式2-42为T_m的四种表达式，在后面的分析和计算中，可根据需要采用其中的任一种形式。同时由于$n_0/M_{dz}=\text{tg}\alpha$，所以也可以从机械特性斜率的大小看出$T_m$的不同。

那么T_m为什么叫机电时间常数呢？从式2-39看出，T_m既与机械量GD^2有关，又与电量R及Φ有关，而且从式2-40看出，它具有时间的量纲，所以T_m叫机电时间常数。

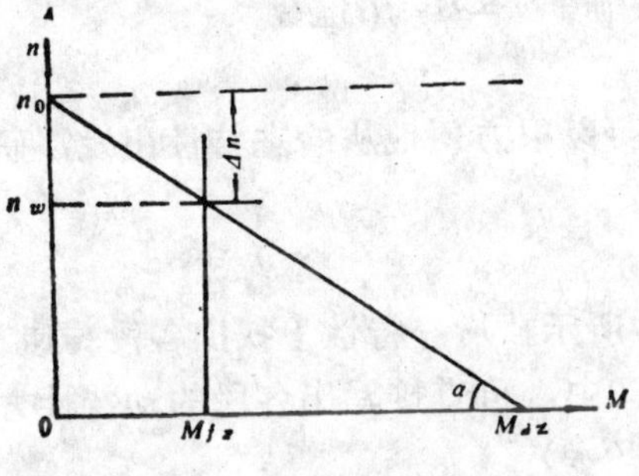

图 2-19　机电时间常数的几何意义

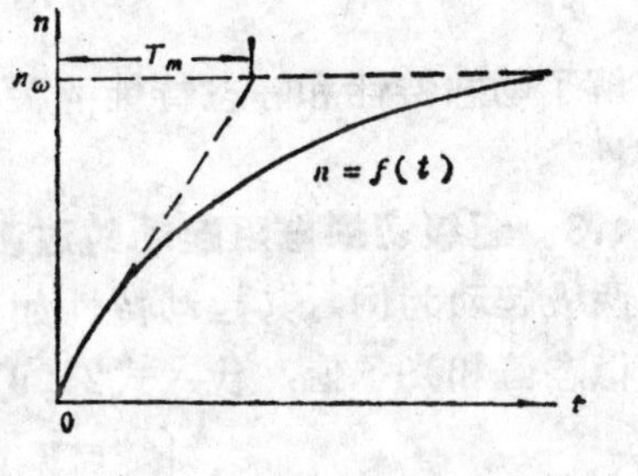

图 2-20　机电时间常数的物理意义

T_m的物理意义是什么呢？由式2-30，在$t=0$时，可求得

$$n_w=\left[\frac{dn}{dt}\right]_{t=0}\times T_m$$

与直线运动$v=at$（其中v为末速度，a为加速度）对比，可以看出，T_m是以$t=0$时的加速度恒速起动到稳态转速n_w所需要的时间。这就是T_m的物理意义，如图2-20所示。

2.4.2.6　动态特性与静态特性的关系

把求得的动态特性$n=f(t)$和$M=f(t)$与相应的机械特性对应起来，如图2-21所示。这样可以明显地看出动特性和静特性之间的关系。动特性$n=f(t)$和$M=f(t)$的起始点$n=0$、$M=M_{dz}$及稳态点$n=n_w$、$M=M_{fz}$，刚好是静特性上两个稳态点的坐标。所以，知道

静特性，就可以从中找出相对应的动特性的起始值和稳态值。而且静特性与横轴夹角α越大，T_m越大，所对应的$n=f(t)$曲线在$t=0$时斜率越小。也就是说，由机械特性的倾斜程度可以定性地画出过渡过程曲线起始点的斜率。根据机械特性，在已知电机GD^2的前提下，可以算出机电时间常数。反过来从$n=f(t)$和$M=f(t)$曲线上消去时间变量t，就可以得到静态特性$n=f(M)$。即动态特性表示转速n、转矩M（或电流I_s）随时间变化的规律；静态特性则表示同一时间下，转矩（或电流）和转速间的关系。

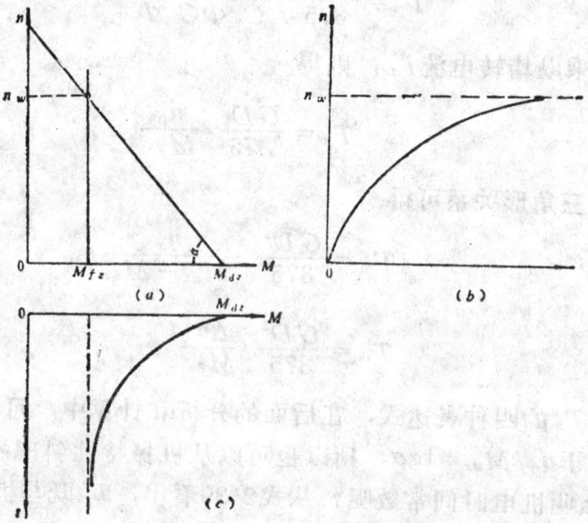

图 2-21 起动过程中静特性和动特性的对应关系

a—静特性；b—$n=f(t)$曲线；c—$M=f(t)$曲线

了解了动态特性和静态特性的关系，就可以很方便地从静态特性出发，研究相对应的动态特性。

2.4.3 逐级切换电阻起动的过渡过程

以两级起动为例，其起动特性如图2-22a所示。从静特性上找出各段转速和转矩的起始值、稳态值和终了值，代入式2-29、式2-33中，可直接写出各段的动特性方程式。

$$\begin{cases} n=n_{w1}(1-e^{-t/T_{m1}}) \\ M=M_1e^{-t/T_{m1}}+M_{fz}(1-e^{-t/T_{m1}}) \end{cases}$$

$$\begin{cases} n=n_{qs2}e^{-t/T_{m2}}+n_{w2}(1-e^{-t/T_{m2}}) \\ M=M_1e^{-t/T_{m2}}+M_{fz}(1-e^{-t/T_{m2}}) \end{cases}$$

$$\begin{cases} n=n_{qs3}e^{-t/T_{m3}}+n_w(1-e^{-t/T_{m3}}) \\ M=M_1e^{-t/T_{m3}}+M_{fz}(1-e^{-t/T_{m3}}) \end{cases}$$

其中 $T_{m1}=\dfrac{GD^2}{375}\;\dfrac{R_2}{C_e\Phi_eC_m\Phi_e}$；

$T_{m2}=\dfrac{GD^2}{375}\;\dfrac{R_1}{C_e\Phi_eC_m\Phi_e}$；

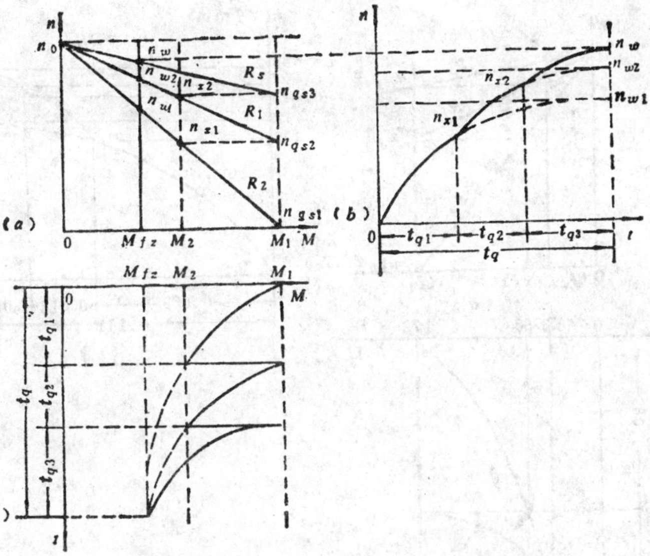

图 2-22 两级电阻起动时的静特性和动特性

a—静特性；b—$n=f(t)$曲线；c—$M=f(t)$曲线

$$T_{m3}=\frac{GD^2}{375}\ \frac{R_s}{C_e\Phi_e C_m\Phi_e}。$$

起动时间等于三段过渡过程时间之和，每段过渡过程时间可以用转速计算，也可以用转矩计算。因为各段特性转矩的起始值和终了值都分别为M_1和M_2，稳态值都是M_{fz}，计算起来比较方便，所以用如下公式计算

$$t_q=t_{q1}+t_{q2}+t_{q3}$$

$$=(T_{m1}+T_{m2})\ln\frac{M_1-M_{fz}}{M_2-M_{fz}}+4T_m$$

因为$T_{m1}>T_{m2}>T_{m3}$，所以第一段特性起始点的斜率最小，第三段特性起始点的斜率最大。过渡过程曲线如图2-22b和c所示。

例2-4 他励直流电动机，$P_e=16\text{kW}$，$U_e=220\text{V}$，$I_e=86\text{A}$，$n_e=670\text{r/min}$，系统$GD^2=6.7\text{N}\cdot\text{m}^2$。$M_{fz}=0.7M_e$。两级起动，试绘制$n=f(t)$和$I_s=f(t)$曲线。

解： 用例2-2中已算出的$R_2=1.28\Omega$、$R_1=0.506\Omega$、$R_s=0.2\Omega$的结果作为已知数，可算出$C_e\Phi_e$和n_0为

$$C_e\Phi_e=\frac{U_e-I_eR_s}{n_e}=\frac{220-86\times0.2}{670}=0.303$$

$$n_0=\frac{U_e}{C_e\Phi_e}=\frac{220}{0.303}=726\text{r/min}$$

在例2-2中又已得到$I_1=172\text{A}$；$I_2=68\text{A}$；$I_{fz}=60.2\text{A}$。据此即可画出图2-23a所示的起动特性。

在静特性上标出起始点n_{qs1}、n_{qs2}、n_{qs3}，稳态点n_{w1}、n_{w2}、n_w和切换转速n_{x1}、n_{x2}。

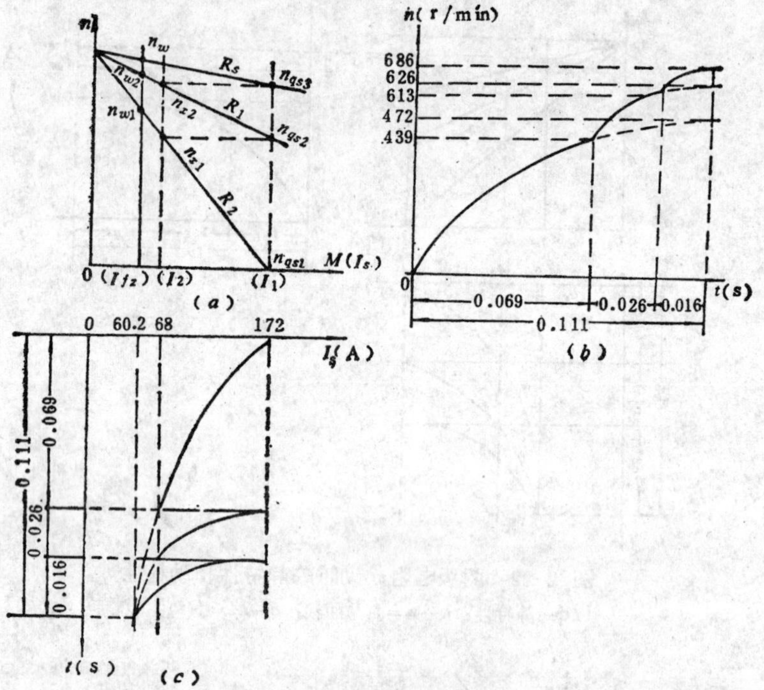

图 2-23　例2-4的静、动态特性

a—静特性；b—$n=f(t)$曲线；c—$I_s=f(t)$曲线

用转速方程式求各转速值

$$n_{x1}=n_{qs2}=\frac{U_e}{C_e\Phi_e}-\frac{R_1}{C_e\Phi_e}I_1$$

$$=\frac{220}{0.303}-\frac{0.506}{0.303}\times172=439\text{r/min}$$

$$n_{x2}=n_{qs3}=\frac{U_e}{C_e\Phi_e}-\frac{R_s}{C_e\Phi_e}I_1$$

$$=\frac{220}{0.303}-\frac{0.2}{0.303}\times172=613\text{r/min}$$

$$n_{w1}=\frac{U_e}{C_e\Phi_e}-\frac{R_2}{C_e\Phi_e}I_{fz}$$

$$=\frac{220}{0.303}-\frac{1.28}{0.303}\times60.2=472\text{r/min}$$

$$n_{w2}=\frac{U_e}{C_e\Phi_e}-\frac{R_1}{C_e\Phi_e}I_{fz}$$

$$=\frac{220}{0.303}-\frac{0.506}{0.303}\times60.2=626\text{r/min}$$

$$n_w=\frac{U_e}{C_e\Phi_e}-\frac{R_s}{C_e\Phi_e}I_{fz}$$

$$=\frac{220}{0.303}-\frac{0.2}{0.303}\times 60.2=686\text{r/min}$$

由式2-39可求出

$$T_{m1}=\frac{GD^2}{375}\ \frac{R_2}{C_e\Phi_e C_m\Phi_e}$$

$$=\frac{6.7}{375}\ \frac{1.28}{9.55\times 0.303^2}=0.026\text{s}$$

$$T_{m2}=\frac{GD^2}{375}\ \frac{R_1}{C_e\Phi_e C_m\Phi_e}$$

$$=\frac{6.7}{375}\ \frac{0.506}{9.55\times 0.303^2}=0.01\text{s}$$

$$T_m=\frac{GD^2}{375}\ \frac{R_s}{C_e\Phi_e C_m\Phi_e}$$

$$=\frac{6.7}{375}\ \frac{0.2}{9.55\times 0.303^2}=0.004\text{s}$$

$$t_{q1}=T_{m1}\ln\frac{I_1-I_{fz}}{I_2-I_{fz}}=0.026\ln\frac{172-60.2}{68-60.2}=0.069\text{s}$$

$$t_{q2}=T_{m2}\ln\frac{I_1-I_{fz}}{I_2-I_{fz}}=0.01\ln\frac{172-60.2}{68-60.2}=0.026\text{s}$$

$$t_{q3}=4T_m=4\times 0.004=0.016\text{s}$$

$$t_q=t_{q1}+t_{q2}+t_{q3}=0.111\text{s}$$

根据计算结果画出$n=f(t)$和$I_s=f(t)$的曲线，如图2-23b和c所示。

此类题用计算机计算相当方便，而且可以在计算机上观察某些参数变化对动特性的影响。计算例题见附录。

2.4.4 机械过渡过程的加快

当$t=(3\sim4)T_m$时，系统进入稳态，所以影响过渡过程时间的主要因素是机电时间常数T_m。由式2-41知，减小T_m的途径有两个：

（1）减小系统的飞轮矩GD^2，从而减小系统的惯性　电动机转子的飞轮矩占整个系统飞轮矩的主要部分。要减小系统的飞轮矩，主要应设法减小电动机转子的GD^2。一般常采用双电动机拖动。就是两台电动机同轴运行以共同拖动某一工作机构。在输出功率和运行速度相同的情况下，两台半容量电动机的GD^2之和要比一台电动机的GD^2小。例如一台46kW、580r/min的直流电动机，GD^2为216N·m²；而两台23kW、600r/min的直流电动机，其GD^2之和为$2\times 92.2=184.4$N·m²。比采用一台电动机拖动时的GD^2大约减少15%。采用双电动机拖动对大、中容量而且经常正、反转的拖动系统是很有效的。

（2）加大（$M_{dz}-M_{fz}$）　M_{fz}为负载转矩，不能任意减小，只有加大M_{dz}。而M_{dz}一

般取为$2M_e$，也是一定的，不能任意加大。但是从起动过程中的$I_s = f(t)$和$n = f(t)$曲线上，我们可以受到启发，从而找出加快机械过渡过程的另一途径。从图2-24看出，起动瞬间电枢电流达到最大值，转速n以最大加速度上升。随着转速的上升，电流按指数曲线下降，使加速过程中的加速转矩随转速的上升而减小，从而延缓了过渡过程。我们设想，在整个起动过程中，使电流保持最大值I_{max}不变，电动机转速就一直以最大加速度上升。由T_m的物理意义可知，此时达到稳态转速的时间为T_m。即过渡过程时间从$4T_m$减小到T_m，从而得到最短的过渡过程时间。

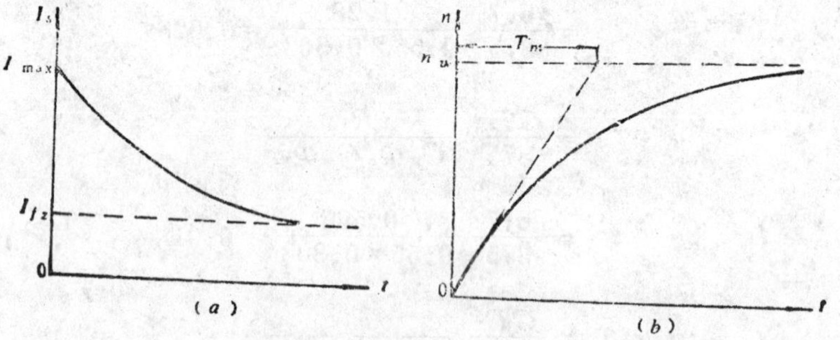

图 2-24　起动过程中的电枢电流变化曲线和转速上升曲线

a—$I_s = f(t)$曲线；b—$n = f(t)$曲线

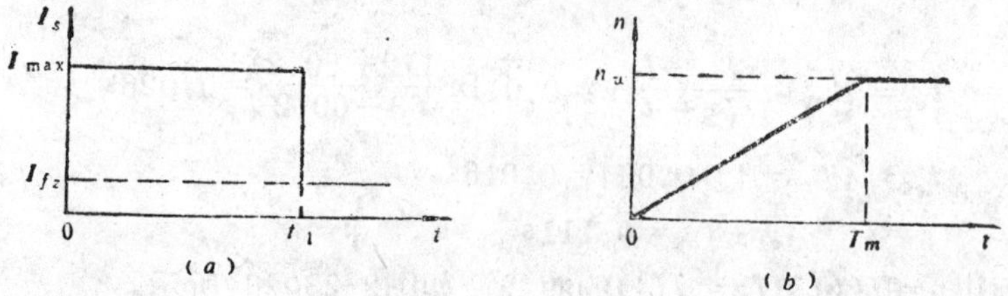

图 2-25　理想起动过程的$I_s = f(t)$和$n = f(t)$曲线

a—$I_s = f(t)$曲线；b—$n = f(t)$曲线

图 2-26　近似理想状态的$I_s = f(t)$和$n = f(t)$曲线

a—$I_s = f(t)$曲线；b—$n = f(t)$曲线

按矩形波电流图控制的过渡过程叫最优过程。其$I_s=f(t)$和$n=f(t)$曲线如图2-25所示。在起动过程中保持电枢电流为最大值，靠电动机本身是不可能实现的，要用可控硅-电动机闭环控制系统才能实现。这里只是为快速直流电力拖动系统提供一个控制准则。实际上，由于电动机电枢回路中有电感存在，实际的$I_s=f(t)$曲线和$n=f(t)$曲线只能接近理想波形，如图2-26所示。

2.4.5 考虑电枢回路电感时的过渡过程

前面分析过渡过程时，只考虑机械惯性，认为转速不能突变。忽略电磁惯性，认为电枢电流和转矩可以突变。但是实际上电枢回路有电感存在，尤其在目前广泛应用的可控硅-电动机直流拖动系统中，为了滤波和保证电流连续，在电枢回路串入电感量较大的平波电抗器，这时电枢回路电感对过渡过程的影响就不能忽略了。则既要考虑机械惯性，又要考虑电磁惯性，实际上是机电过渡过程。

考虑电枢回路电感时，要建立二阶微分方程式。为简单起见，假设磁路不饱和是线性的，则电枢绕组电感为常数；另外，忽略电枢反应的影响，认为主磁通Φ为常数。于是电枢回路的电压平衡方程式为

$$U=I_sR+E_s+L\frac{dI_s}{dt}$$

将$M=C_m\Phi I_s$代入运动方程式中得

$$I_s=\frac{M_{fz}}{C_m\Phi}+\frac{1}{C_m\Phi}\ \frac{GD^2}{375}\ \frac{dn}{dt}$$

将上式各项对时间 t 求导数，并将I_s和dI_s/dt的表达式代入电压平衡方程式中，同时考虑$E_s=C_e\Phi n$，得

$$U=\frac{R}{C_m\Phi}M_{fz}+\frac{R}{C_m\Phi}\ \frac{GD^2}{375}\ \frac{dn}{dt}+C_e\Phi n+\frac{L}{C_m\Phi}\ \frac{GD^2}{375}\ \frac{d^2n}{dt^2}$$

对上式进行整理，并将式中各项均除以$\left(\frac{L}{C_m\Phi}\ \frac{GD^2}{375}\right)$，得

$$\frac{d^2n}{dt^2}+\frac{R}{L}\ \frac{dn}{dt}+\frac{C_e\Phi C_m\Phi}{L\frac{GD^2}{375}}\ \frac{R}{R}n$$

$$=\frac{UC_m\Phi}{L\frac{GD^2}{375}}\ \frac{RC_e\Phi}{RC_e\Phi}-\frac{R}{L\frac{GD^2}{375}}\ \frac{RC_e\Phi C_m\Phi}{RC_e\Phi C_m\Phi}M_{fz}$$

令 $\frac{L}{R}=T_s$—电枢回路的电磁时间常数。同时考虑到$T_m=\frac{GD^2}{375}\ \frac{R}{C_e\Phi C_m\Phi}$，得

$$\frac{d^2n}{dt^2}+\frac{1}{T_s}\ \frac{dn}{dt}+\frac{1}{T_sT_m}n=\frac{1}{T_sT_m}n_0-\frac{1}{T_sT_m}\Delta n_w$$

又考虑到稳态转速$n_w=n_0-\Delta n_w$，于是有

$$\frac{d^2n}{dt^2}+\frac{1}{T_s}\ \frac{dn}{dt}+\frac{1}{T_sT_m}n=\frac{1}{T_sT_m}n_w \tag{2-43}$$

式2-43为考虑电枢回路电感时的转速二阶微分方程式。

为了求得电流的变化情况，下面求电枢电流的二阶微分方程式。将电压平衡方程式各项对时间 t 求导数，得

$$0=R\frac{dI_s}{dt}+C_e\Phi\frac{dn}{dt}+L\frac{d^2I_s}{dt^2} \tag{2-44}$$

利用运动方程式和转矩公式求出dn/dt

$$\frac{dn}{dt}=(C_m\Phi I_s-M_{fz})\frac{375}{GD^2}$$

将其代入式2-44中，得

$$0=R\frac{dI_s}{dt}+C_e\Phi(C_m\Phi I_s-M_{fz})\frac{375}{GD^2}+L\frac{d^2I_s}{dt^2}$$

等式两边同时除以L，整理以后得

$$\frac{d^2I_s}{dt^2}+\frac{R}{L}\frac{dI_s}{dt}+C_e\Phi C_m\Phi\frac{375}{GD^2}\frac{R}{RL}I_s=\frac{C_e\Phi}{L}\frac{375}{GD^2}\frac{RC_m\Phi}{RC_m\Phi}M_{fz}$$

考虑到$T_s=\dfrac{L}{R}$，$T_m=\dfrac{GD^2}{375}\dfrac{R}{C_e\Phi C_m\Phi}$，$I_{fz}=\dfrac{M_{fz}}{C_m\Phi}$，则

$$\frac{d^2I_s}{dt^2}+\frac{1}{T_s}\frac{dI_s}{dt}+\frac{1}{T_sT_m}I_s=\frac{1}{T_sT_m}I_{fz} \tag{2-45}$$

式2-45即为电枢电流的二阶微分方程式。

从式2-43和式2-45看出，转速的二阶微分方程式和电流的二阶微分方程式有完全相同的形式，可以共同求解。二阶微分方程式的暂态解要由特征方程式求根。二者的特征方程式为

$$S^2+\frac{1}{T_s}S+\frac{1}{T_sT_m}=0$$

$$S_{1,2}=-\frac{1}{2T_s}\pm\frac{1}{2T_s}\sqrt{1-\frac{4T_s}{T_m}} \tag{2-46}$$

二阶微分方程式的通解为

$$n=A_1e^{s_1t}+A_2e^{s_2t}+n_{fz} \tag{2-47}$$

$$I_s=D_1e^{s_1t}+D_2e^{s_2t}+I_{fz} \tag{2-48}$$

式中　A_1，A_2，D_1，D_2——积分常数。

由式2-47和式2-48看出，在考虑电枢电感时，动态过程的性质完全取决于式2-46所确定的特征方程式的根。当$4T_s/T_m<1$时，特征方程式具有两个负实根，转速和电流的动态过程具有非周期性质，电动机是二阶惯性环节；如果$4T_s/T_m>1$，特征方程式具有两个共轭复根，则转速和电流的动态过程为衰减的振荡过程。下面结合具体工作状态，进行过渡过程中的动特性分析。

2.4.5.1 空载起动时的过渡过程

在理想空载时，负载电流$I_{fz}=0$，转矩$M=0$，负载转速$n_{fz}=n_0$，于是有

$$n = A_1 e^{s_1 t} + A_2 e^{s_2 t} + n_0 \tag{2-49}$$

$$I_s = D_1 e^{s_1 t} + D_2 e^{s_2 t} \tag{2-50}$$

由初始条件 $t = 0$ 时，$I_s = 0$，决定积分常数D_1和D_2

$$D_1 = \left(\frac{dI_s}{dt}\right)_{t=0} \Big/ (S_1 - S_2) \tag{2-51}$$

$$D_2 = \left(\frac{dI_s}{dt}\right)_{t=0} \Big/ (S_2 - S_1) \tag{2-52}$$

可见 $|D_1| = |D_2|$ 。又从

$$S_1 = -\frac{1}{2T_s} - \frac{1}{2T_s}\sqrt{1 - \frac{4T_s}{T_m}}$$

$$S_2 = -\frac{1}{2T_s} + \frac{1}{2T_s}\sqrt{1 - \frac{4T_s}{T_m}}$$

看出，当 $4T_s/T_m < 1$ 时，$S_1 < 0$，$S_2 < 0$，而且 $|S_1| > |S_2|$，在此分析的基础上，可以定性画出$I_s = f(t)$曲线如图2-27 a 所 示。

再看转速变化情况。由初始条件$t = 0$，$n = 0$，决定积分常数A_1、A_2。由式2-49代入初始条件，得

$$0 = A_1 + A_2 + n_0$$

$$\left[\frac{dn}{dt}\right]_{t=0} = A_1 S_1 + A_2 S_2$$

又因为$t = 0$时，$I_s = 0, M = 0$，所以$\left[\frac{dn}{dt}\right]_{t=0} = 0$，则上式变为

$$0 = A_1 S_1 + A_2 S_2$$

将两式联立求出

$$A_1 = \frac{S_2}{S_1 - S_2} n_0 \tag{2-53}$$

$$A_2 = \frac{-S_1}{S_1 - S_2} n_0 \tag{2-54}$$

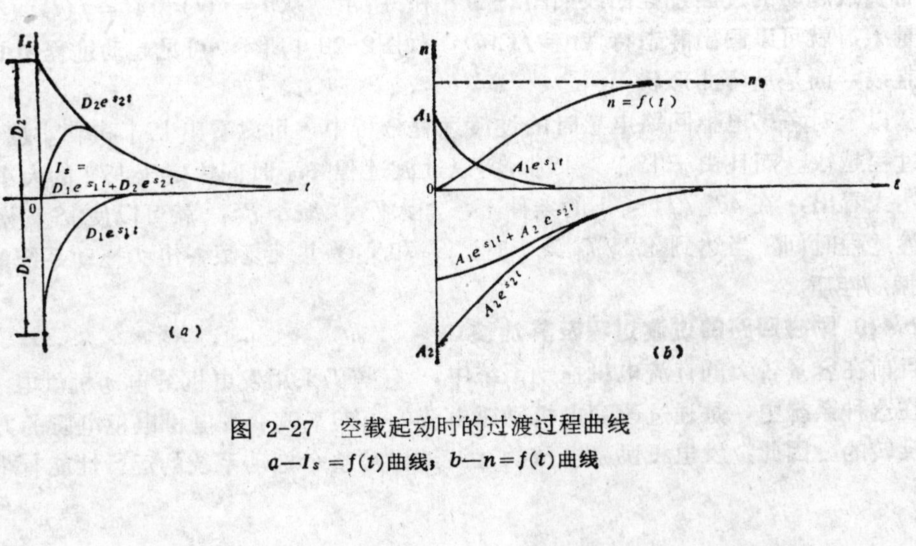

图 2-27　空载起动时的过渡过程曲线

a—$I_s = f(t)$曲线；b—$n = f(t)$曲线

当 $4T_s/T_m<1$ 时 $S_1<0, S_2<0$，而且 $|S_1|>|S_2|$。所以 $A_1>0$，$A_2<0$，且 $|A_2|>|A_1|$。由以上分析可画出如图2-27 *b* 所示的转速随时间变化的曲线。将考虑电枢电感时的过渡过程曲线和忽略电枢电感时的过渡过程曲线同时画在图2-28中。虚线为忽略电枢电感的过渡过程曲线。实线为考虑电枢回路电感的过渡过程曲线。将两种曲线对比，看出电枢回路电感对过渡过程的影响为：在过渡过程开始瞬间，使电流不能突变，电流增加得慢。电流最大值从 $I_{max}=\dfrac{U}{R}$ 降为 $I_M=(U-E_M)/R$。出现电流最大值的时间推迟。转速 n 上升速度也变慢。总之，电枢回路电感的存在延缓了过渡过程。

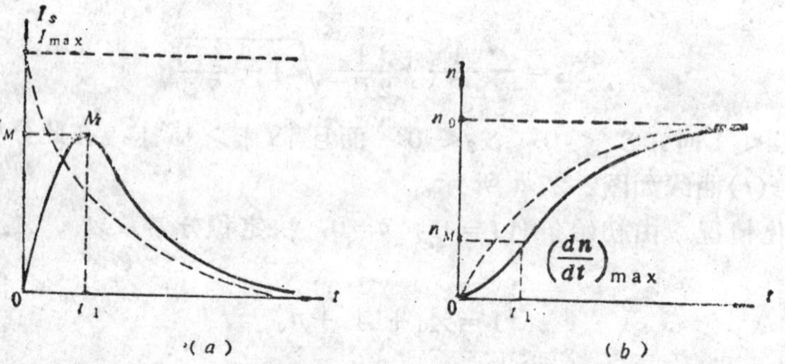

图 2-28　考虑电枢电感时，电动机空载起动的动特性

a—$I_s=f(t)$ 曲线；*b*—$n=f(t)$ 曲线

2.4.5.2 带负载起动时的过渡过程

当电动机带负载起动时，考虑电枢回路电感的过渡过程要分成两个阶段进行分析。

第一阶段：当电枢电流 I_s 小于负载电流 I_{fz} 时，电动机转矩 M 小于负载转矩 M_{fz}，电动机不能起动，转速 $n=0$。这一阶段只是电路中有电磁过渡过程存在。

第二阶段：$I_s>I_{fz}$，$M>M_{fz}$，电动机起动。这阶段与空载起动时相似。

带负载起动的过渡过程曲线如图2-29 *b* 和 *c* 所示。从 $n=f(t)$ 和 $M=f(t)$ 曲线上消去时间变量 t，就可以画出静态特性 $n=f(M)$，如图2-29 *a* 所示。可见起动过程中的 $n=f(M)$ 不是直线，而是呈弯曲形状。

从以上对考虑电枢回路电感时的过渡过程分析中，可以看出 $|S_1|$ 和 $|S_2|$ 越大，系统的过渡过程越快。而且由于 $|S_1|>|S_2|$，所以过渡过程终了时间决定于 $|S_2|$ 的大小。而由 S_2 的表达式看出，在 $4T_s/T_m<1$ 的条件下，加大 T_s，减小 T_m，就可以使 $|S_2|$ 增大，以缩短过渡过程时间。当达到 $4T_s/T_m>1$ 时，S_1 和 S_2 为共轭复根，电力拖动系统的过渡过程具有振荡性质。

2.4.6 励磁回路的过渡过程及其加快

目前在容量较大的直流电机拖动系统中，有些仍采用发电机给电动机供电的 $F-D$ 系统。在这种系统中，是通过改变电机励磁电流的方向来改变发电机电枢电压的方向，使电动机反转的。因此，发电机励磁电流的过渡过程对整个拖动系统的运行性能有很大的影

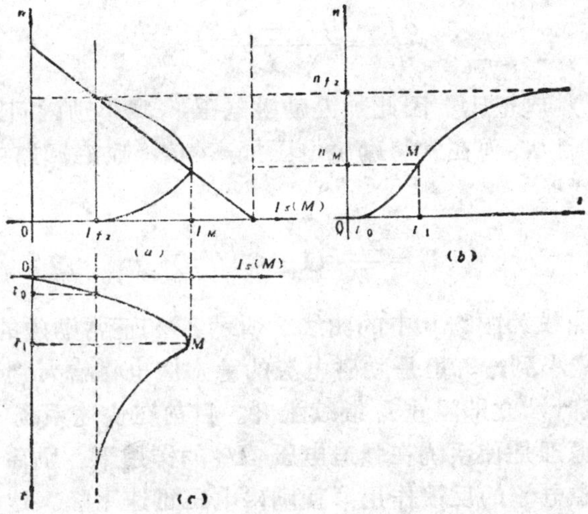

图 2-29　他励直流电动机在$4T_s/T_m<1$时带负载起动过程

a—静特性；b—$n=f(t)$曲线；c—$I_z=f(t)$曲线

响。另外，有些直流电机拖动系统，将调压和调节电动机磁场两种调速方法配合起来使用，以扩大系统的调速范围。这样电动机励磁回路的过渡过程就直接影响整个拖动系统的过渡过程。因此，有必要讨论励磁回路的过渡过程。

他励直流电动机的励磁回路实质上是一个由励磁绕组的电阻R_L和励磁绕组的电感L_L所构成的$R-L$串联电路。假设磁路不饱和，则L_L为常数。这样电路的电压平衡方程式为

$$U_L=I_LR_L+L_L\frac{dI_L}{dt}$$

对此一阶微分方程式，其解为

$$I_L=I_{Lw}(1-e^{-t/T_L})+I_{Lqs}e^{-t/T_L} \tag{2-55}$$

式中　I_{Lw}——励磁电流的稳态值，$I_{Lw}=U_L/R_L$；

I_{Lqs}——励磁电流的起始值；

T_L——励磁回路的时间常数，$T_L=L_L/R_L$。

若$I_{Lqs}=0$时，则

$$I_L=I_{Lw}(1-e^{-t/T_L}) \tag{2-56}$$

可见励磁电流I_L随时间变化的规律为一指数曲线。励磁回路过渡过程的长短取决于时间常数。小容量电机励磁回路的时间常数为零点几秒，大容量电机的励磁回路时间常数可达4秒，一次过渡过程时间就需要十多秒。这对可逆轧钢机等频繁起、制动、正、反转的生产机械的快速性影响较大，必须采取措施，加快励磁回路的过渡过程。

励磁电流随时间t上升的规律是指数曲线。$t=0$时励磁电流变化率最大。然后随励磁电流的上升，其变化率逐渐减小。越接近稳态值变化率越小，从而延缓了过渡过程。可见$t=0$时的电流变化率对励磁电流的上升速度起着很大的作用。如果能设法提高励磁电流变化率，则可以缩短达到稳态值的时间。那么励磁电流变化率与什么因素有关呢？由电

压平衡方程式知

$$\frac{dI_L}{dt}=\frac{U_L-I_LR_L}{L_L}$$

即dI_L/dt与$(U_L-I_LR_L)$ 成正比。因此加大励磁电压，减小励磁回路电阻压降，即可提高励磁电流的变化率。所以，现在常将励磁电压提高α倍，励磁回路中不串电阻，此时励磁电流的过渡过程方程式为

$$I_L=\frac{\alpha U_L}{R_L}(1-e^{-t/T_L}) \tag{2-57}$$

励磁电流随时间变化的曲线为图2-30中的曲线2所示。和正常励磁的$I_L=f(t)$曲线1相比，过渡过程时间从t_1减小到t_2。但是励磁电流的稳态值也将增大到αI_{Lw}。因此必须在励磁电流达到要求的I_{Lw}值时，立即阻止I_L继续上升。目前在快速系统中，采用励磁电流的闭环调节系统。其基本原理是使系统在强迫电压αU_L的作用下，励磁电流迅速上升，接近要求的数值时，通过励磁电流的反馈作用，使励磁电压迅速下降。这样既加快了励磁回路的过渡过程，又使励磁电流不超过所要求的稳态值。这一方法称为强迫励磁。α称为强迫系数。由式2-57，当$I_L=I_{Lw}$时，$t=t_2$，可得

$$t_2=T_L\ln\frac{\alpha}{\alpha-1} \tag{2-58}$$

根据上式，可以绘出如图2-31所示的α与t的关系曲线。由曲线看出，当α增大到4以上时，缩短过渡过程时间的效果已不明显，但励磁容量增大很多。所以，一般选择直流励磁回路的强迫倍数α不超过4。

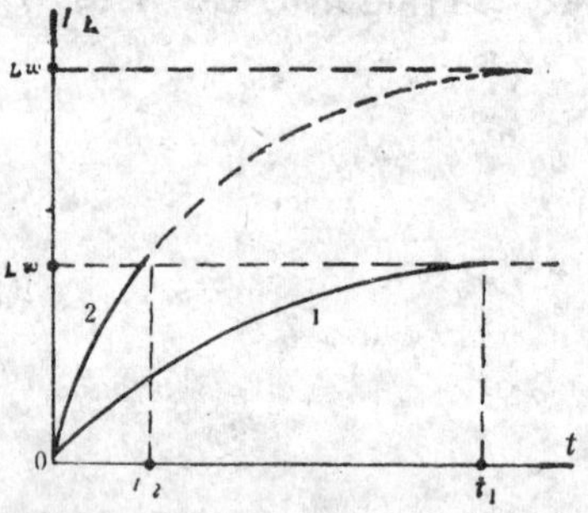

图 2-30 励磁回路过渡过程比较

1—正常励磁时的$I_L=f(t)$曲线；2—强迫励磁时的$I_L=f(t)$曲线

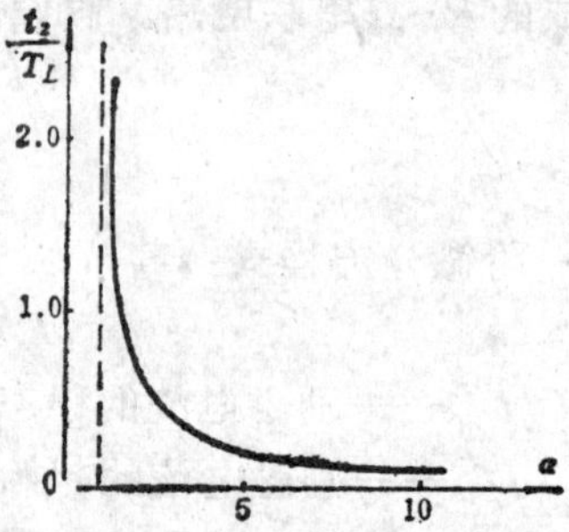

图 2-31 强迫倍数α与过渡过程时间t_2关系

2.5 他励直流电动机的制动及其过渡过程

2.5.1 电动状态和制动状态

2.5.1.1 电动状态

第2.3节讲的起动是电动状态的一种运行方式。由起动过程的分析可以看出，在电动状态时，电动机的转矩M与转速n同方向，M为拖动转矩。电路中电枢电流I_s的方向与反电势E_s的方向相反，如图2-32a所示。根据前面设定的正方向，由于n为顺时针方向，称为正向电动状态。

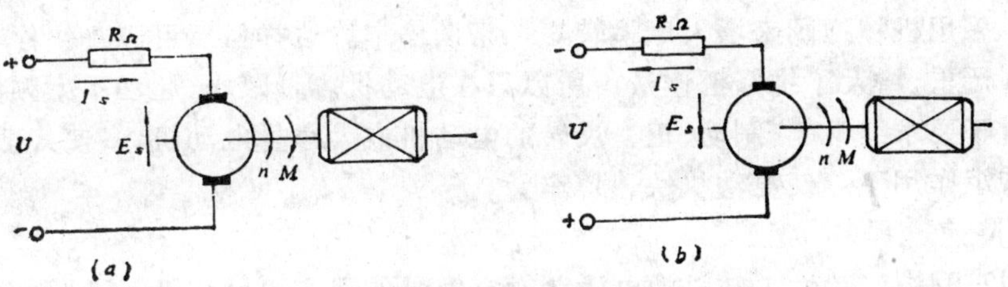

图 2-32　直流电机拖动系统

a—正向电动状态；b—反向电动状 态

若改变电动机电枢两端的极性，如图2-32 b 所示，随着电压极性的改变，电枢电流 I_s、转矩M、转速 n 全与正向电动状态时相反，但仍具有M与 n 同方向，I_s与E_s反方向的特点，因此仍为电动状态。只因为此时 n 为逆时针方向，所以称为反向电动状态。无论正向电动状态还是反向电动状态，电动机都是从电源吸收电功率，向负载传送机械功率。这是电动状态时电动机具有的特点。

2.5.1.2 制动状态

一谈到“制动”，就容易简单地理解为停车。停车只是制动中的一种形式，制动是相对电动而言的。电动状态是M与 n 同方向，可以表示在直角坐标系的第一、三象限；那么制动就是M与 n 反方向，M对 n 起抑制作用，可以表示在直角坐标系的第二、四象限。如图2-33所示。

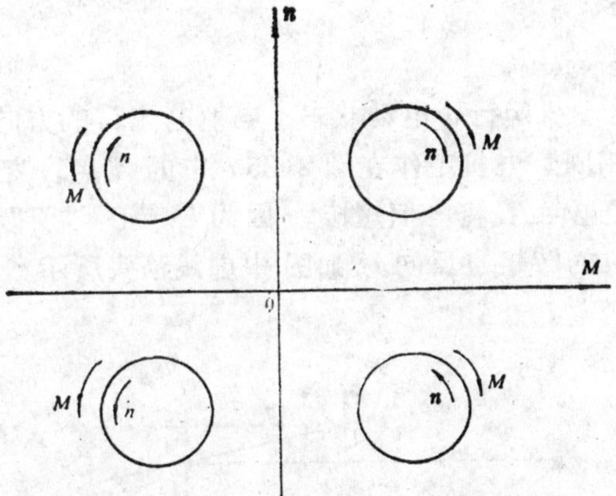

图 2-33　电动机的运行状态

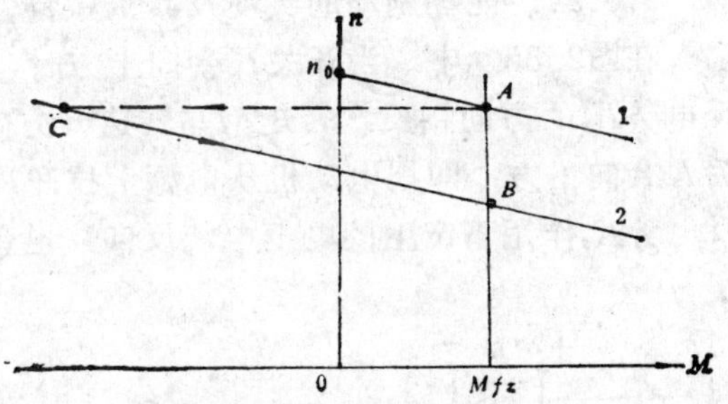

图 2-34　降压调速过程中的制动状态

直流电机正常工作时，在什么情况下会出现制动状态呢？

A　要求停车

最简单的停车方法是将电动机电枢从电源上拉开，即断电后使系统储存的动能慢慢消耗在系统的摩擦阻转矩上，称为自由停车。由于系统的摩擦阻转矩很小，所以自由停车时间很长，而且停车不准。很多生产机械要求快速而准确地停车。有的生产机械如吊车的提升机构，采用机械抱闸来增大摩擦转矩，帮助停车。这样虽然可以加快停车的过程，但是闸皮磨损严重，增大了维修工作量，所以只在电动机容量较小、起动不太频繁的生产机械上使用。对于要求经常起、制动、正、反转的电动机或大容量电动机，多使其工作在制动状态。在制动转矩作用下，使电动机快速停车。

B　降速过程中

在图2-34中，特性1是电源电压为额定值时的固有机械特性。降低电源电压可使电机得到特性2。降压瞬间，由于机械惯性的影响，转速n来不及变化。因为降压幅度比较大，使$E_s>U$，电流瞬时突变为负值，转矩M随之改变方向。电机工作点从A点过渡到C点。特性在第二象限为制动状态。制动到$M=0$后，转变为电动状态减速，到B点稳定运行。所以，在降压调速幅度比较大时，降速过程中要经过制动状态。

C　提升机构下放重物

当重物下放时，如果电动机轴上只有位能负载转矩M_{fz}，则重物在重力作用下下放速度会越来越高，将出现危险。因此，为了保证安全生产，应该使电动机产生一个与转速n反方向的转矩，抑制转速的增加，避免出现危险的高速度，从而可以得到生产工艺所允许的安全下放速度。所以，在提升机构下放重物时，电动机要处于制动状态。

D　反转

电动机从正转变为反转时，首先要制动停车，然后才能反向起动。

从以上所述看出，直流电动机正常工作时，很多情况下要使电动机工作在制动状态。所以在这一节里，我们要对他励直流电动机的制动运行状态进行研究。主要说明各种制动运行状态的物理过程、能量关系、机械特性、特点及应用场合。

2.5.2 能耗制动

2.5.2.1 能耗制动的实现及其机械特性

在图2-35a中，当开关K合向上方时，电动机运行于电动状态。电枢电流I_s的方向与反电势E_s的方向相反，转矩M与转速n方向相同。电机工作在图2-35b中的A点。把开关K合向下方，即把电动机从电源上拉开，经电阻R_n将电枢短接。因为$U=0$，所以在反电势E_s作用下产生的电枢电流反向，电动机的转矩也反向。如图中虚线箭头所示。这

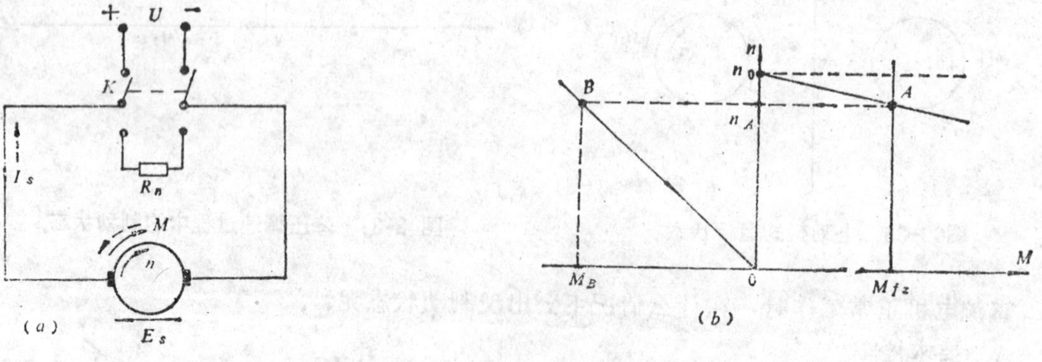

图 2-35　他励直流电动机采用能耗制动的电路原理图及机械特性

a—原理图；b—机械特性

时I_s与E_s同方向，电动机运行于发电状态。它把轴上输入的机械能，即系统储存的动能，变成电能消耗在电枢回路的电阻上。系统的动能消耗完了，电动机就停转。因此，把这种制动方法叫能耗制动。

能耗制动时，因为转速n保持电动状态时的方向，转矩M反向，可见能耗制动的机械特性在第二象限。机械特性方程式为

$$n=-\frac{R_s+R_n}{C_e\Phi_e C_m\Phi_e}M \tag{2-59}$$

当$M=0$时，$n=0$。所以，能耗制动特性为过原点的一条直线，如图2-35 b所示。特性的斜率决定于能耗制动电阻R_n的大小。R_n越大，特性越斜；R_n越小，特性越平。但R_n不能太小，R_n太小，在制动瞬间会产生过大的冲击电流。应该将制动瞬间的电流（即最大制动电流）限制在允许的范围内。则应选

$$R_n\geqslant\frac{E_z}{\lambda I_e}-R_s \tag{2-60}$$

式中　E_z——制动瞬间的反电势。

电机的过载倍数λ一般取为2。当制动起始转速大于或等于n_e时，可认为$E_z\approx U_e$。这种情况下，可用近似公式计算能耗制动电阻，即

$$R_n\geqslant\frac{U_e}{2I_e}-R_s \tag{2-61}$$

2.5.2.2 能耗制动过程及其过渡过程

能耗制动过程及其过渡过程与电动机所拖动的负载性质有关。

电动机拖动位能负载时，机械特性如图2-36 a所示。在制动到$n=0$时，重物不再上升而停在空中。虽然这时电动机转矩M等于零，但是在负载转矩M_{fz}的作用下，使电动机反向运转，开始下放重物。此时M与n的方向仍相反，还是制动状态。I_s与E_s同方向，电动机处于发电状态，将电能消耗在电枢回路的电阻上。可见第四象限的运行状态仍为能耗制动状态，与第二象限的不同点在于能量的来源。此时是将一部分位能变为电能消耗在电枢回路的电阻上。进入第四象限后，反电势E_s随电动机的反向加速而增加，电流I_s和转矩M也随之增加。电动机沿特性曲线$0C$段反向加速，直到C点$M=M_{fz}$，电动机以n_C转速下放重物。从提升重物到下放重物过程中，电动机的转速n、转矩M、电流I_s、反电势E_s及负载转矩M_{fz}的方向，如图2-37所示。电动机拖动位能负载进行能耗制动，过渡过程方程式可由过渡过程一般公式式2-29、式2-33、式2-35，代入起始值和稳态值而得到

$$\left.\begin{aligned}n&=n_Be^{-t/T_{mn}}+n_C(1-e^{-t/T_{mn}})\\M&=M_Be^{-t/T_{mn}}+M_{fz}(1-e^{-t/T_{mn}})\\I_s&=I_Be^{-t/T_{mn}}+I_{fz}(1-e^{-t/T_{mn}})\end{aligned}\right\} \tag{2-62}$$

式中时间常数T_{mn}可由时间常数T_m的公式式2-39，并考虑$R=R_s+R_n$而得到

$$T_{mn}=\frac{GD^2}{375}\,\frac{R_s+R_n}{C_e\Phi_e C_m\Phi_e} \tag{2-63}$$

过渡过程中的$n=f(t)$和$M=f(t)$曲线如图2-36b和c，是从起始点B到稳态点C的两条光滑的指数曲线。过渡过程时间即为$4T_{mn}$。

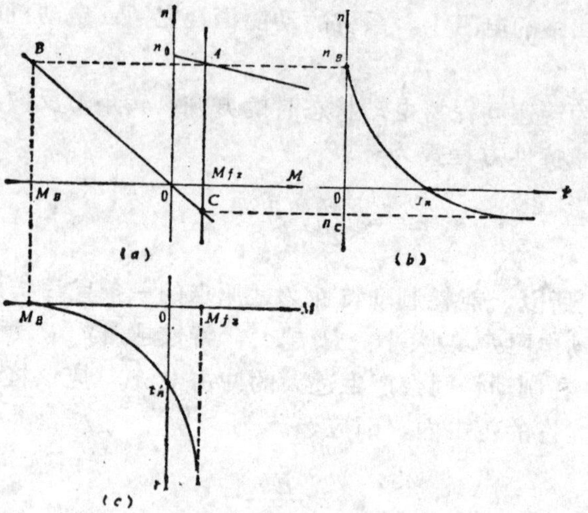

图 2-36　位能负载时能耗制动过程的静、动态特性

a—机械特性；b—$n=f(t)$曲线；c—$M=f(t)$曲线

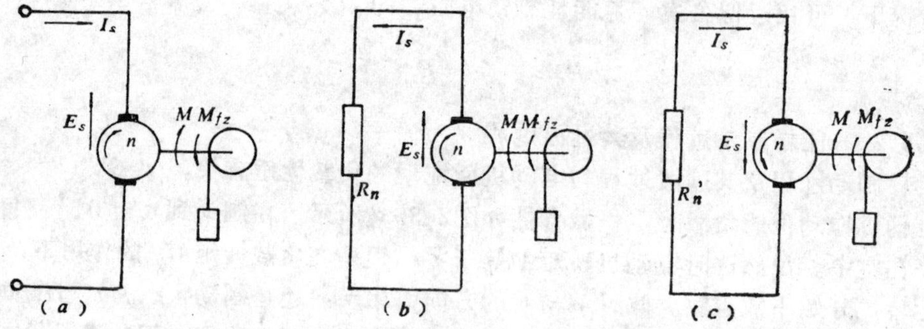

图 2-37　提升重物到能耗制动下放重物过程中各物理量的方向

a—重物提升；b—能耗制动；c—能耗制动下放重物

电动机拖动反抗性负载时，机械特性如图2-38a所示。制动瞬间由于机械惯性的影响，转速n来不及变化，电枢电流I_s和转矩M瞬间变成负值。电动机的工作点从A过渡到B，电动机产生的转矩为制动转矩，在M与M_{fz}的共同作用下，使电动机的转速很快下降，电流和转矩减小，系统沿特性曲线$B0$段减速，直到$M=0$，$n=0$。反抗性负载特性在n为零时与M轴重合，此时的负载转矩大小决定于电动机转矩的大小和方向。因为$n=0$时，$M=0$，所以两特性在原点重合。

电动机拖动反抗性负载进行能耗制动，过渡过程中的$n=f(t)$和$M=f(t)$、$I_s=f(t)$方程式仍用式2-62表示。值得说明的是，既然到$M=0$、$n=0$的原点时，过渡过程已经完结，又为什么把C点做为稳定运行点呢？所谓稳定运行点，应该是电动机机械特性与负载转矩特性的交点，即$M=M_{fz}$的点。在拖动反抗性负载时，电动机的能耗制动机械特性和负载特性没有交点，为了找到过渡过程中n及M、I_s随时间t变化的规律，我们就假想将两条特性曲线延长交于C点。只有把这点作为稳态运行点代入$n=f(t)$和$M=f(t)$方程式，才

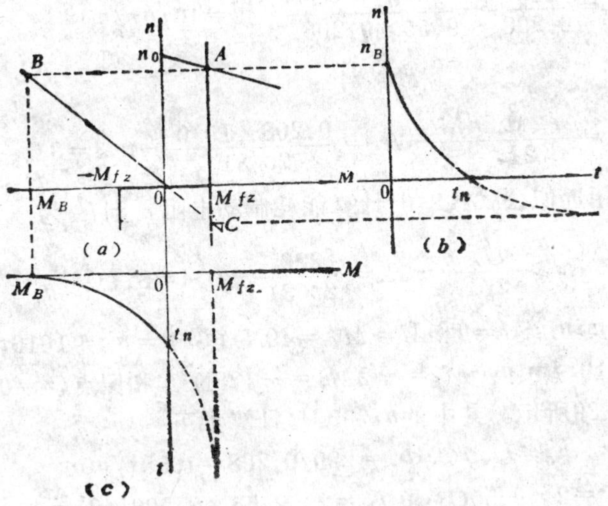

图 2-38 反抗性负载时能耗制动过程的静、动态特性

a—机械特性；b—$n=f(t)$曲线；c—$M=f(t)$曲线

能表示能耗制动过程中n和M的变化规律，如图2-38b和c中虚线所示。但是过渡过程到原点已结束，所以电动机拖动反抗性负载进行能耗制动时，过渡过程曲线为图上的实线部分。这时的稳态点C并不存在，而是假想的，所以叫假想稳态点。这个概念一定要搞清楚。

根据式2-36，并考虑$n_{qs}=n_B$、$n_x=0$、$n_w=n_C$，可得到能耗制动时间

$$t_n=T_{mn}\ln\frac{n_B-n_C}{-n_C} \tag{2-64}$$

2.5.2.3 能耗制动特点及应用

能耗制动的线路比较简单。制动过程中，电动机脱离电源，不需要从电源吸收电功率，相对于电压反接制动停车来说，比较经济。由于其机械特性过原点($n=0$时，$M=0$)，因此常用于反抗性负载的确保停车。也可以用于下放重物。

例2-5 一台他励直流电动机，$P_e=5.6\text{kW}$，$U_e=220\text{V}$，$I_e=31\text{A}$，$n_e=1000\text{r/min}$，$R_s=0.4\Omega$，系统的总飞轮矩$GD^2=9.8\text{N}\cdot\text{m}^2$，负载转矩$M_{fz}=49\text{N}\cdot\text{m}$。系统原工作在电动状态下，以稳态转速$n_{fz}$运转，现要求进行能耗制动，最大制动电流为$2I_e$。

1）试计算能耗制动电阻值，绘制系统的机械特性；

2）列出$n=f(t)$和$M=f(t)$方程式，大致画出反抗性负载和位能负载两种情况下的过渡过程曲线，并计算两种情况下的过渡过程时间。

解： 1）先求出电动状态下的稳态转速n_{fz}

$$n_{fz}=\frac{U_e}{C_e\Phi_e}-\frac{R_s}{C_e\Phi_e C_m\Phi_e}M_{fz}$$

其中
$$C_e\Phi_e=\frac{U_e-I_eR_s}{n_e}=\frac{220-31\times0.4}{1000}=0.208$$

$$\therefore \qquad n_{fz}=\frac{220}{0.208}-\frac{0.4}{9.55\times0.208^2}\times49=1010\text{r/min}$$

制动电阻R_n

$$R_n=\frac{C_e\Phi_e n_{fz}}{2I_e}-R_s=\frac{0.208\times1010}{2\times31}-0.4=3\Omega$$

因为$n_{fz}>n_e$，也可以用近似公式式2-61计算能耗制动电阻，则R_n为

$$R_n\geqslant\frac{U_e}{2I_e}-R_s=\frac{220}{2\times31}-0.4=3.1\Omega$$

可以由$n=n_0=1058\text{r/min}$，$M=0$和$M=M_{fz}=49\text{N·m}$，$n=n_{fz}=1010\text{r/min}$两点绘出固有特性；由$n=n_{fz}=1010\text{r/min}$，$M_B=-2M_e=-123\text{N·m}$和原点($n=0$，$M=0$)两点绘出能耗制动特性。如图2-39所示。其中的$n_0$和$2M_e$计算如下

$$n_0=U_e/C_e\Phi_e=220/0.208=1058\text{r/min}$$

$$2M_e=2\times9.55C_e\Phi_e I_e=2\times9.55\times0.208\times31=123\text{N·m}$$

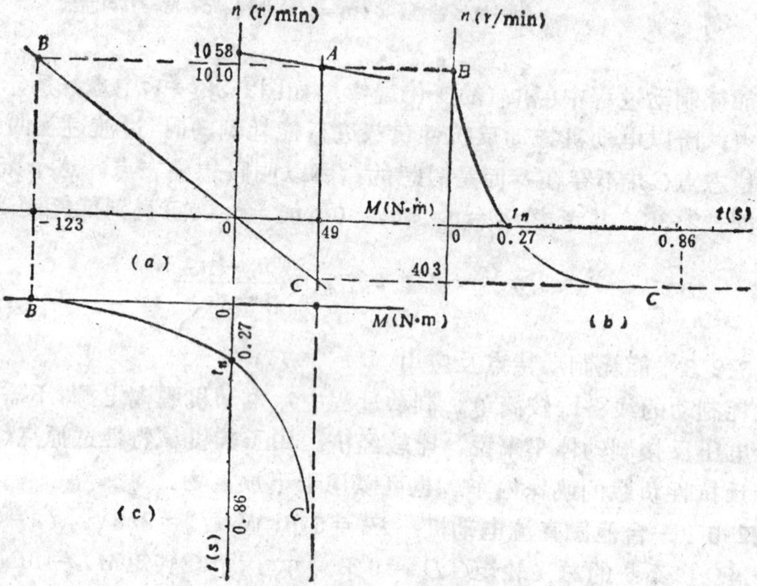

图 2-39 能耗制动计算实例

a—静特性；b—$n=f(t)$曲线；c—$M=f(t)$曲线

2）求$n=f(t)$和$M=f(t)$　将$n=n_C$，$M=M_{fz}$代入能耗制动方程式中，得

$$n_C=-\frac{R_s+R_n}{C_e\Phi_e C_m\Phi_e}M=-\frac{0.4+3}{9.55\times0.208^2}\times49=-403\text{r/min}$$

时间常数

$$T_{mn}=\frac{GD^2}{375}\cdot\frac{R_s+R_n}{C_e\Phi_e C_m\Phi_e}=\frac{9.8}{375}\times\frac{0.4+3}{9.55\times0.208^2}=0.215\text{s}$$

则
$$n = n_{fz}e^{-t/T_{mn}} + n_C(1-e^{-t/T_{mn}}) = 1010e^{-t/0.215} - 403(1-e^{-t/0.215})$$
$$M = M_B e^{-t/T_{mn}} + M_{fz}(1-e^{-t/T_{mn}}) = -123e^{-t/0.215} + 49(1-e^{-t/0.215})$$
$$t_n = T_{mn}\cdot\ln\frac{n_{fz}-n_C}{-n_C} = 0.215\ln\frac{1010+403}{403} = 0.27\text{s}$$
t_n为反抗性负载能耗制动过程时间，位能负载能耗制动过程时间t_n'为
$$t_n' = 4T_{mn} = 4\times0.215 = 0.86\text{s}$$
大致画出位能负载时能耗制动的过渡过程曲线如图2-39b和c所示。反抗性负载时的$n=f(t)$和$M=f(t)$曲线为图中$t=0\sim0.27$s区间的曲线所示。

2.5.3 反接制动

反接制动时，电压U与反电势E_s同方向。所以实现反接制动有两种方法：即电压反接和转速反向。

2.5.3.1 电压反接的反接制动

A 电压反接制动的实现及其机械特性

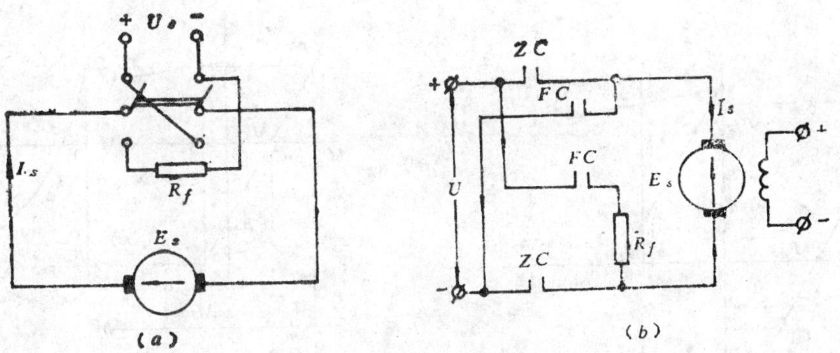

图 2-40 电压反接的反接制动电路图

a—手动线路；b—自动线路

实现电压反接有手动和自动两种线路，如图2-40所示。电动机容量比较小时，可采用手动线路。双向刀闸合向上方时，电动机工作在电动状态，合向下方时，进行反接制动。即把电源电压U_e反向接到电动机电枢两端，U_e与反电势E_s方向一致，此时几乎有近两倍的额定电压加到电枢回路两端，由于电枢电阻R_s很小，将会产生很大的反向电流。为了限制过大的电流，在电枢回路中一定要串入反接制动电阻R_f。

电动机容量较大时，采用自动控制线路。接触器ZC的常开接点闭合，电动机运行于电动状态，接触器FC的常开接点闭合时，电动机运行于电压反接制动状态。

电压反接制动时，$\Phi=\Phi_e$，$U=-U_e$，$R=R_s+R_f$，可得电压反接的反接制动时的机械特性方程式为
$$n = -\frac{U_e}{C_e\Phi_e} - \frac{R_s+R_f}{C_e\Phi_e C_m\Phi_e}M \tag{2-65}$$
因为电压反接的反接制动时，电枢电流为负值，所以转矩M也为负值。又因为电压反接制动电阻R_f很大，使$|-\Delta n|>|-n_0|$，使转速为正。因此电压反接制动的机械特性位于第二象限。M与n反方向为制动状态。当$n=0$时，$M=M_{dz}$，当$M=0$时，特性过负的理想空

载点 ($M=0,n=-n_0$)。所以，电压反接制动机械特性是一条过负理想空载点，并与电枢回路串R_f电阻的人为特性平行的一条直线。由于制动状态到$n=0$告终，所以只有实线部分属于反接制动特性，如图2-41所示。机械特性的斜率决定于电枢回路电阻的大小。为使制动时最大电流不超过允许值，应使反接制动电阻R_f为

$$R_f \geqslant \frac{U_e+E_z}{\lambda I_e}-R_s \tag{2-66}$$

式中　E_z——反接制动瞬间转速n_{fz}所对应的反电势。

当制动初始转速$n_{fz} \geqslant n_e$时，可用近似公式计算R_f，即

$$R_f \geqslant \frac{U_e}{I_e}-R_s \tag{2-67}$$

与能耗制动电阻计算公式2-61比较可见，电压反接制动电阻比能耗制动电阻几乎大一倍。

B　反接过程及其动态分析

电压反接制动的反向过程与电动机所拖动的负载性质有关。下面分别予以说明。

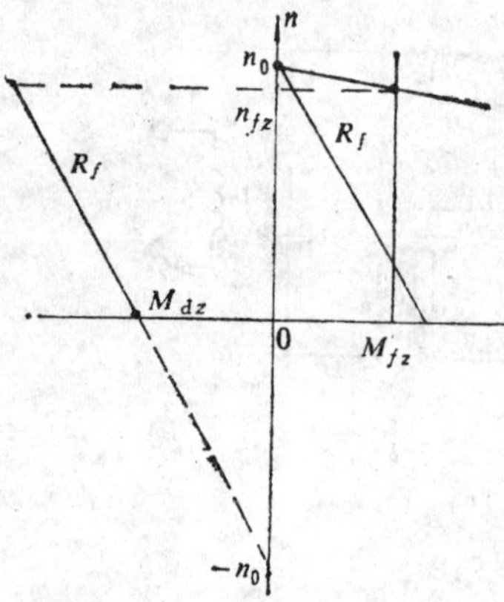

图 2-41　电压反接制动的机械特性

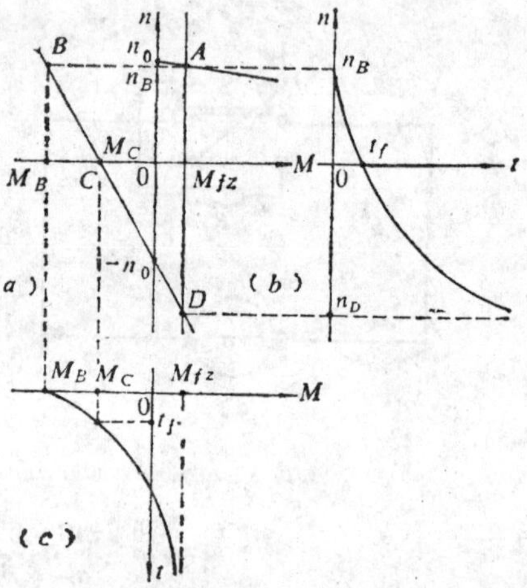

图 2-42　位能负载时反向过程的静、动态特性

a—静特性；b—$n=f(t)$曲线；c—$M=f(t)$曲线

电动机拖动位能负载时的机械特性如图2-42a所示。电动机原运行于固有机械特性上的A点。进行电压反接制动瞬间，转速n来不及变化，电枢电流I_s和转矩M瞬间突变为负值，从A点过渡到反接制动特性上的B点。在制动转矩M_B和负载转矩M_{fz}的共同作用下，电动机沿特性曲线BC减速，到$n=0$时电压反接制动完结。但此时电动机的转矩不为零，而等于C点的负堵转转矩M_C。因此在M_C和负载转矩的共同作用下，使电动机反向加速，这时M与n同方向，均为负，电动机运行于反向电动状态，直到$n=-n_0$，反向电动状态结束，电动机转矩$M=0$。但是，在位能负载转矩作用下，电动机仍继续加速。出现$|-n|>|-n_0|$，$|-E_s|>|-U_e|$。电动机向电网回送能量，电动机的运行状态变为回馈制动状态。直到$M=M_{fz}$，电动机稳定运行于D点。综上所述，在电动机拖动位能负载进行电压反接制动，直到稳定运行的全过程中，电动机要经过电压反接制动、反向电动和回馈制动三种运行状态。

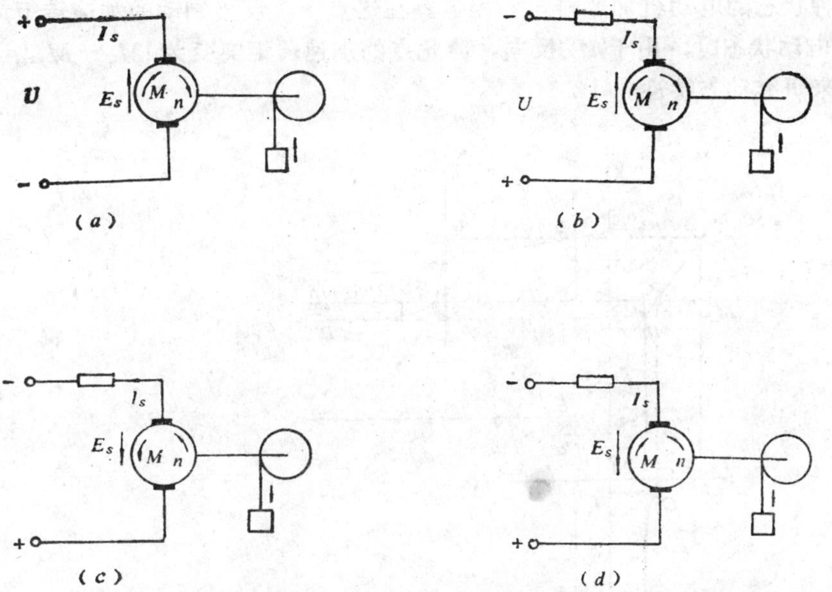

图 2-43　位能负载时反向过程的各物理量

a—电动状态提升重物；b—电压反接制动；c—反向电动；d—回馈制动下放重物

提升机构从提升重物，经电压反接制动，到下放重物的全过程中，电动机各物理量U、E_s、n、M、I_s及负载转矩M_{fz}的方向如图2-43所示。

从图2-42a看出，在电动机拖动位能负载从电压反接制动到稳态运行全过程中，加速转矩（$M+M_{fz}$）没有突变，所以其$n=f(t)$和$M=f(t)$曲线都是一条完整的指数曲线。只要将起始点和稳态点的坐标代入式2-29和式2-33中，即可得到此时的过渡过程方程式

$$\left.\begin{aligned} n&=n_B e^{-t/T_{mf}}+n_D(1-e^{-t/T_{mf}}) \\ M&=M_B e^{-t/T_{mf}}+M_{fz}(1-e^{-t/T_{mf}}) \end{aligned}\right\} \tag{2-68}$$

由式2-68可画出电动机拖动位能负载从电压反接制动到稳态运行全过程的$n=f(t)$和$M=f(t)$曲线，如图2-42b和c所示。其机电时间常数为

$$T_{mf}=\frac{GD^2}{375}\,\frac{R_s+R_f}{C_e\Phi_e C_m\Phi_e} \tag{2-69}$$

全过程的过渡过程时间为

$$t_{fw}=4T_{mf}$$

电动机拖动反抗性负载时的机械特性如图2-44a所示。电动机拖动反抗性负载进行电压反接制动，制动到$n=0$，电压反接制动过程结束。如果此时电动机转矩$|M|>|-M_{fz}|$，电动机则反向起动，运行于反向电动状态。到$|-M|=|-M_{fz}|$时，电动机在D点稳定运行。可见电动机拖动反抗性负载由电压反接制动到稳定运行的反向过程，要经过电压反接制动和反向电动两种运行状态。如果制动的目的是为了停车，则必须在转速n接近零时，断开电枢电源，否则在$|-M|>|-M_{fz}|$的条件下，电动机将自行反向起动。

由图2-44a所示的静态特性可以看出，在电压反接制动和反向电动两种运行状态的分界点C上，两种状态的电动机加速转矩不相等。在这点上，反接制动的加速转矩为$|M_C+M_{fz}|$。而反向电动状态时，由于M_{fz}反向，使此点的加速转矩突变为$|M_C-M_{fz}|$，因此要分为两个阶段来研究动态特性。

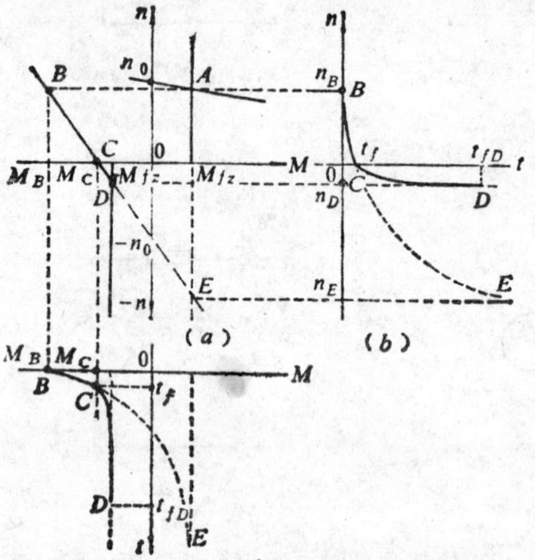

图 2-44 反抗性负载时反向过程的静、动态特性

a—静特性；b—$n=f(t)$曲线；c—$M=f(t)$曲线

第一段为电压反接制动。起始点坐标为$n_{qs}=n_B$，$M_{qs}=M_B$；稳态点的坐标为$n_w=n_E$，$M_w=M_{fz}$，与电动机拖动位能负载进行电压反接制动时的起始点和稳态点相同。但要注意，现在的稳态点是假想稳态点。利用式2-68可画出这段的$n=f(t)$和$M=f(t)$曲线，如图2-44b和c中的实线BC段所示。虚线CE部分代表转速n和转矩M的变化趋势。

第二段为反向电动。起始点的坐标为$n_{qs}=0$，$M_{qs}=M_C$；稳态点的坐标为$n_w=n_D$，$M_w=-M_{fz}$。过渡过程中$n=f(t)$和$M=f(t)$方程式为

$$\left.\begin{aligned} n&=n_D(1-e^{-t/T_{mf}}) \\ M&=M_C e^{-t/T_{mf}}-M_{fz}(1-e^{-t/T_{mf}}) \end{aligned}\right\} \tag{2-70}$$

其中T_{mf}的表达式仍是式2-69。根据式2-70，可以画出$n=f(t)$和$M=f(t)$曲线，如图2-44b和c中的CD段所示。由图看出，当电动机拖动反抗性负载时，从正转到反转全过程的过渡过程曲线不是一条光滑的曲线，在C点时出现了拐点。其原因请读者自行分析。

同样，过渡过程时间的计算也要分为两段来进行。电压反接制动到转速$n=0$的时间t_{BC}

$$t_{BC}=T_{mf}\ln\frac{n_B-n_E}{-n_E}$$

反向起动过程的时间为

$$t_{CD}=4T_{mf}$$

所以，从反接制动到反转全过程的时间为

$$t_{fw}=t_{BC}+t_{CD}=T_{mf}\ln\frac{n_B-n_E}{-n_E}+4T_{mf} \tag{2-71}$$

例2-6 由例2-4中给定的电动机，拖动$M_{fz}=30N\cdot m$负载运行，在转速为n_{fz}时进行电压反接制动，最大制动转矩为$2M_e$，试就反抗性负载和位能负载两种情况求：

1）反接制动电阻R_f值；

2）从制动到反转全过程的$n=f(t)$及$M=f(t)$方程式，并大致绘出过渡过程曲线；

3）从制动到反转全过程的时间。

解： 首先按题意绘出静特性曲线，如图2-45a所示。

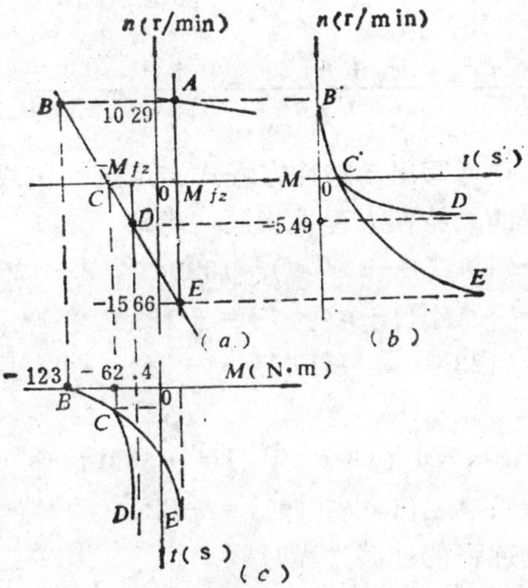

图 2-45 反接制动计算实例

a—静特性；b—$n=f(t)$曲线；c—$M=f(t)$曲线

1）求R_f

$$R_f=\frac{U_e+C_e\Phi_e n_{fz}}{2I_e}-R_s=\frac{220+0.208\times1029}{2\times31}-0.4=6.6\Omega$$

其中

$$n_{fz}=\frac{U_e}{C_e\Phi_e}-\frac{R_s}{C_e\Phi_e C_m\Phi_e}M_{fz}=\frac{220}{0.208}-\frac{0.4}{9.55\times0.208^2}\times30=1029\text{r/min}$$

也可以由近似公式式2-67求得

$$R_f=\frac{U_e}{I_e}-R_s=\frac{220}{31}-0.4=6.7\Omega$$

2）求$n=f(t)$和$M=f(t)$方程式　由机械特性的一般公式，并考虑到此时$U=-U_e=-220V$；$R=R_s+R_f=(0.4+6.6)\Omega$，$M=M_{fz}=30N\cdot m$，$\Phi=\Phi_e$，得

$$n_E=\frac{U}{C_e\Phi}-\frac{R}{C_e\Phi C_m\Phi}M$$

$$=\frac{-220}{0.208}-\frac{0.4+6.6}{9.55\times0.208^2}\times30=-1566\text{r/min}$$

由机械特性的一般公式，并考虑到$U=-U_e=-220\text{V}$，$R=R_s+R_f=(0.4+6.6)\Omega$，$M=-M_{fz}=-30\text{N}\cdot\text{m}$，$\Phi=\Phi_e$，得

$$n_D=\frac{-220}{0.208}-\frac{0.4+6.6}{9.55\times0.208^2}\times(-30)=-549\text{r/min}$$

$$M_C=C_m\Phi_e I_C=C_m\Phi_e\frac{U_e-C_e\Phi_e n_C}{R_s+R_f}$$

$$=9.55\times0.208\times\frac{-220}{0.4+6.6}=-62.4\text{N}\cdot\text{m}$$

$$T_{mf}=\frac{GD^2}{375}\ \frac{R_s+R_f}{C_e\Phi_e C_m\Phi_e}=\frac{9.8}{375}\ \frac{0.4+6.6}{9.55\times0.208^2}=0.44\text{s}$$

按静特性的起始点和稳态点可写出动特性方程式。反抗性负载电压反接制动阶段和位能性负载从制动到反转全过程的动特性方程式相同，均为

$$n=n_Be^{-t/T_{mf}}+n_E(1-e^{-t/T_{mf}})=1029e^{-t/0.44}-1566(1-e^{-t/0.44})$$

$$M=M_Be^{-t/T_{mf}}+M_{fz}(1-e^{-t/T_{mf}})=-123e^{-t/0.44}+30(1-e^{-t/0.44})$$

例2-5中已计算得到$2M_e=123\text{N}\cdot\text{m}$，所以$M_B=-123\text{N}\cdot\text{m}$。反抗性负载反向电动阶段的动特性方程式为

$$n=n_D(1-e^{-t/T_{mf}})=-549(1-e^{-t/0.44})$$

$$M=M_Ce^{-t/T_{mf}}+M_{fz}(1-e^{-t/T_{mf}})=-62.4e^{-t/0.44}-30(1-e^{-t/0.44})$$

3）从制动到反转全过程的过渡过程时间

反抗性负载过渡过程时间t_f由式2-71计算

$$t=T_{mf}\ln\frac{n_B-n_E}{-n_E}+4T_{mf}=0.44\ln\frac{1029+1566}{1566}+4\times0.44=1.982\ \text{s}$$

位能负载时过渡过程时间t_{fw}为

$$t_{fw}=4T_{mf}=4\times0.44=1.76\text{s}$$

根据计算结果，大致画出$n=f(t)$和$M=f(t)$曲线，如图2-45b和c所示。

2.5.3.2　转速反向的反接制动

图2-46a所示，是提升机构正在提升重物。线路中接触器C的常开接点是闭合的，电动机运行于图2-46b中固有特性曲线上的A点。电压极性、反电势E_s、电流I_s、转矩M、转速n及负载转矩M_{fz}的方向如图a中实线箭头所示。现使接触器C的常开接点打开，在电枢回路中串入一个大电阻R_f，使电动机得到特性2。在串入电阻R_f瞬间，电动机转速来不及变化，电枢电流和转矩突然减小，电动机的工作点从A过渡到C。由于$M<M_{fz}$，电动机减速，到$n=0$的D点，电动状态减速告终。此过程中，提升重物的速度逐渐下降，到D点，重物停止提升。但是因为此时$M_{fz}>M$，在位能负载转矩M_{fz}的拖动下，电动机反向加速，进入第四象限，开始下放重物。由于n反向，E_s也反向，如图2-46a中虚线箭头所示。这时E_s与U同方向，电流I_s仍为正，所以E_s与I_s同方向，电动机运行于发电状态，

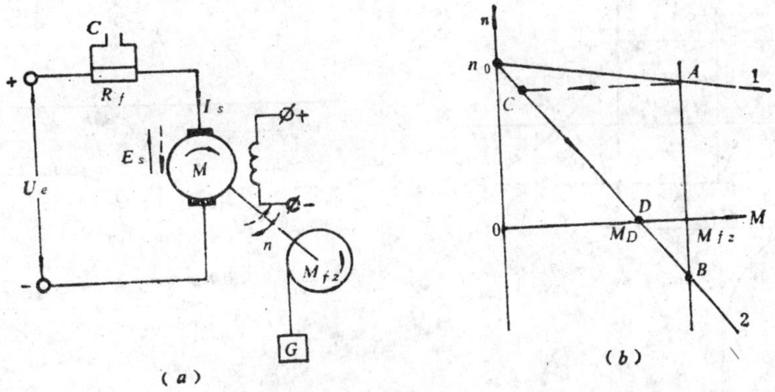

图 2-46 转速反向的反接制动线路图及机械特性

a—线路图；b—机械特性

M与n反方向，为制动状态。因为n反向使E_s与U同方向。所以叫转速反向的反接制动。电动机反向加速，直至$M=M_{fz}$，电机以恒定的转速n_B下放重物。综上所述，他励直流电动机要进入转速反向的反接制动，必须具备两个条件：一是电枢回路串入大电阻；二是要有位能负载反拖。在转速反向的反接制动过程中，位能负载是拖动转矩，而电动机转矩为制动转矩，它抑制重物的下放速度，使之限制在安全范围之内。

转速反向的反接制动状态，只是电枢回路串入了大电阻R_f，其他条件都不变。所以其机械特性方程式与电动状态下电枢回路串电阻的人为特性方程式相同。不同点在于此时电阻R_f很大，使$\Delta n>n_0$，转速n为负值。机械特性的斜率决定于电枢回路总电阻的大小，所串电阻R_f计算公式为

$$R_f=\frac{U_e+E_s}{I_{fz}}-R_s$$

由图2-46b静特性上看出，转速反向反接制动全过程的起始点为C点（$n_{qs}=n_C$，$M_{qs}=M_C$），稳态点为B点（$n_w=n_B$，$M_w=M_{fz}$）。则过渡过程中的$n=f(t)$和$M=f(t)$方程式为

$$\left.\begin{aligned} n&=n_C e^{-\frac{t}{T_{mf}}}+n_B(1-e^{-\frac{t}{T_{mf}}})\\ M&=M_C e^{-\frac{t}{T_{mf}}}+M_{fz}(1-e^{-\frac{t}{T_{mf}}})\end{aligned}\right\}\qquad(2\text{-}72)$$

其中机电时间常数T_{mf}的表达式仍为式2-69。

转速反向反接制动全过程时间t_{CB}为$4T_{mf}$。t_{DB}为反接制动时间。

由式2-72可以画出动特性曲线，如图2-47所示。

2.5.3.3 反接制动时的能量关系

电压反接制动时，U与I_s均为负，UI_s为正，和电动状态时相同，即从电源吸收电能；但是，由于n为正（E_s为正）而I_s为负，所以E_sI_s为负，和电动状态时相反，电动机从负载吸收机械能。此时电机处于发电状态，将机械能变为电能，连同从电源吸收的电能一起消耗在电枢回路的电阻上。

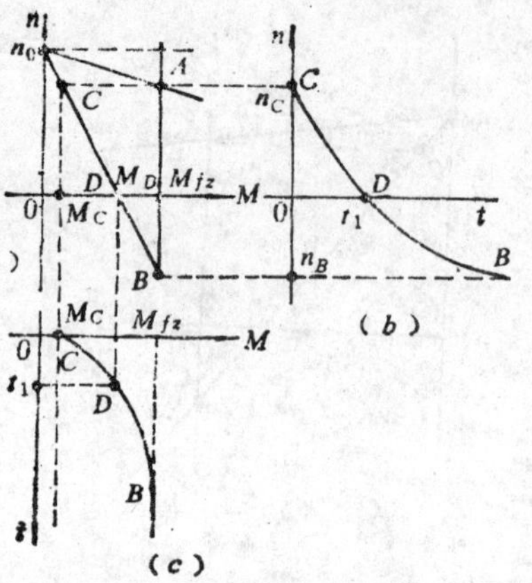

图 2-47　位能负载下，转速反向反接制动的静、动态特性
a—静特性；b—$n=f(t)$曲线；c—$M=f(t)$曲线

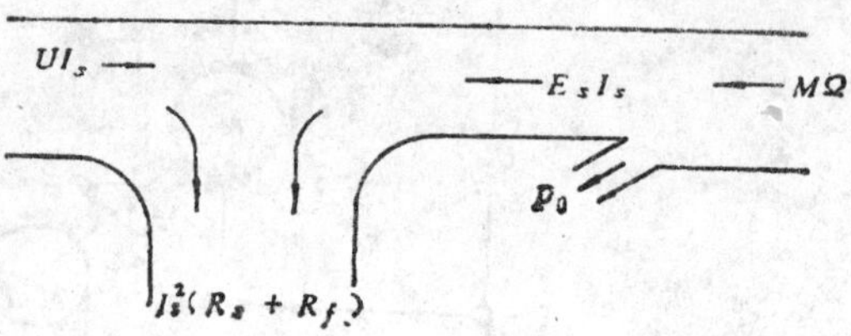

图 2-48　反接制动时的能流图

转速反向的反接制动时，U与I_s均为正，UI_s为正；n与E_s为负，而I_s为正，所以E_sI_s为负。这和电压反接制动时的能量关系相同。两种反接制动的电压平衡方程式均为

$$U+E_s=I_s(R_s+R_f)$$

$$\therefore \quad UI_s+E_sI_s=I_s^2(R_s+R_f)$$

式中UI_s为从电源吸收的电能；E_sI_s为从负载吸收的机械能转换成的电能；$I_s^2(R_s+R_f)$为消耗在电枢回路电阻上的电能。其能流图如图2-48所示。可见反接制动时，能量损耗大，不经济。

2.5.3.4　两种反接制动的异同点及其应用

两种反接制动的共同点是制动状态下电压U与E_s同方向、能量关系相同。

电压反接制动时的机械能来自系统储存的动能。随着能量的消耗，转速逐渐降低。动能消耗完，转速即为零。但此时电动机还从电源吸收电能。当转速n为零时，转矩M不为零。此时若不拉闸，在$|-M|>|-M_{fz}|$条件下，可以自动反向起动。所以，电压反接制动主要用于反抗性负载迅速停车或经常正、反转的生产机械。电压反接制动特性位于第二象限，制动转矩大，制动效果好，为其独有的特点。而转速反向的反接制动时，机械能来自负载的位能，因此不能用于停车，只可以用于下放重物。这就是两种反接制动的不同点。

例 2-7　由例2-4给定的电机拖动额定位能负载，用转速反向的反接制动方法，以$n_B=-300$r/min速度下放重物，电枢回路应串多大电阻？此时能量的传送方向及大小如何？

解：

$$R_f=\frac{U_e-C_e\Phi_e n_B}{I_e}-R_s=\frac{220+0.208\times300}{31}-0.4=8.7\Omega$$

$$I_eU_e=31\times220=6.82\text{kW}$$

$$I_eE_B=I_eC_e\Phi_e n_B=31\times0.208\times(-300)=-1.934\text{kW}$$

$$I_e^2(R_s+R_f)=31^2\times(0.4+8.7)=8.745\text{kW}$$

此时从电源吸收6.82kW的电能，从位能负载得到一部分位能，变成1.934kW电能，全部消耗在电枢回路电阻（R_s+R_f）上。

2.5.4 回馈制动(再生发电制动)

在下面几种情况下都会出现回馈制动状态。

（1）提升机构下放重物　前面在电动机拖动位能负载从电压反接制动到反向稳定运行全过程的分析中（见图2-42）讲到，反向稳定运行于回馈制动状态，其特性在第四象限。此时电动机电枢回路线路图如图2-49a所示。电枢电流I_s与反电势E_s同方向，电动机处于发电状态。$E_s>U$，$n>n_0$。将系统的动能转换为电能，扣除电枢电阻损耗后，回送电网。所以叫回馈制动。

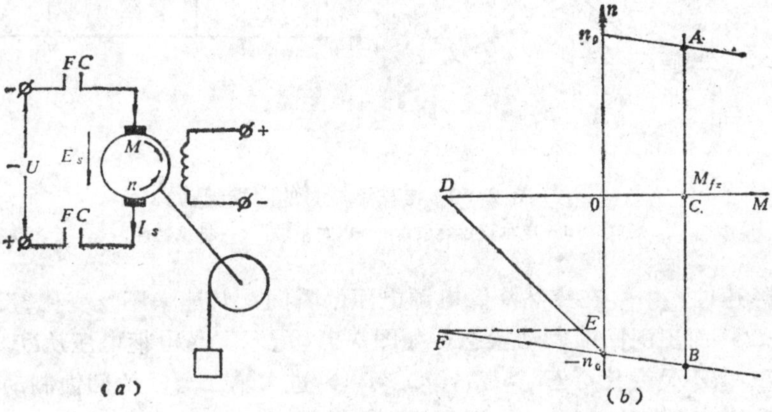

图 2-49　位能负载时电机回馈制动线路原理图及机械特性

a—原理图；b—机械特性

从电压反接制动状态，经过反向电动状态，直接进入回馈制动状态时，因为电枢回路所串电阻太大，下放重物的转速很高。为了使下放速度不过高，在回馈制动时，电枢回路一般不串电阻或串少许电阻。可以这样来实现：当重物提到一定高度想下放重物时，断电抱闸，使提升重物速度为零，相当于图2-49b中的C点；再使电动机反向通电，运行于反向电动状态，在电动机转矩和负载转矩的共同作用下，强迫下放重物；然后切除电阻过渡到固有特性上，沿固有特性继续加速，当超过理想空载转速时，进入回馈制动状态；最后在B点稳定运行，电动机以n_B转速稳定下放重物。这时电枢端电压U为负，转速n为负，是反向回馈制动。那么在什么情况下，电动机会工作在正向回馈制动状态呢？

（2）电车下坡　如图2-50a所示，电车在平路上行驶，这时摩擦转矩是反抗性的，系统运行于机械特性的A点〔见图c〕。当电车下坡时，如图b所示，摩擦转矩M_m仍然存在（不考虑其值的变化），但是增加了位能负载转矩M_w，其方向与摩擦转矩方向相反。M_w帮助电车下坡，所以电车下坡时的负载转矩M_{fz}是M_w与M_m之差。位能转矩一般都大于摩擦转矩，所以M_{fz}为负值，其方向与此时转速方向相同，即$M_{fz}=-(M_w-M_m)$。在M_{fz}作用下，电车加速下坡，沿特性曲线AB加速。到$n=n_0$时，$M=0$，电动机不用输出转矩，只靠电车本身的负载转矩加速下坡。而且使$n>n_0$，则$E_s>U$，电流I_s变为负值，M变为负值，进入正向回馈制动状态。电动机产生的转矩M与n的方向相反，为制动转矩，抑制电车的下坡速度，同时将发出的电能回送给电网。当$M=M_{fz}$时，稳定运行于B点。

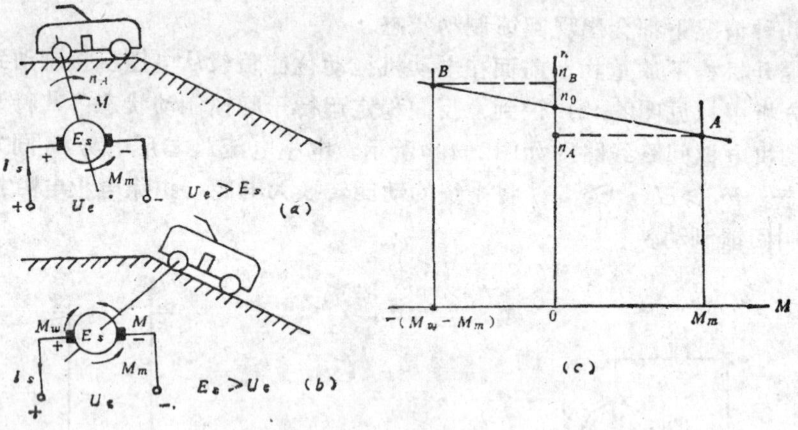

图 2-50 电车下坡时的回馈制动

a—电车平路行驶；b—电车下坡；c—机械特性

（3）降速过程中　在突然降低电源电压的瞬间，转速来不及变化，反电势E_s不变，也会使$E_s>U$，而出现回馈制动状态，如图2-51a所示。当电枢电压从U_e降到U_1的瞬间，反电势E_s来不及变化，$E_s>U_1$，$n_e>n_{01}$，进入第二象限的回馈制动状态。M与n反方向为制动转矩，在M与M_{fz}的共同作用下，使转速迅速下降。到$n=n_{01}$，$M=0$时，回馈制动状态结束。因为M_{fz}大于M，系统在电动状态下继续减速，直到$M=M_{fz}$，电动

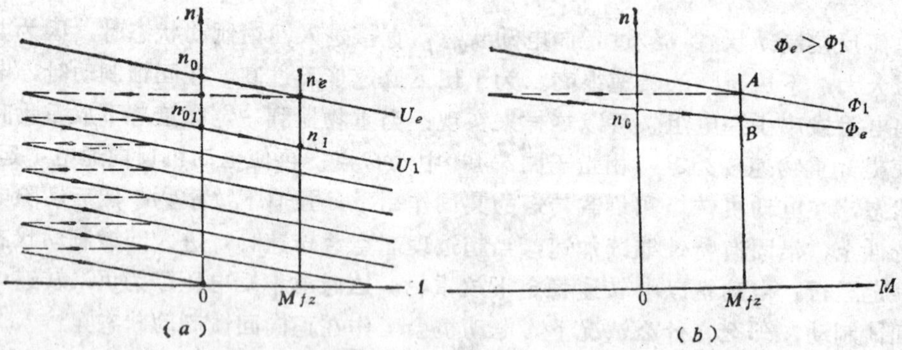

图 2-51 他励直流电动机降速过程中的回馈制动特性

a—降压过程；b—增磁过程

机以较低的转速n_1稳定运行。可见在此降压调速过程中，电动机经过了正向回馈制动和正向电动状态减速两个阶段。

由以上过程看出，只要降压前的稳定转速大于降压后的理想空载转速，而且电源允许电枢电流反向，则降低电源电压过程中，就会出现回馈制动状态

在回馈制动过程中，电动机向电源回送电能。为了节省能量，在电动机具有可调电源拖动反抗性负载时，使整个停车过程都处于回馈制动状态，直到转速等于零。这个制动停车方法最节省能量，制动时间也短。注意：过原点的最后一级特性，是电枢回路电阻为R_s的能耗制动状态。

同样，当磁通未达到额定值时，增加励磁电流，调节磁通。在增磁过程中，当使得$E_s>U$时，也会出现回馈制动状态，如图2-51b所示。

从以上三个例子看出，回馈制动的特点是：$n>n_0$，$E_s>U$，向电源回馈电能，运行经济。

例 2-8 由例2-4中给定的电机，拖动额定位能负载。

1）在固有特性上下放重物，求重物的下放速度。

2）若要求回馈制动下放重物的转速为$n_A=-1200\text{r/min}$，电枢回路应串多大电阻？

3）若此电动机由可调电源供电，从额定电压U_e一次降压到多少伏，可使电动机进入回馈制动状态？若同时要求制动最大电流为$2I_e$，应降压到多少伏？

解： 1）回馈制动下放重物时，电动机的机械特性为反向电动状态的延长线，机械特性方程式和电动状态时相同，因此可以用反向电动状态的转速公式计算下放转速。

$$n=-\frac{U_e}{C_e\Phi_e}-\frac{R_s}{C_e\Phi_e}I_e=\frac{-220}{0.208}-\frac{0.4}{0.208}\times31$$
$$=-1118\text{r/min}$$

2）回馈制动下放重物的转速$n_A=-1200\text{r/min}$时，电枢回路所串电阻R_Ω为

$$R_\Omega=\frac{-U_e-C_e\Phi_e n_A}{I_e}-R_s=\frac{-220+0.208\times1200}{31}-0.4$$
$$=0.56\Omega$$

3）如果$E_s>U$，则可以进入回馈制动状态。额定工作状态下的反电势为E_e

$$E_e=C_e\Phi_e n_e=0.208\times1000=208\text{V}$$

所以，只要一次降压到小于208V，即可在降压过程中，使电动机进入回馈制动状态。

若同时要求制动最大电流为$2I_e$，则降压使U为

$$U=E_e+I_sR_s=C_e\Phi_e n_e+(-2I_e)R_s$$
$$=0.208\times1000-2\times31\times0.4=183.2\text{V}$$

2.6 他励直流电动机的速度调节

所谓速度调节，就是用改变电动机参数的方法，使电力拖动系统运行于不同的人为特性上，从而在相同的负载下，得到不同的运行速度。请读者注意，这和由于负载变化，使电动机在同一条特性上，发生的转速变化绝然不同。

他励直流电动机机械特性的一般公式为

$$n=\frac{U}{C_e\Phi}-\frac{R}{C_eC_m\Phi^2}M$$

由公式看出，人为地改变外加电枢电压U、电枢回路总电阻R以及主磁通Φ，都可以在相同的负载下，得到不同的转速n。因此，他励直流电动机的调速方法有降压调速、串电阻调速和弱磁调速三种。

在生产实践中，由于电动机拖动的负载不同，对速度调节的要求也不同。有的生产机械只要求从较高转速调到较低转速，或只要求有几级固定速度。这可以借助于机械的齿轮减速箱和离合器来完成，叫机械调速。也可以用改变电动机参数的办法来调速，叫电气调速。随着生产的发展，生产机械对速度调节的要求早已不只局限于有几级固定的速度，而且对调速的性能也有所要求。例如，轧钢机在轧制不同钢种或不同规格的钢材时，要求以不同的速度进行轧制。板材轧机在把钢坯轧成钢板的过程中，随着钢材厚度的变化要不断地改变轧制速度，而且要在一个较宽的范围内改变轧制速度。在这种情况下，一般是将机械调速和电气调速配合使用，以满足调速要求。

本节要研究几种常用的电气调速方法的调速过程及调速性能，以便根据生产机械所提出的调速要求，适当选用调速方法。在选择调速方法时，必须在技术方面和经济方面进行比较。那么评价调速方法的主要指标是什么呢？

2.6.1 调速的基本指标

主要的技术经济指标有如下几种。

（1）调速的静差率　调速的静差率是指在同一条机械特性上，额定负载时的转速降落Δn_e与理想空载转速n_0之比，表示为

$$\delta=\frac{\Delta n_e}{n_0} \tag{2-73}$$

很显然，在进行速度调节时，如果理想空载转速n_0不变，则静差率和机械特性硬度是统一的，即“电动机机械特性越硬，则静差率越小”。当负载转矩变化时，转速变化小，也就是说相对稳定性高。图2-52a所示是三条电枢电阻R不同的机械特性。特性1最硬，静差率最小，当转矩变化时，转速变化最少，即相对稳定性最高；相反，特性3最软，静差率最大，相对稳定性最差。

但是，在速度调节时，如果理想空载转速n_0变化，则静差率和机械特性硬度就不统一了。图2-52b画出一台电动机电枢电压不同的两条机械特性。因为特性1和特性2互相平行，所以$\Delta n_{e1}=\Delta n_{e2}$，但是$n_{01}>n_{02}$，所以$\delta_1<\delta_2$。两条特性的硬度相同，相对稳定性相同，但是静差率不同。可见机械特性硬度和静差率之间有关系，但又有不同之处。

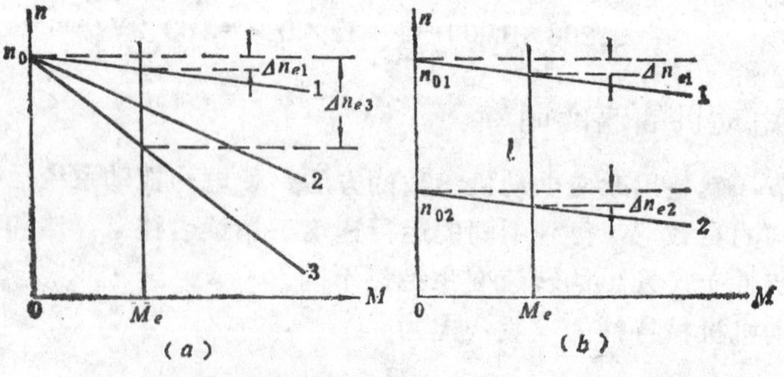

图 2-52　机械特性的硬度与静差率之间的关系

a—n_0不变的机械特性；b—n_0改变的机械特性

（2）调速范围　生产机械所要求的调速范围D，一般是指在额定负载时，电力拖动系统可能运行的最高转速n_{max}与最低转速n_{min}之比，表示为

$$D=\left[\frac{n_{max}}{n_{min}}\right]_{M=M_e} \qquad (2\text{-}74)$$

对于一些经常轻载运行的生产机械，例如精密机床等，可以用实际负载时的最高转速和最低转速之比来计算调速范围D。

当电动机运行在最低转速n_{min}所对应的机械特性上时，应该具有足够大的起动转矩。因此，最低转速n_{min}应该在$M=\lambda M_e$（这里一般取$\lambda=2$）、$n=0$和$M=M_e$、$n=n_{min}$两点所决定的特性上。改变电动机端电压U和改变电枢回路总电阻R时的最低转速如图2-53所示。

下面研究机械特性硬度和调速范围的关系。图2-54上画出两条理想空载点相同、特性硬度不同的固有机械特性1和2。过$n=0$、$M=\lambda M_e$点分别作特性1和2的平行线$1'$和$2'$，与$M=M_e$的负载转矩特性之交点即为两种情况下的最低转速n_{min}和n'_{min}。显然，机械特性越硬，电动机的调速范围越大。

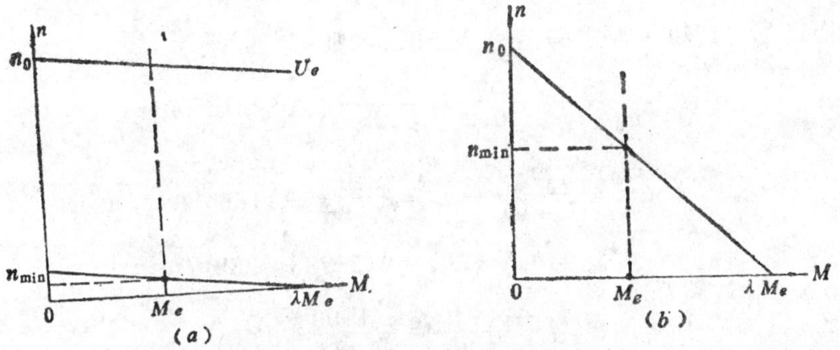

图 2-53 调速范围中的最低转速

a—改变电压的最低转速；b—改变电阻的最低转速

对宽调速的生产机械，除要求电动机的机械特性硬度大以外，还要求低速时的静差率尽量小。因为低速静差率不但影响生产率，而且还会影响产品质量。例如，$n_0=500$r/min时，$\Delta n_e=5$r/min，转速波动不大。可是当$n_0=50$r/min时，$\Delta n_e=5$r/min，显然转速波动太大。不同的生产机械允许的低速静差率不同。如普通机床$\delta\leqslant0.3$，精密机床$\delta<0.1$。

虽然每种调速方法都有一定的调速范围，但是当调速方法与具体生产机械配合时，由于生产机械对低速静差率有一定的要求，而不能达到这种调速方法的最大调速范围，因此，这时的最低转速就受到低速静差率的限制。可见电力拖动系统的调速范围D也是受低速静差率制约的。例如，有一台他励直流电动机，$P_e=10$kW，$U_e=220$V，$I_e=53$A，$n_e=1100$r/min，$\lambda=2$，$R_s=0.3\Omega$。其固有机械特性如图2-55中曲线1所示。用改变电压调速方式，其最高转速$n_{max}=n_e=1100$r/min。最低转速n_{min}所对应的电压为

$$U_{min}=2I_eR_s=2\times53\times0.3=31.8\text{V}$$

$$n_{min}=\frac{U_{min}}{C_e\Phi_e}-\frac{R_s}{C_e\Phi_e}I_e=\frac{31.8}{0.186}-\frac{0.3}{0.186}\times53=86\text{r/min}$$

其中
$$C_e\Phi_e=\frac{U_e-I_eR_s}{n_e}=\frac{220-53\times0.3}{1100}=0.186$$

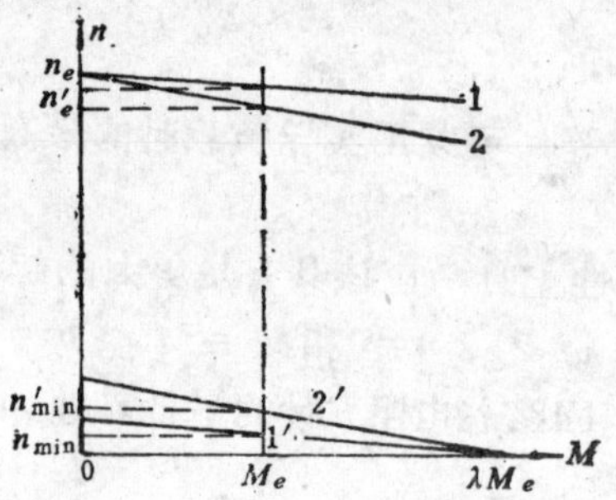

图 2-54 特性硬度与调速范围的关系

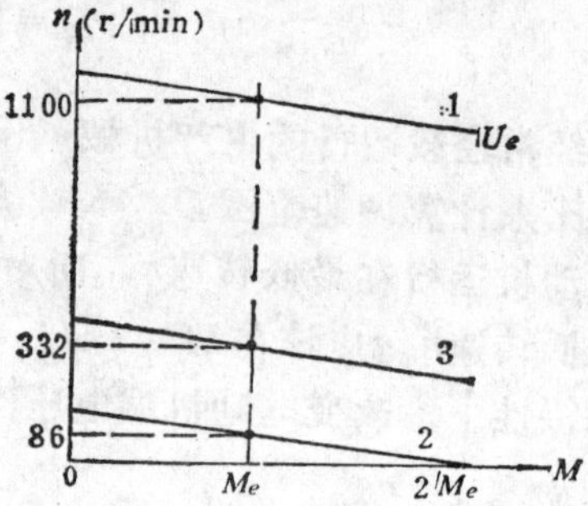

图 2-55 静差率与调速范围的关系

最低转速所对应的机械特性如曲线 2 所示。调速范围为

$$D=\frac{n_{max}}{n_{min}}=\frac{1100}{86}=12.8$$

如果它所拖动的生产机械要求静差率小于0.2，则有

$$n''_0=\frac{\Delta n_e}{0.2}=\frac{83}{0.2}=415\text{r/min}$$

其中

$$\Delta n_e=\frac{U_e}{C_e\Phi_e}-n_e=\frac{220}{0.186}-1100=83\text{r/min}$$

$$n''_{min}=n_0''-\Delta n_e=415-83=332\text{r/min}$$

$$D'=\frac{n_e}{n''_{min}}=\frac{1100}{332}=3.3$$

此时如曲线 3 所示。可见由于生产机械对低速静差率的要求，实际的调速 范围 D' 远小于此电机调压调速具有的调速范围D。

下面推导调速范围D与低速静差率的关系。设低速静差率为δ_{max}，其表达式为

$$\delta_{max}=\frac{\Delta n_e}{n_{0\,min}}$$

$$D=\frac{n_{max}}{n_{min}}=\frac{n_{max}}{n_{0\,min}-\Delta n_e}=\frac{n_{max}}{n_{0\,min}(1-\delta_{max})}$$

分子分母同乘以Δn_e，则得

$$D=\frac{n_{max}\delta_{max}}{\Delta n_e(1-\delta_{max})} \tag{2-75}$$

一般给定系统所要求的调速范围和低速静差率，检验额定转速降Δn_e，这时可将 式2-75变换成

$$\Delta n_e=\frac{n_{max}\delta_{max}}{D(1-\delta_{max})} \tag{2-76}$$

（3）平滑性 在一定的调速范围内，调速的级数越多，认为调速越平滑。相邻两级转速的接近程度叫调速的平滑性，可用平滑系数φ来衡量。它是相邻两级（如第 k 级和第 $k-1$ 级）转速之比，即

$$\varphi=\frac{n_k}{n_{k-1}} \tag{2-77}$$

平滑系数φ越接近于1，说明调速的平滑性越好。

（4）**调速时的功率和转矩** 电力拖动系统由电动机、传动机构和生产机械三部分组成。电机正常运行时，输出的转矩和电流决定于负载。二者配合恰当，则电动机可以得到充分利用。

在第一章里已经对生产机械的负载转矩特性进行了分析。负载有三种类型，即恒转矩负载、恒功率负载和风机类负载。它们的负载转矩特性如图1-5～1-7所示。由图可见，恒转矩负载要求电动机在不同转速下输出恒定不变的转矩；而恒功率负载和风机类负载则在不同转速下，所要求的转矩也不同。那么如何根据负载的性质来选择调速方法呢？我们先研究调速时电动机转矩的变化规律，再探讨二者的关系。

电动机在额定转速下，长期工作所允许的负载是它的额定转矩M_e，而电动机产生的$M_e=C_m\Phi_e I_e$，所以，要使电动机得到充分利用，就要保证在不同转速下，电枢电流始终接近或者等于额定值。我们从这一观点出发，来研究调速时电动机转矩的变化规律。

1）**恒转矩调速** 电动机的转矩$M=C_m\Phi I_s$，调速过程中$I_s=I_e$，如果保持$\Phi=\Phi_e$，则$M=$常数。因此，在保持电枢电流接近或等于额定值的前提条件下，调速过程中电动机允许输出转矩不变的调速方法，称为恒转矩调速。在改变电动机供电电压和改变电枢回路外串电阻时，磁通Φ都保持额定值Φ_e，所以这两种调速方法都属于恒转矩调速。此时，电动机输出功率$P=M\Omega$，$M=$常 。Ω越小，P越小。也就是说，电动机转速越低，输出功率越小。所以，采用恒转矩调速方法时，电动机的容量不能充分利用。

2）**恒功率调速** 电动机的输出功率$P=M\Omega$，转矩$M=C_m\Phi I_s$。调速过程中保持$I_s=I_e$，如果磁通Φ减小，转矩M也随之减小，但是电动机转速n随Φ的减小而增加，从而使输出功率保持不变。因此，在保持电枢电流接近或等于额定值的前提条件下，调速过程中电动机允许输出功率不变的调速方法称为恒功率调速。显然，改变电动机主磁通Φ的调速方法就属于恒功率调速。

他励直流电动机调速时的允许输出转矩和允许输出功率如图2-56所示。图中M和P曲线表示在保证电动机得到充分利用的条件下，允许输出的转矩和功率，并不代表电动机实

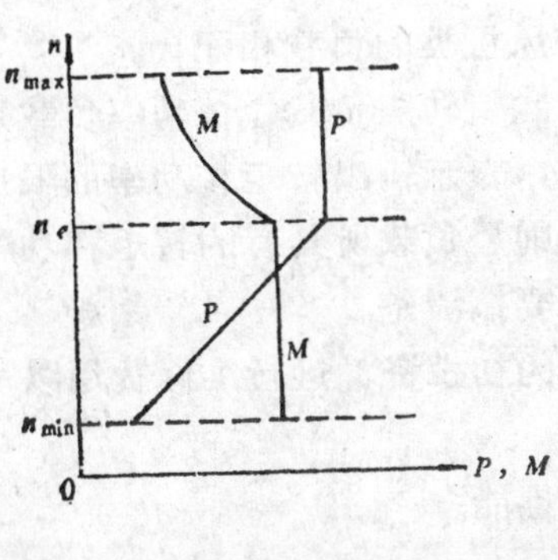

图 2-56 他励直流电动机调速时的容许输出转矩与功率

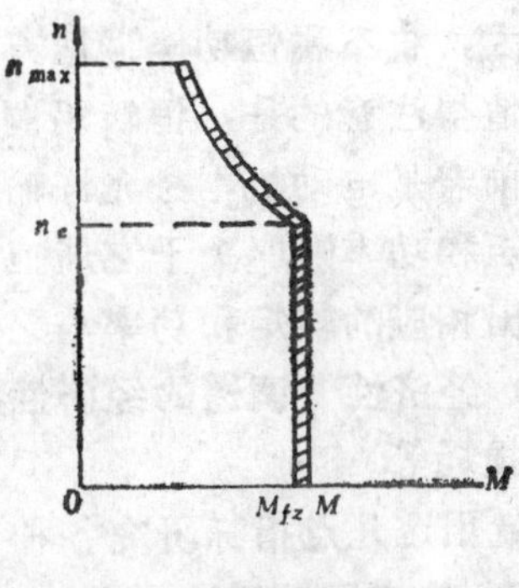

图 2-57 电动机的调速转矩与负载一致

际输出的转矩和功率。电动机实际输出的转矩和功率则要由它所拖动的负载转矩和负载功率特性$M_{fz}=f(n)$ 和$P_{fz}=f(n)$ 来决定。显然，恒转矩调速方式适用于恒转矩负载；恒功率调速方式适用于恒功率负载。例如，初轧机主传动机构，在转速比较低时，压下量较大，即负载转矩大时，可采用恒转矩调速方式；转速高时，压下量减小，即负载转矩随转速的升高而减小，为恒功率负载，因此，要与恒功率调速方式相配合。所以，在采用他励直流电动机拖动的初轧机主传动系统中，在额定转速n_e以下一般用改变供电电压调速，在n_e以上用弱磁调速。这样的配合较恰当，其配合情况如图2-57所示。如果采用恒转矩调速方式与恒功率负载配合（如图2-58所示），为了使电动机在任何转速下都能拖动负载正常运行，应该按最低速时的负载转矩大小选择电动机。由图可见，只有在最低速时，电动机允许输出转矩M_r刚好等于负载转矩M_{fz}。随着转速的增加，负载转矩M_{fz}减小，而电

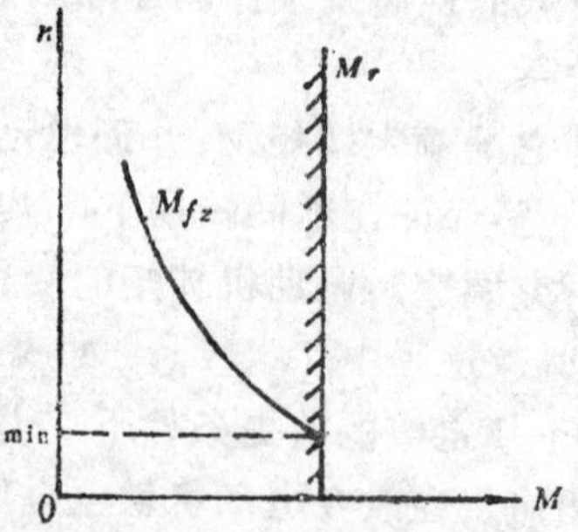

图 2-58　恒转矩调速与恒功率负载的配合

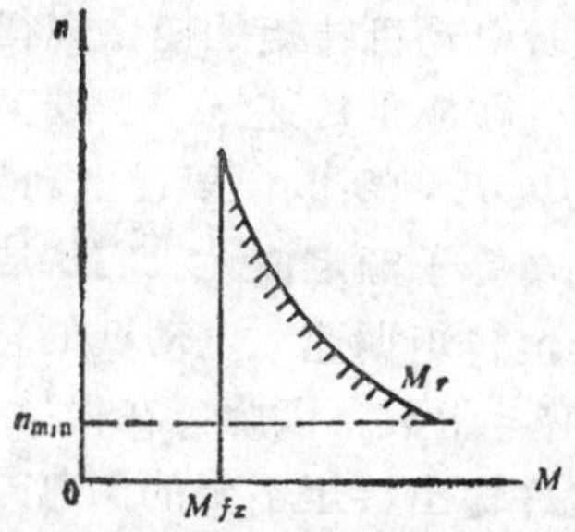

图 2-59　恒功率调速与恒转矩负载的配合

动机允许输出转矩M_r却不变。所以，只有在最低速时，电动机才得到充分利用。在其他转速下，电动机实际输出的转矩（与负载转矩M_{fz}相等）都比电动机本身允许输出的转矩M_r小，使电动机得不到充分利用。

如果采用恒功率调速方式与恒转矩负载相配合，如图2-59所示。只有在高速时，电动机允许输出转矩M_r等于负载转矩M_{fz}；在其他转速下，电动机允许输出的转矩M_r都比实际输出转矩（与负载转矩M_{fz}相等）大，电动机得不到充分利用。

由此看出，当电动机的调速特性与生产机械的负载特性配合不当时，要造成浪费。因此，要根据生产机械的负载特性恰当选用调速方式。

除恒转矩调速和恒功率调速方式外，在第四章中还会看到，有的调速方式既不属恒转矩调速方式，也不属恒功率调速方式，而只适合与风机类的负载相配合。

这里值得注意的是，恒转矩调速、恒功率调速和恒转矩负载、恒功率负载是完全不同的概念。前者是电动机本身允许输出的转矩和功率，表示输出转矩和功率的限度。实际输出多少转矩和功率则取决于它所拖动的负载。后者则是负载所具有的转矩和功率，它要求电动机输出相应的转矩和功率与之配合。这点一定要搞清楚。

（5）经济性　调速的经济性指的是调速装置的初投资、运行维修费用以及调速过程中的电能损耗等。

下面就用这几点指标研究各种调速方法的调速性能。

2.6.2　串电阻调速

串电阻调速的电枢回路线路原理图和机械特性曲线如图2-60所示。通过控制接触器常

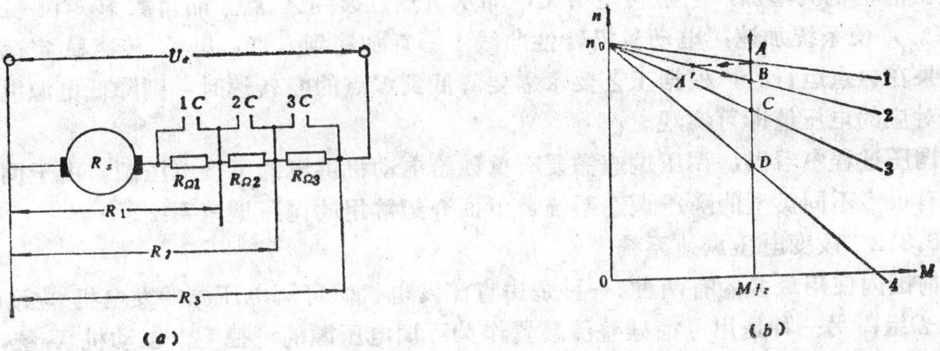

图 2-60 串电阻调速的线路原理图及机械特性

a—原理图；b—机械特性

开接点的开闭，可以得到n_A、n_B、n_C、n_D四级速度。这种方法的调速性能不佳。调速过程中，理想空载转速n_0不变，转速越低，额定转速降Δn_e越大，静差率δ越大，所以低速运行时相对稳定性差；由图2-61看出，如果过载倍数$\lambda=2$，则调速范围$D<2$，空载和轻载时调速范围更小，因此只适用于带负载调速，因为是有级调速，所以平滑性差；在电枢回路电阻上损耗的电能多，而且转速越低，电能损耗越多。因此，这种调速方法实际应用的已日趋减少。但是，由于它的线路简单，所用设备少，在一些对调速性能要求不高的设备上还有应用。

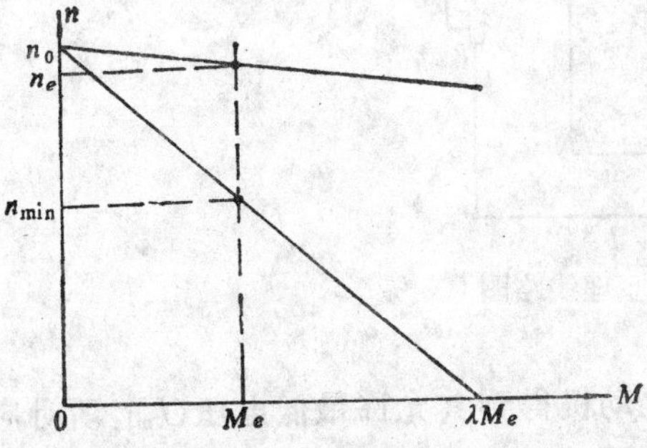

图 2-61 串电阻调速的调速范围

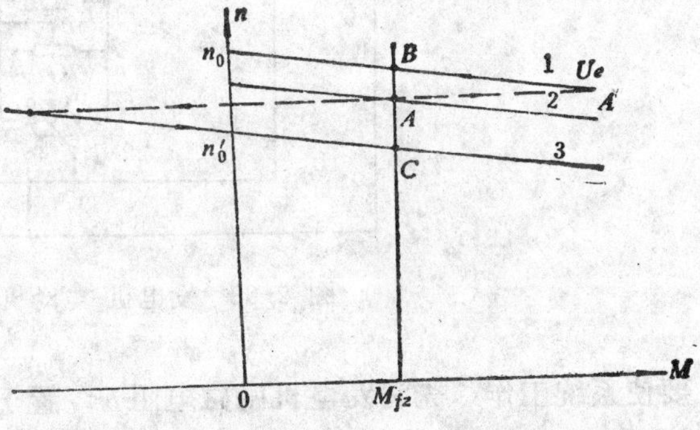

图 2-62 调压调速过程

2.6.3 改变电压调速

2.6.3.1 调速过程

由人为特性知，改变电动机的电枢电压，可以得到与固有特性平行的一组人为特性，如图2-62所示。假设电力拖动系统原工作在A点，运行速度为n_A。现根据生产工艺要求，需要升速到n_B。这时可将电动机的电枢电压升高到额定电压U_e，得到固有特性。由于机械惯性的影响，电动机的转速n来不及变化，反电势E_s也来不及变化。但是，电压的升高必然使电枢电流增加，电磁转矩增大，即从A点过渡到A'点。而负载转矩没变，则有$M>M_{fz}$，使系统加速，电动机沿特性曲线1一直加速到B点，以n_B转速稳定运行。同样，如果在A点运行时，根据工艺要求需要降低到C点的n_C转速时，则降低电源电压至特性3所对应的电压值即可实现。

从调压过程中看出，调压调速需要有单独给电动机供电的可调电压源。由于调压源的不同，有很多不同类型的降压调速系统，下面介绍常用的调压调速系统。

2.6.3.2 改变电压调速系统

目前国内使用最多的有两种。一种是由直流发电机做可调电压源的发电机-电动机组，简称F-D组；另一种是用可控硅整流装置作为可调电压源的可控硅-电动机系统，也称SCR-D系统。

图2-63所示为F-D组原理线路图。由交流电动机和直流发电机组成变流机组，交流电动机做为直流发电机的原动机。大容量的机组用同步电动机，小容量机组一般用异步电动机。直流发电机F直接给电动机D供电。在原动机轴上，有一台直流励磁机L，通常用自励直流发电机，发出直流电给直流电动机和直流发电机的励磁绕组供电。电位器r_{Ll}用来调节励磁机L的励磁电压，使之达到额定值，R_{FL}和R_{DL}分别用来调节发电机和电动机的磁通。

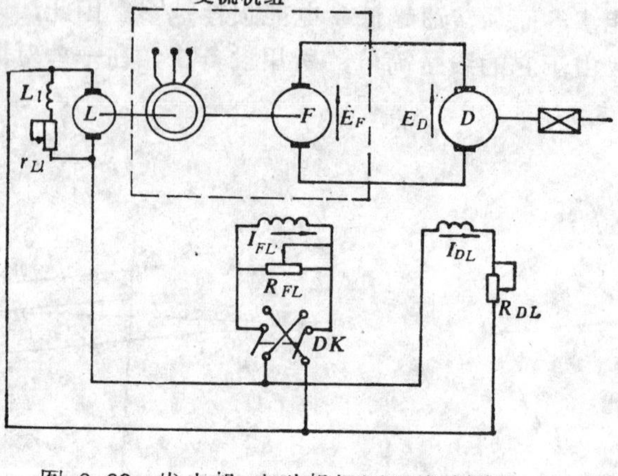

图 2-63 发电机-电动机组原理线路图

要使系统工作，先将发电机励磁电阻R_{FL}置于电动机得到其允许最低电压U_{min}所对应的数值上，将电动机励磁电阻R_{DL}置于最小值。起动原动机，并调节励磁机L的励磁电阻r_{Ll}，使励磁机发出额定电压，然后根据电动机所需要的转动方向合上开关DK，电动机即在最低电压对应的特性1上开始起动，如图2-64所示。随着转速的上升，再慢慢移动R_{FL}的滑动端，使发电机的励磁电流I_{FL}逐渐增大，发电机磁通Φ_F和电势E_F随之逐渐增大，使电动机电枢两端电压慢慢升高，电动机平稳地起动，直到稳态转速n_w。这就是降压起动过程。在起动过程中，要保持电流近于恒定，不超过允许值。

将发电机励磁电阻R_{FL}的滑动端置于不同的位置，就可以使发电机得到不同值的励磁电流。发电机发出不同值的电势E_F，使电动机电枢两端得到不同值的电压，从而达到变压调速的目的。

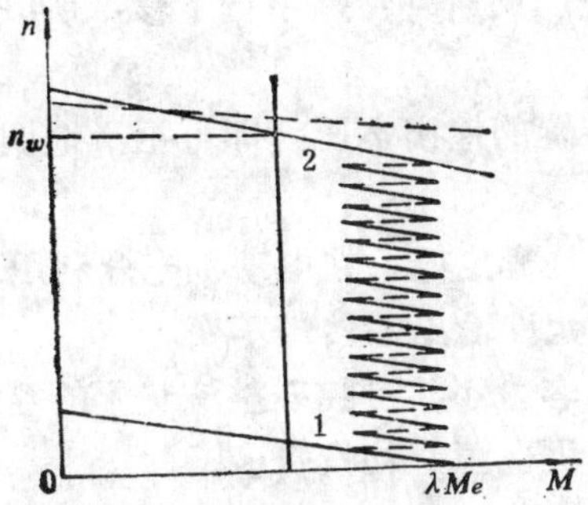

图 2-64　降压起动特性

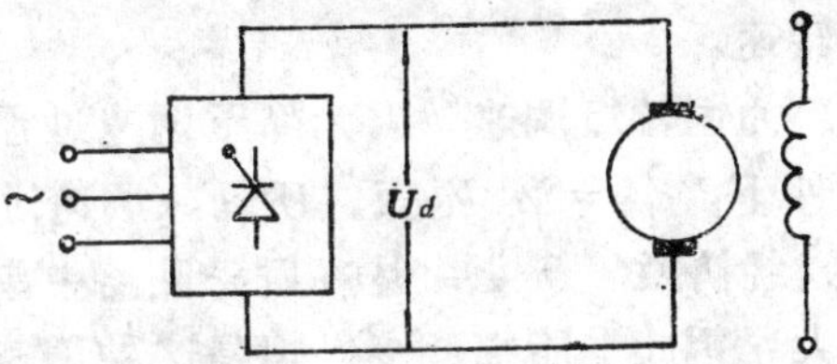

图 2-65　可控硅-电动机系统原理图

在此系统中，发电机电势E_F为

$$E_F=E_D+I_s(R_{sF}+R_{sD})$$

式中　R_{sF}——发电机的电枢电阻；

R_{sD}——电动机的电枢电阻。

再考虑到$E_D=C_e\Phi n$，$M=C_m\Phi I_s$，则F-D组的机械特性方程式为

$$n=\frac{E_{\text{v}}}{C_e\Phi}-\frac{R_{sF}+R_{sD}}{C_eC_m\Phi^2}M \tag{2-78}$$

从式2-78看出，在相同的负载下，此系统的转速降比直流电动机本身的转速降大；理想空载转速也增高。因此，F-D组的固有机械特性比电动机的固有机械特性软。其固有特性如图2-64中的曲线2所示。直流电动机本身的固有特性如虚线所示。

现在大多数F-D组的励磁系统都已改为由可控硅整流装置供电。

发电机-电动机组至少必须用两台和直流电动机容量相当的电机组成的变流机组，使设备容量大大增加，机组占地面积大，噪音大，又都是旋转机械，维护比较麻烦。同时，由于能量经过交流电动机、直流发电机及直流电动机三次变换，损耗大、总效率低。因此，目前新建项目多采用可控硅-电动机系统。

可控硅-电动机系统原理图如图2-65所示。在此系统中，用静止的变流装置代替了F-D组中旋转的变流装置，从而克服了旋转变流装置带来的缺点。如果不考虑电流断续引起的机械特性上翘，系统的机械特性方程式为

$$n=\frac{U_d}{C_c\Phi}-\frac{R_{SCR}+R_s}{C_eC_m\Phi^2}M \tag{2-79}$$

式中　U_d——可控硅装置整流电压，是控制角α的函数；

R_{SCR}——可控硅装置的等效电阻。

从式2-79看出，通过调节可控硅的控制角α，改变整流装置输出电压U_d，即可达到变压调速的目的。其调速特性与F-D组的调速特性相似。在《自动控制系统》课程中，将对SCR-D系统作深入分析。

2.6.3.3　变压调速的调速性能

1）静差率δ　随着电动机电枢电压的降低，机械特性平行下移，特性硬度不变，相

对稳定性不变。而转速越低，静差率越大。

2）调速范围D　由于他励直流电动机机械特性硬，调速时特性平行下移，所以调速范围较大。

3）平滑性　如果连续改变发电机或可控硅整流装置的输出电压，即可平滑地调节电动机的转速。

4）为恒转矩调速　因为降压调速过程中，磁通Φ为额定值，在电动机充分利用$I_s = I_e$的条件下，$M = M_e$不变。所以，调速过程中电动机允许输出的转矩不变。

5）经济性　F-D组是在励磁回路中串电阻，电阻容量小。可控硅整流装置的等效内阻也不大。因此电能损耗少。但是这种调速方法要有可调电源，初投资多。

鉴于以上情况，变压调速应用于对调速性能要求较高的设备上。

2.6.4　弱磁调速

电动机在额定磁通下运行时，磁路已接近饱和。因此，改变磁通Φ调速，实际上都是减弱磁通，所以叫弱磁调速。其线路原理如图2-66所示。小容量系统（图a）在励磁回路中串接可调电阻，增大外串电阻R_L，即可减小磁通Φ。现在在大容量系统中，多用可控硅整流装置代替了可调电阻R_L（图b）。

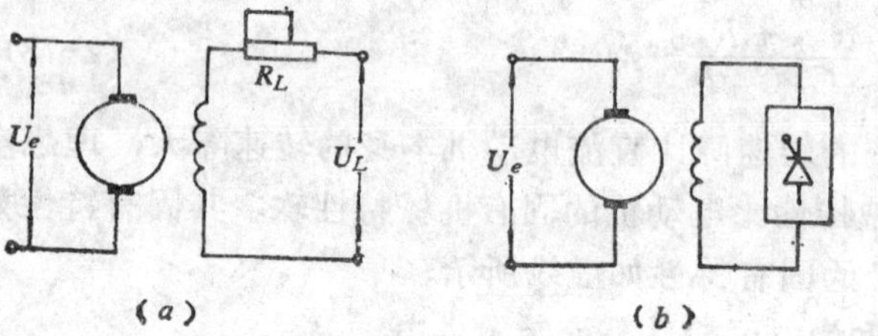

图 2-66　弱磁调速电路示意图
a—小容量系统；b—较大容量系统

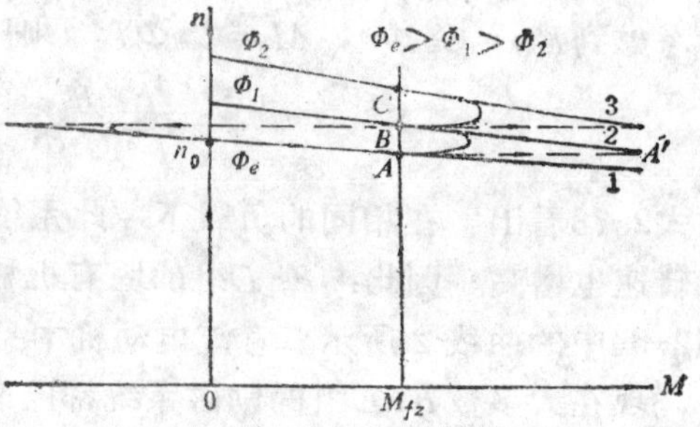

图 2-67　改变磁通Φ时的机械特性

由人为特性分析知，弱磁调速时，机械特性在固有特性上方，而且特性变软，如图2-67所示。首先分析调速过程。原来电动机在额定状态的A点运行，现将磁通Φ从Φ_e减小到Φ_1，得到对应的机械特性曲线2。弱磁瞬间，转速n来不及变化，由于磁通Φ减小，反电势E_s减小，使电枢电流I_s增加，转矩M增大，从A点过渡到A'点，沿特性2升速到B点（$M = M_{fz}$），以n_B转速稳定运行。如果想降速至n_A，则将Φ再从Φ_1增加到Φ_e。同样，在增磁瞬间，转速n来不及变化，Φ的增大使反电势$E_s > U$，调速前的稳态转速大于调速后的理想空载转速，使电动机进入回馈制动状态。在电动机转矩和负载转矩的共同作用下，电动机很快降速，至$n = n_0$时，回馈制动结束。电动机又在电动状态下沿特性1减速至A点，以n_A转速稳定运行。从$\Phi = \Phi_1$再减小到Φ_2，则可得到特性3所对应的转速n_C。

以上分析是在忽略电磁惯性条件下进行的。实际上，由于电磁惯性的存在，磁通Φ不可能瞬间变化，因此实际的弱磁升速和增磁降速过程是沿曲线所示特性进行的。

当Φ减小时，n_0增大，堵转电流I_{dz}不变，而堵转转矩M_{dz}将随Φ的减小而减小。可绘出不同Φ值时的$n=f(I_s)$曲线和人为特性曲线$n=f(M)$，如图 2-68 所示。由图b看出，两条机械特性在第一象限内有交点。在A点以左，减弱磁通，转速n增加；在A点以右，减弱磁通，转速反而减小，即出现了所谓的“调节的颠倒”。为什么会出现这种现象呢？从图b看出，弱磁瞬间，在A点以左是使转矩M增大；而在A点以右是使转矩减小。

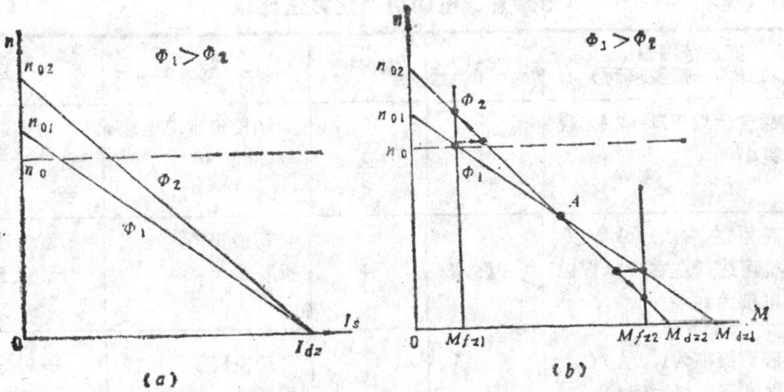

图 2-68 减弱磁通时的转速电流特性和机械特性

a—转速电流特性；b—机械特性

所以关键在于在减小磁通的瞬间，转矩是增大还是减小。因为磁通Φ的减小一方面使M减小，另一方面使反电势E_s减小，促进电枢电流I_s增加，转矩M增加。转矩M到底是增加还是减小，则取决于哪方面因素起主导作用。在A点以左，因为转速n较高，减小磁通Φ使反电势在开始调磁瞬间减小比较多，而R_s又比较小，所以电枢电流大为增加。而此时电枢电流本身较小，所以相对来讲电流I_s增大的比例就更大，使第二方面的作用占主导地位，因此使转矩M增大。由于电动机转矩M瞬间大于负载转矩M_{fz}，而使系统加速。因此，减弱磁通使转速n上升，简称弱磁升速。在A点以右则不然，因为转速n较低，减弱磁通Φ使反电势E_s减少得比较少，电枢电流增大得少，而电枢电流本身又比较大，相对来讲I_s增大的比例不大，使Φ减小导致的转矩减小程度比电流增加使转矩增加的程度大。所以，减弱磁通瞬间使转矩M减小，而出现了减弱磁通反而降速的情况。

那么减弱磁通到底是升速还是降速，有没有一般规律呢？从以上分析看出，“调节的颠倒”出现在负载很大、转速较低的情况下，经过计算证明，负载要大到$M_{fz}=(4\sim5)M_e$。正常运行时，绝不允许电动机拖动如此大的负载。而且减弱磁通升速都是在额定转速n_e以上，即外加电压为额定值，电枢回路不外串电阻的条件下进行。因此，实际上不会出现“调节的颠倒”，减弱磁通都可以达到升速的目的。所以，一般规律是弱磁升速。

他励直流电动机弱磁升速达到的最高转速，受电动机换向条件和机械强度的限制。对普通他励直流电动机，最高转速不得超过额定转速的1.2倍。对特制的直流变Φ电机，最高转速允许升高到额定转速的二倍，最高可达四倍。但它的额定转速设计得较低，而且这种电机的造价高。

再来看调速性能。因为$n_0\propto1/\Phi$，$\Delta n_e\propto1/\Phi^2$，所以减弱磁通$\Phi$时，静差率$\delta$加大；调速范围$D$不大，对一般直流电动机最高转速为$1.2n_e$，所以$D$为1.2左右；调速的平滑性较好；为恒功率调速。

因为弱磁调速的调速范围小，所以很少单独使用，一般都与调压调速配合。前面介绍的发电机-电动机组和可控硅-电动机系统，在基速以下调节电动机的电枢电压，在基速以上调节电动机的磁场。此时，电力拖动系统的调速范围等于两者调速范围的乘积。

三种调速方法的比较见表2-1。

表 2-1 **他励直流电动机调速方法比较**

调速方法	调速范围D（对δ为一般要求时）	相对稳定性	平滑性	经济性	应用
串电阻调速	在额定负载下$D\doteq 2$轻载时D更小	差	差	初投资少，电能损耗大	对调速性能要求不高的场合。适于与恒转矩负载配合
降压调速	一般为8左右；100kW以上电机可达10左右；1kW以下的电机为3左右	好	好	初投资多，电能损耗少	对调速性能要求高的场合。适于与恒转矩负载配合
弱磁调速	一般直流机为1.2左右。变Φ电机最大可达到4	较好	好	初投资少，电能损耗少	一般与降压调速配合使用，适于与恒功率负载配合

不同的生产机械，对电动机的调速范围有不同的要求。如热连轧机，一般要求$D=3\sim10$，车床主轴要求$D=10\sim50$，精密镗床进给机构要求调速范围更大。他励直流电动机调速方法中，调压调速D最大，但也只有$D=10$左右，很难满足许多生产机械对调速范围的要求。因此，要设法扩大调速范围。

2.6.5 扩大调速范围的方法

由式2-75知，调速范围D与生产机械要求的静差率之间的关系为

$$D=\frac{n_{max}\delta_{max}}{\Delta n_e(1-\delta_{max})}$$

其中额定负载时的最高转速n_{max}，对调压调速就是电动机的额定转速n_e；δ_{max}是生产机械要求的静差率，都不能任意改变。所以，扩大调速范围的关键是减小电动机的额定转速降Δn_e。

$$\Delta n_e=\frac{R}{C_e\Phi_e C_m\Phi_e}M_e=\frac{R}{C_e\Phi_e}I_e$$

其中R为电枢回路的总电阻。在F-D组中，$R=R_{sF}+R_{sD}$；在SCR-D系统中，$R=R_{SCR}+R_{sD}$。从上式看出，Δn_e是额定负载电流在电枢回路电阻上产生的电压降，无法减小。只有采用“补偿”的办法来解决，也就是通过补偿负载电流产生的电枢电阻压降，来提高机械特性的硬度，以扩大调速范围。这一点，在F-D组中可以用图2-69的线路原理图来实现。这个系统叫带转速负反馈的F-D组自动调速系统。在电动机轴上装一个测速发电机SF，其输出电压正比于转速n。在接线时，使测速发电机输出电压U_{SF}的极性与给定电压U_{gd}的极性相反。发电机励磁电流的大小取决于（$U_{gd}-U_{SF}$）。为了提高调节的灵敏度，在反馈回路中串入了放大器。系统工作过程中，如果负载增大，则使电动机转速降低，测速发电机的输出电压减小，（$U_{gd}-U_{SF}$）增大，发电机的励磁电流增大，其输出

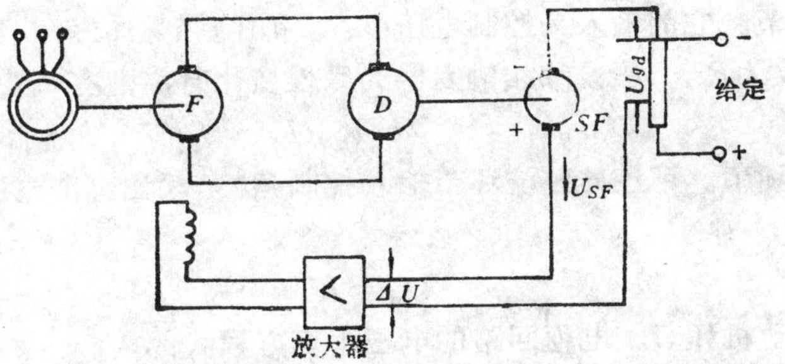

图 2-69 带测速发电机的转速负反馈调速系统工作原理图

电压增高，使电动机转速 n 回升到接近原来的数值。相反，如果负载减小，则使电动机转速上升，测速发电机的输出电压增加，$(U_{gd}-U_{SF})$ 减小，其输出电压下降，使电动机转速降低到接近原来的数值。通过这样的调节作用，来提高系统的机械特性硬度。

在SCR-D系统中，带转速负反馈控制的系统原理如图2-70所示。其工作原理和带转速负反馈的F-D自动调速系统相似，只是在此系统中，是用给定电压与反馈电压之差 $(U_{gd}-U_{fn})$，通过放大器控制触发器，改变可控硅装置的控制角，调节可控硅整流装置的输出电压U_d，来调节电动机的转速。其调节过程为：如果负载转矩M_{fz}加大，导致转速 n 降低，测速发电机输出电压U_{SF}减小，使 $(U_{gd}-U_{fn})$ 增大，经过放大器后使触发器移相脉冲前移，即控制角α减小，可控硅装置的输出电压U_d上升，转速回升，使电动

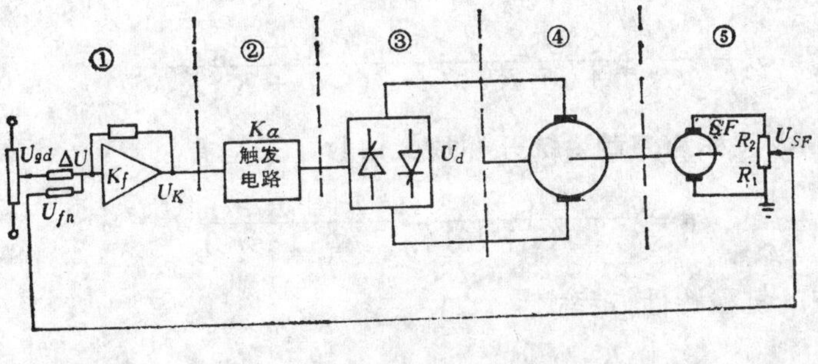

图 2-70 反馈控制的可控硅调速系统

机转速几乎保持不变。相反，如果负载转矩减小，导致转速 n 上升，U_{SF}增加，$(U_{gd}-U_{fn})$ 减小，经放大器后，使触发器移相脉冲后移，即使可控硅整流装置的控制角加大，其输出电压U_d降低，使电动机转速 n 下降，转速仍几乎保持不变。这样，就可以得到一条很硬的机械特性。改变U_{gd}的大小，可以得到一组平行特性。系统的额定转速降很小，所以扩大了调速范围。

在图2-70中，整个系统首尾衔接，形成一个封闭的控制环，所以称为闭环调速系统。相对来说，不带反馈的系统就称为开环系统。下面推导闭环调速系统的机械特性方程式，与开环系统机械特性方程式对比，进一步定量说明引入负反馈环节后，对机械特性的影响。图2-70中，①为比较环节，其输入为 $(U_{gd}-U_{fn})$，输出为加到触发器上的控制电压U_K，放大器的放大倍数为K_f，所以有

$$U_K = K_f(U_{gd} - U_{fn})$$

②为触发移相环节。它的输入为控制电压U_K，输出一个相位角α（即可控硅整流装置的控制角），放大倍数为K_α。假设移相触发器为线性变化时，则有

$$\alpha = K_\alpha U_K$$

③为可控硅整流环节。可控硅整流环节输入控制角α，输出直流电压U_d，其放大倍数为K_s，则有

$$U_d = K_s\alpha$$

④为他励直流电动机环节。电枢回路的电压平衡方程式为

$$U_d = C_e\Phi n + I_s(R_s + R_{SCR})$$

⑤为测速发电机环节。测速发电机环节的输出电压U_{SF}与转速n成正比，经过电位器，取出反馈电压U_{fn}也和转速n成正比，所以U_{fn}为

$$U_{fn} = K_{SF}n$$

K_{SF}称为测速环节的放大系数。由以上各环节的关系式可得

$$\begin{aligned} U_d &= K_s\alpha \\ &= K_sK_\alpha U_K \\ &= K_sK_\alpha K_f(U_{gd} - U_{fn}) \\ &= K_sK_\alpha K_f(U_{gd} - K_{SF}n) \\ &= K_1(U_{gd} - K_{SF}n) \end{aligned}$$

式中$K_1 = K_sK_\alpha K_f$。将U_d代入电枢回路电压平衡方程式中，则有

$$K_1U_{gd} - K_1K_{SF}n = C_e\Phi n + I_s(R_s + R_{SCR})$$

$$n = \frac{K_1U_{gd}}{C_e\Phi + K_1K_{SF}} - \frac{R_s + R_{SCR}}{C_e\Phi + K_1K_{SF}}I_s$$

令$K = K_1K_{SF}/C_e\Phi$，称为控制系统开环放大倍数，于是有

$$n = \frac{K_1U_{gd}}{C_e\Phi(1+K)} - \frac{R_s + R_{SCR}}{C_e\Phi(1+K)}I_s$$

由此可得闭环系统的机械特性方程式

$$n = \frac{K_1U_{gd}}{C_e\Phi(1+K)} - \frac{R_s + R_{SCR}}{C_eC_m\Phi^2(1+K)}M \tag{2-80}$$

闭环系统的转速降Δn_B为

$$\Delta n_B = \frac{R_s + R_{SCR}}{C_eC_m\Phi^2(1+K)}M$$

与开环系统的转速降Δn_K的关系为

$$\Delta n_B = \frac{\Delta n_K}{1+K} \tag{2-81}$$

由式2-81定量地看出，闭环系统的转速降只有开环系统转速降的（$1+K$）分之一。开环放大倍数K越大，闭环转速降越小，系统的调速范围越大。开环系统的调速范围D_K为

$$D_K = \frac{n_{max}\delta_{max}}{\Delta n_{eK}(1-\delta_{max})}$$

考虑式2-81，可得闭环系统调速范围D_B与D_K的关系为

$$D_B=(1+K)D_K \tag{2-82}$$

可见闭环系统的调速范围是开环系统调速范围的 $(1+K)$倍。这里所讲的闭环系统很不完善，只是借以提出扩大调速范围的基本思想，建立基本概念。

2.7 他励直流电动机各种工作状态分析

通过对起动、调速、制动等工作状态的分析，掌握了他励直流电动机的工作原理、机械特性以及各参量对机械特性的影响。这节以两台典型生产机械为例，把工艺过程和电力拖动系统的机械特性联系起来。通过直角坐标的四象限特性曲线，分析各种工作状态以及各种状态的转换过程。以期对所学的原理结合实际应用有所了解，并把所学内容作一复习总结。

2.7.1 反抗性恒转矩负载的生产机械运行过程四象限特性分析

这类性质负载的生产机械很多，现以“单轨电动小车”为例进行分析。

2.7.1.1 反抗性恒转矩负载特性以及正方向的规定

电动机拖动小车向右运行时，转速 n 为顺时针方向，电动机的拖动转矩M也为顺时针方向，M与 n 同方向，这一运行状态称为正向电动状态。此时反抗性恒转矩的方向是阻碍运动的方向，为逆时针方向。将三者都表示在直角坐标系的第一象限上，如图2-71所示。这样规定正好符合直角坐标第一象限的坐标符号，使拖动系统运动状态和抽象的曲线一

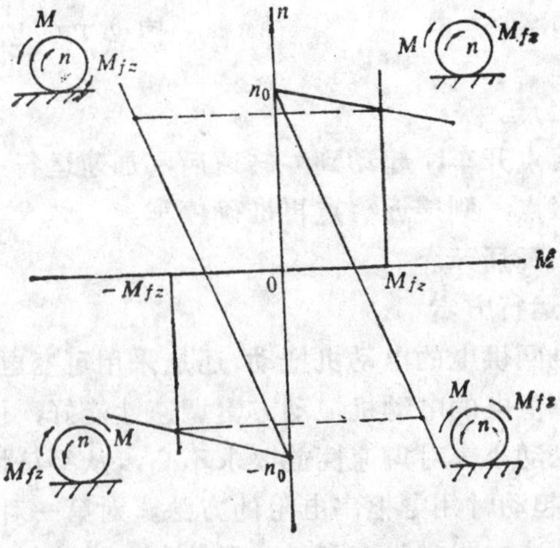

图 2-71 反抗性负载转矩的四象限表示

致。如果电动小车向左运动，作用在小车轮上的拖动转矩方向、转速方向以及反抗性恒转矩方向都和它们的规定正方向相反，但是M与 n 仍为同方向，这种状态为反向电动状态。表示在图2-71直角坐标系的第三象限。这样规定也符合坐标轴的符号，同样使运动状态和抽象的曲线一致。从图2-71可见，反抗性转矩方向是随着转速方向改变而改变的，但其大小与转速无关。当$n=0$时，其大小决定于外加转矩的大小。

直角坐标系第二象限表示正方向运动时的制动状态。例如电动小车要制动减速或停车时，电动机转矩方向是反对运动的方向，起着制动降速作用。反抗性转矩M_{fz}的性质是阻

碍运动的。由于减速过程中，只是转速降低，方向并没有改变，因此M_{fz}仍保持原来的方向，即其特性仍在第一象限，而电动机特性在第二象限，M和n的方向仍和直角坐标方向一致。直角坐标系的第四象限也是制动状态，但它是反向运动时的制动状态，其转矩和转速方向完全和正向制动状态时相反，叫反向制动状态。

综上所述可知，拖动系统M、M_{fz}及n在各种运转状态的方向与直角坐标上各象限的坐标符号完全一致。因此，用直角坐标系四象限的曲线表示方法，即可把拖动系统的各种运转状态完全表达出来。所以，四象限方法是分析拖动系统很重要的工具。

2.7.1.2 工艺要求

电动小车在A至B区间运行，如图2-72所示。

第一种要求是：从A点开车，起动到额定转速n_e后，加速运行一段，降到n_e速度运行至B点并且要求电动小车准确停车到B点。再从B点反向起动，加速运行一段，降至n_e转

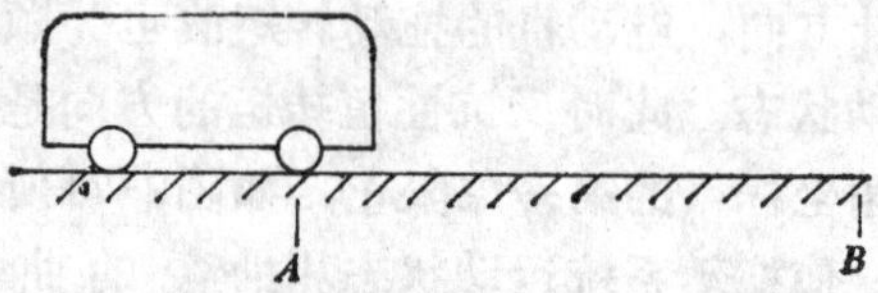

图 2-72 电动小车行程图

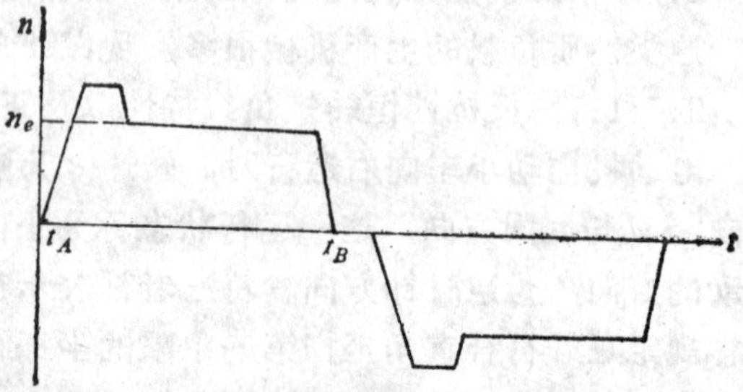

图 2-73 电动小车速度示意图

速运行，再准确停车到A点。

第二种要求是：从A点开车，起动到n_e转速后，加速运行一段，降速到n_e转速运行，再从B点按原程序返回A点，到接近A点再准确停车。

要求的速度图如图2-73所示。

2.7.1.3 电机拖动运行方案

首先确定是采用由电网供电的电动机拖动，还是采用可变电源供电的电动机拖动。前面讲调速时说过，可变电源供电的电动机拖动方案调速性能好，但初投资多，用于对调速性能要求比较高的场合。电动小车对调速性能要求不高，从经济性考虑，确定选用由电网供电的电动机拖动。因此，起动时用电枢串电阻的方法。对第一种工艺要求，则：从A点正向串电阻起动到n_e；弱磁升速；强磁降速到n_e；反接制动转能耗制动或直接用能耗制动停车。再反向起动；弱磁升速；强磁降速；反接制动转能耗制动控制其准确停车。按第二种工艺要求，则：正向串电阻起动；弱磁升速；强磁降速；反接制动自动反向串电阻起动；弱磁升速；强磁降速；再反接制动转能耗制动控制其准确停车。

将以上拖动方案所用特性曲线画在直角坐标系中，如图2-74所示。

2.7.1.4 具体实施。

从图2-75电动机主回路看，有串电阻$R_{\Omega 1}$、$R_{\Omega 2}$、$R_{\Omega 3}$的三级起动环节。ZC为正向接触器，FC为反向接触器，二者组成电动机的正反转环节。加上反接制动接触器FZC和反接段电阻$R_{\Omega 4}$，电动机可以反接制动。能耗制动电阻R_n和能耗制动接触器NZC的常闭接

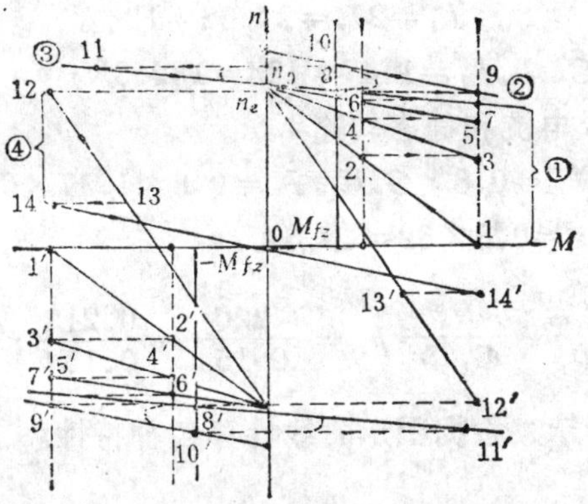

图 2-74　反抗性负载四象限运行特性

点，组成能耗制动支路。磁场回路串入电阻R_L和磁场接触器ΦC的常闭接点，组成调节磁场环节。此回路完全可以完成上面提出的拖动运行方案。这些状态的转换都是由自动控制线路中的自动控制电器自动完成的，其控制过程读者可自行分析。

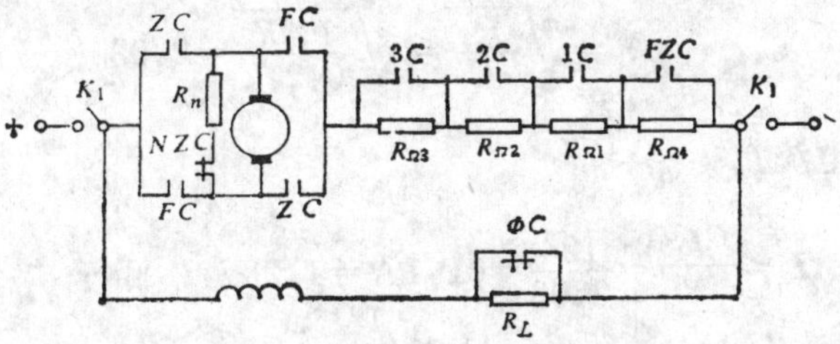

图 2-75　电机主回路线路原理图

下面举例说明电力拖动系统的参数计算。今有一台他励直流电动机，在反抗性负载下四象限运行，其最大起动转矩$M_1=2M_e$，反接制动时允许的最大制动转矩为$2M_e$。当降速到$n=0.2n_e$时，改为能耗制动，能耗制动时允许的最大制动转矩也为$2M_e$。弱磁升速时，$\Phi=0.8\Phi_e$，回馈制动状态电枢不串电阻。电动机的数据为：$P_e=12\text{kW}$，$U_e=220\text{V}$，$I_e=62\text{A}$，$n_e=1340\text{r/min}$，用来拖动前述电动小车$M_{fz}=0.8M_e$。试根据工艺参数，计算各种状态下的机械特性曲线及相应的电阻值。

1）电枢电阻

$$R_s=0.5\left(\frac{U_e}{I_e}-\frac{P_e\times10^3}{I_e^2}\right)=0.5\left(\frac{220}{62}-\frac{12\times10^3}{62^2}\right)=0.213\,\Omega$$

2）电势常数

$$C_e\Phi_e=\frac{U_e-I_eR_s}{n_e}=\frac{220-62\times0.213}{1340}=0.154$$

3）转矩常数

$$C_m\Phi_e=9.55C_e\Phi_e=9.55\times0.154=1.47$$

4）最大起动电流I_1和最大起动转矩M_1

$$I_1=2I_e=2\times62=124\text{A}$$

$$M_1=C_m\Phi_eI_1=1.47\times124=182.3\text{N}\cdot\text{m}$$

5）负载转矩、负载电流和稳态转速n_{fz}

$$M_{fz}=0.8M_e=0.8\times C_m\Phi_eI_e=0.8\times1.47\times62=72.9\text{N}\cdot\text{m}$$

$$I_{fz}=0.8I_e=0.8\times62=49.6\text{A}$$

$$n_{fz}=\frac{U_e}{C_e\Phi_e}-\frac{R_s}{C_e\Phi_e}I_{fz}=\frac{220}{0.154}-\frac{0.213}{0.154}\times49.6=1360\text{r/min}$$

画出特性草图如图2-76所示，根据图示曲线计算各种特性。

6）选起动级数m

$$m=3$$

7）计算最大起动电阻R_3

$$R_3=\frac{U_e}{I_1}=\frac{220}{124}=1.77\Omega$$

8）计算γ值

$$\gamma=\sqrt[m]{\frac{R_3}{R_s}}=\sqrt[3]{\frac{1.77}{0.213}}=2.03$$

9）验算换接电流I_2

$$I_2=\frac{I_1}{\gamma}=\frac{124}{2.03}=61.1\text{A}=1.23I_{fz}\quad 可行$$

$$M_2=C_m\Phi_eI_2=1.47\times61.1=89.8\text{N}\cdot\text{m}$$

10）计算起动电阻

$$R_1=\gamma R_s=2.03\times0.213=0.432\Omega$$
$$R_2=\gamma^2R_s=2.03^2\times0.213=0.88\Omega$$
$$R_3=\gamma^3R_s=2.03^3\times0.213=1.78\Omega$$
$$R_{\Omega1}=R_1-R_s=0.432-0.213=0.219\Omega$$
$$R_{\Omega2}=R_2-R_1=0.88-0.432=0.448\Omega$$
$$R_{\Omega3}=R_3-R_2=1.78-0.88=0.9\Omega$$

11）理想空载转速

$$n_0=\frac{U_e}{C_e\Phi_e}=\frac{220}{0.154}=1429\text{r/min}$$

12）固有特性曲线　由$n=n_0=1429\text{r/min}$，$M=0$和$M=M_{fz}=72.9\text{N}\cdot\text{m}$，$n=n_{fz}=1360\text{r/min}$两点连线。

13）电枢回路电阻为R_1的人为特性

$$n_3=n_0-\frac{R_1}{C_e\Phi_e}I_{fz}=1429-\frac{0.432}{0.154}\times49.6=1290\text{r/min}$$

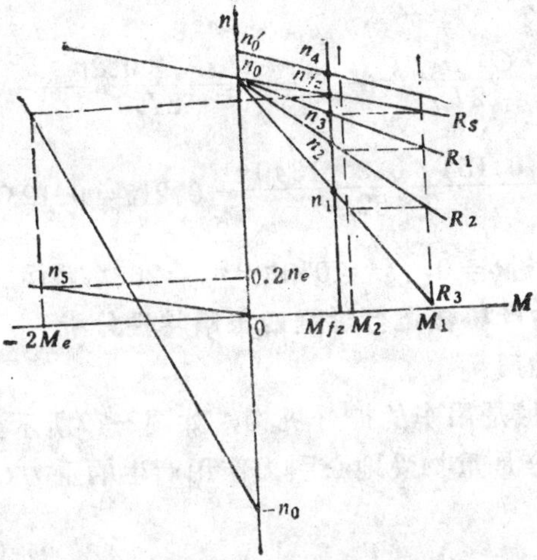

图 2-76 反抗性负载运行特性计算实例

过理想空载点和$n=n_3=1290\text{r/min}$，$M=M_{fz}$两点连线。

14）电枢回路电阻为R_2的人为特性

$$n_2=n_0-\frac{R_2}{C_e\Phi_e}I_{fz}=1429-\frac{0.88}{0.154}\times49.6=1146\text{r/min}$$

过理想空载点和$n=n_2=1146\text{r/min}$，$M=M_{fz}$两点连线。

15）电枢回路电阻为R_3的人为特性

$$n_1=n_0-\frac{R_3}{C_e\Phi_e}I_{fz}=1429-\frac{1.78}{0.154}\times49.6=856\text{r/min}$$

过理想空载点和$n=n_1=856\text{r/min}$，$M=M_{fz}$两点连线。

16）弱磁升速特性

$$n_0'=\frac{U_e}{0.8C_e\Phi_e}=\frac{220}{0.8\times0.154}=1786\text{r/min}$$

$$n_4=n_0'-\frac{R_s}{0.8^2C_c\Phi_eC_m\Phi_e}M_{fz}=n_0'-\frac{R_s}{0.8^2C_c\Phi_e}I_{fz}$$

$$=1786-\frac{0.213}{0.8^2\times0.154}\times49.6=1679\text{r/min}$$

过$n=n_0'$，$M=0$和$M=M_{fz}$，$n=n_4$两点连线。

注意：这里要验算弱磁时的带负载能力。因为要保持$I_s=I_e$，所以弱磁到$\Phi=0.8\Phi_e$时，电动机只能拖动等于或小于$0.8M_e$的负载。若拖动额定负载，则电动机将过流，这是不允许的。题意给出$M_{fz}=0.8M_e$，满足要求。

17）电压反接制动电阻　因为$n_{fz}>n_e$，所以可用近似公式计算R_f。

$$R_f\geqslant\frac{U_e}{I_e}-R_s=\frac{220}{62}-0.213=3.34\Omega$$

18）电压反接制动时的机械特性　过$n=-n_0$、$M=0$和$n=n_{fz}$、$M=-2M_e$，两点连线。

19）能耗制动电阻

$$R_n=\frac{C_e\Phi_e n_5}{2I_e}-R_s=\frac{C_e\Phi_e\times 0.2n_e}{2I_e}-R_s$$

$$=\frac{0.154\times 0.2\times 1340}{2\times 62}-0.213=0.12\Omega$$

20）能耗制动特性　过$n=0$，$M=0$和$n=n_5=268\text{r/min}$，$M=-2M_e$两点连线。

2.7.2　位能负载类生产机械运行过程四象限特性分析

2.7.2.1　位能负载性质

典型位能负载生产机械是吊车的提升机构，如图2-77所示。吊车提升机构的负载转矩M_{fz}由两部分组成，一部分是重物受地心引力作用产生的重力G，它围绕卷筒所产生的位

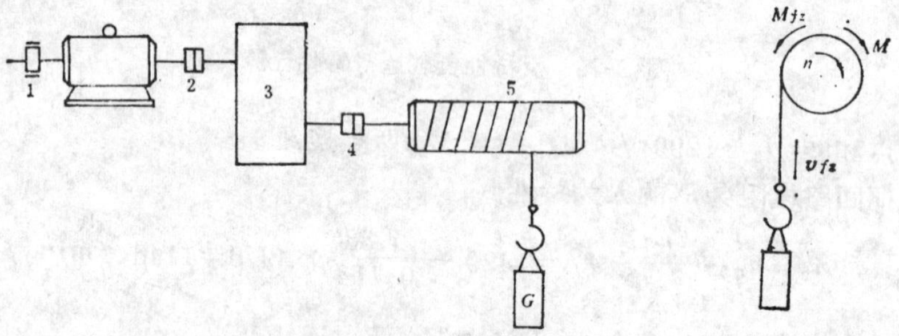

图 2-77　吊车提升机构示意图

1—抱闸；2、4—联轴节；3—减速箱；5—卷筒

能转矩$M_W=GR$，R为卷筒半径；另一部分是传动系统，包括减速箱、卷筒轴及钢丝绳等处的摩擦转矩M_m。摩擦转矩M_m具有反抗性恒转矩负载性质。它的特点是其方向随转动方向的改变而改变，但其大小恒定不变。在提升机构中，M_m占的比重不大。主要是位能转矩M_W，它的特点是作用方向不变。根据这些特点，把提升机构的负载转矩特性画在直角坐标系中，如图2-78所示。图中虚线表示M_m，细实线表示M_W；粗实线表示M_{fz}。提升重物时，n为正，$M_{fz}=M_W+M_m$；下放重物时，n为负，$M_{fz}=M_W-M_m$。这样分析提升系统比较复杂。因为M_m占的比重不大，所以在提升和下放重物时，忽略M_m，只考虑位能负载转矩M_W，即认为$M_{fz}=M_W$。在提升和下放空钩时，认为$M_{fz}=M_m$，这样就使问题简单化了。

2.7.2.2　工艺要求

在图2-79中的A点提升重物(可调节提升速度)；从A点移到B点(由走行机构完成)；在B点下放重物，先快速下放再慢速下放；卸下重物后，在B点提升空钩（可调速）；再从B点回到A点（走行机构完成）；再在A点下放空钩。

2.7.2.3　电机拖动运行方案

因为提升机构对电动机的调速性能要求不高，所以只用电网供电的电动机拖动即可满足工艺要求。

提升重物：用正向电动状态，串电阻调速；

下放重物：用转速反向的反接制动和反向回馈制动；

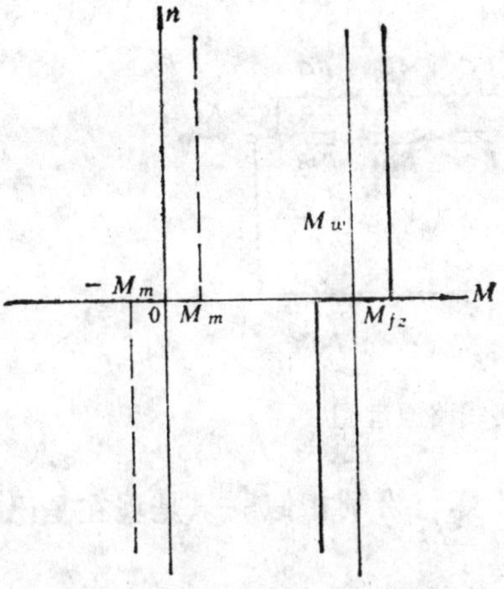

图 2-78 提升机构负载转矩性质

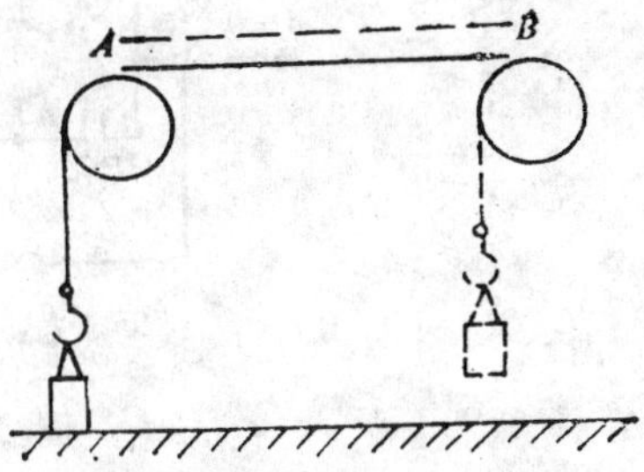

图 2-79 提升机构工艺要求

提升空钩：用正向电动状态，串电阻调速；

下放空钩：此时空钩的位能转矩不足以克服摩擦转矩M_m。如果不用电动机外加强迫下放的转矩去克服摩擦转矩，则空钩自己落不下来，因此要使电动机工作在反向电动状态，其转矩方向是帮助空钩下放的。

现将位能负载时，转矩作用方向与各种工作状态，都表示在直角坐标系的四个象限中，如图2-80所示。

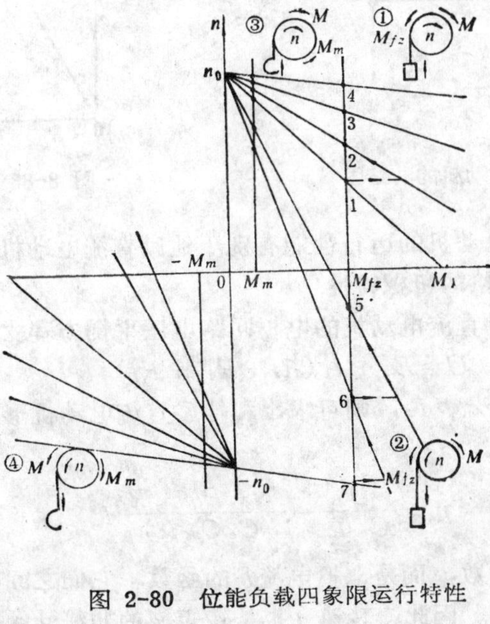

图 2-80 位能负载四象限运行特性

2.7.2.4 具体实施

图2-81电动机的主回路电路图具有正、反向接触器ZC、FC组成的正反转环节，提升和下放共有六级速度。以上的工艺要求都可以用控制电器自动完成。

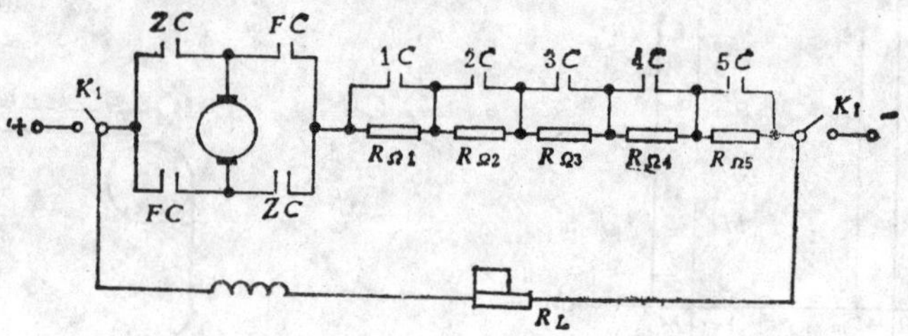

图 2-81 电动机主回路线路原理图

参数计算和电枢回路串电阻时，人为特性的计算与绘制相似。只是现在是已知转速求所串电阻而已。

2.8 串励直流电动机的电力拖动

串励直流电动机的电路如图2-82所示。其励磁绕组与电枢串联，励磁电流也就是电枢电流，因此它的主磁通Φ是电枢电流I_s的函数。这是串励直流电动机最基本的特点。这个

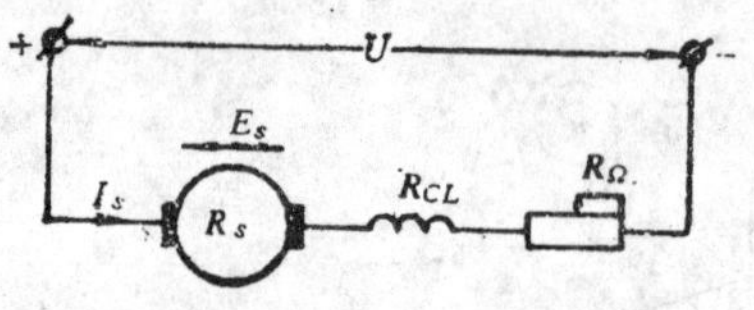

图 2-82 串励直流电动机的电路图

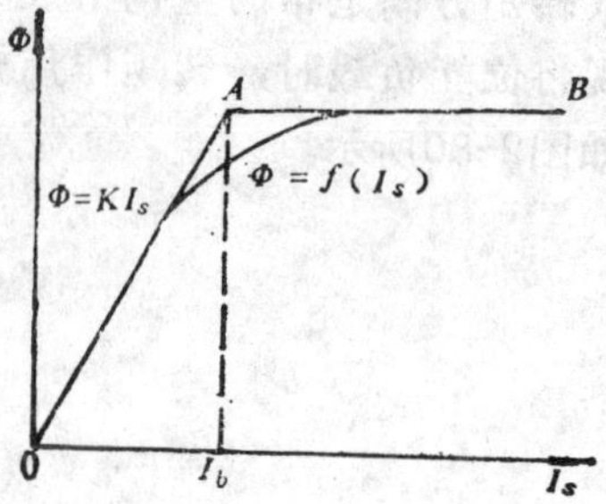

图 2-83 磁化曲线的近似

最基本的特点使串励直流电动机的运行性能有别于他励直流电动机。

2.8.1 串励直流电动机的机械特性

由图2-82可以列出串励直流电动机的电枢回路电压平衡方程式

$$U = E_s + I_s(R_s + R_{CL} + R_\Omega)$$

再考虑到$E_s = C_e\Phi n$、$M = C_m\Phi I_s$，则可求出和他励直流电动机形式相同的机械特性方程式

$$n = \frac{U}{C_e\Phi} - \frac{R_s + R_{CL} + R_\Omega}{C_e C_m \Phi^2}M \tag{2-83}$$

但是，式中主磁通Φ不是常数，而是电枢电流I_s的函数。它们之间的关系就是电动机磁路的磁化曲线，如图2-83所示。因此，转速n也是转矩M的非线性函数。在工程实践中，大都根据电机制造厂产品样本给出的通用曲线$n^* = f(M^*)$和$M^* = f(I_s^*)$，采用图解法绘制机械特性曲线。但是，为了定性分析串励直流电动机机械特性的特点，可以用两条直线来近似地表示磁化曲线，如图2-83中的线段$0A$和AB所示。当电枢电流$I_s > I_b$时，认为主

磁通Φ保持不变，即Φ＝常数。这段的机械特性和他励直流电动机一样，是一条直线。当$I_s<I_b$时，认为主磁通Φ与电枢电流I_s成正比，即$\Phi=KI_s$。在式2-83中，考虑在$I_s<I_b$的范围内Φ与I_s的线性关系，和$M=C_m\Phi I_s=C_mKI_s^2$，于是有

$$n=\frac{U}{C_eKI_s}-\frac{R_s+R_{CL}+R_\Omega}{C_eK} \qquad (2-84)$$

将$I_s=\sqrt{M/C_mK}$代入式2-84中，得

$$n=\frac{\sqrt{C_mK}\,U}{C_eK\sqrt{M}}-\frac{R_s+R_{CL}+R_\Omega}{C_eK} \qquad (2-85)$$

式2-85即为磁路不饱和时，串励直流电动机机械特性方程式。由此式可以绘出串励直流电动机磁路未饱和时的机械特性，如图2-84中曲线①所示。图中的M_b点相当于图2-83中的I_b点。当负载较大即转矩M、电枢电流I_s较大时，磁路饱和。机械特性是直线，如图中

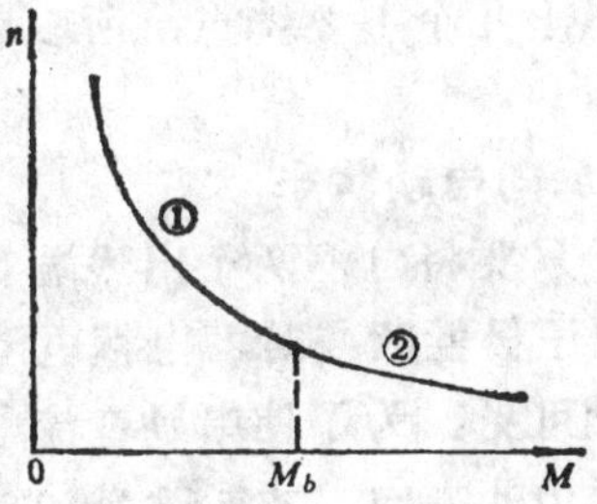

图 2-84 串励直流电动机的机械特性

曲线②所示。由两段特性组成的机械特性是当外加电压$U=U_e$，外串电阻$R_\Omega=0$时的固有特性，即图2-85中的曲线1。

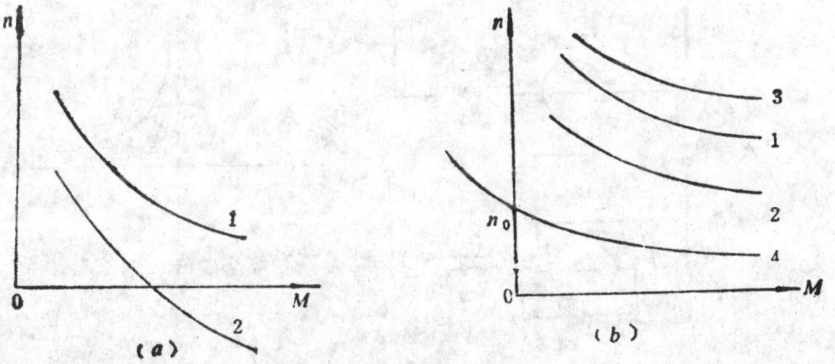

图 2-85 串励直流电动机的人为机械特性曲线

a—电枢回路串电阻的人为特性；b—降低电源电压和并分路电阻的人为特性

如果电枢回路中串入电阻R_Ω时，可得其人为特性如图2-85 a 中的曲线 2 所示。串接电阻越大，特性越软。如果电枢回路不串电阻，只降低电枢回路的外加电压U，可得到图2-85 b 中曲线 2 所示的人为特性。如果将电阻与励磁绕组并联使磁通减少，就可以得到减弱磁通的人为特性，它位于固有特性上方，如图2-85 b 中曲线 3 所示。若电枢并联分路电阻，可得2-85 b 中曲线 4 所示的人为特性。

从机械特性的分析看出，串励直流电动机的主要特点是：

（1）固有特性是一条非线性的软特性　当负载小时，电动机转速会自动升高很多，从而提高生产机械的运行效率。

（2）不允许轻载或空载运行　从式2-85看出，$M=0$时$n=\infty$，即理想空载转速为无穷大。实际上，当空载时，既使$M=0$、$I_s=0$，还有剩磁Φ_0存在，所以$n_0=U/C_e\Phi_0$为有限值，但是它很高，一般会到$(5\sim6)n_e$，这么高的转速将会造成电机与所带设备的损坏。所以串励直流电动机在固有特性上不允许空载或轻载运行。

（3）过载能力强，起动性能较好　由于$M=C_m\Phi I_s=C_mKI_s^2$，所以在相同的最大电流下，产生的转矩比他励直流电动机产生的转矩大得多。换言之，因为当负载增大时，电枢电流和磁通都增大，所以电枢电流稍有增大，电动机转矩就可以与负载转矩相平衡。因此尽管负载增大很多，电枢电流的增加却比他励直流电动机小得多，不会因负载增大而使电机过载。同理，在相同的起动电流下，产生的起动转矩也比他励直流电动机起动转矩大得多。

由于串励直流电动机具有以上几个主要特点，所以起重运输机械和电气牵引装置较多地采用串励直流电动机拖动。

2.8.2　串励直流电动机的反向电动状态

要使他励直流电动机反转，只要将电枢两个出线端对调，接到电源上即可。而串励直流电动机则不然。当电枢回路电压极性改变时，电枢电流I_s反向，同时主磁通Φ也改变方向，转矩M则不改变方向。由此可见，为了使串励直流电动机反向旋转，必须只改变电枢电流I_s的方向，或只改变主磁通Φ的方向，才能改变转矩M的方向，从而得到反向电动状态。在实际工作中，一般用改变电枢电流I_s方向的办法来使电动机反转。其正、反向电动状态的线路原理图和机械特性如图2-86所示。

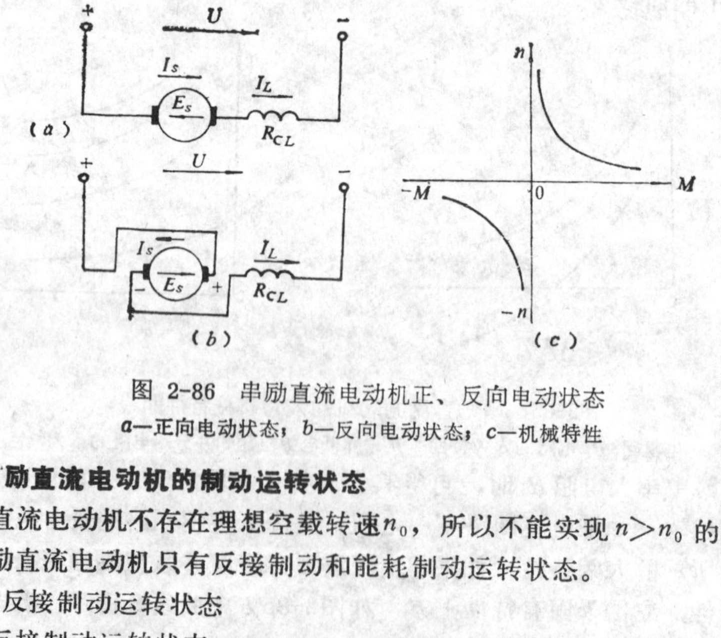

图 2-86　串励直流电动机正、反向电动状态

a—正向电动状态；b—反向电动状态；c—机械特性

2.8.3　串励直流电动机的制动运转状态

因为串励直流电动机不存在理想空载转速n_0，所以不能实现$n>n_0$的回馈制动运转状态。因此，串励直流电动机只有反接制动和能耗制动运转状态。

2.8.3.1　反接制动运转状态

A　电压反接制动运转状态

和他励直流电动机一样，改变串励直流电动机电枢绕组端电压的极性，可使电压U与电势E_s同向，而进入电压反接制动状态。但是要注意，必须保持主磁通Φ的方向不变。而且为了限制过大的电枢电流，必须在电枢回路中串入大电阻 R_f。其线路原理图和机械特性如图2-87所示。电动机原工作在正向电动状态，运行于A点。现将线路由图a改为图b，电动机的工作点从A过渡到B，并沿反接制动特性降速到C点。如想使系统停车，在接近C点时断开电源。否则，在$|M_C|>|-M_{fz}|$条件下，电动机将沿反向电动状态特性反向加速，直到D点稳定运行。如欲使反向时的转速仍达到n_A值，则需将电阻R_f切除，再沿反向电动的固有特性加速到A'点。

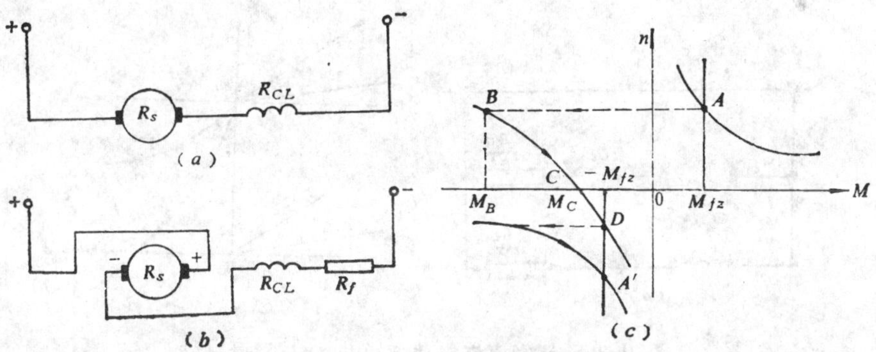

图 2-87 串励电动机在反抗性负载下的电压反接制动状态

a—电动状态；b—反接制动状态；c—机械特性

B 转速反向的反接制动运转状态

在电枢回路串入足够大的电阻，并在位能负载反拖下，就可以使串励直流电动机进入转速反向的反接制动状态。电动机拖动位能负载，从提升重物到恒速下放重物的过程和他励直流电动机相似，不再赘述。

两种反接制动的能量关系同样与他励直流电动机雷同。

2.8.3.2 能耗制动运转状态

串励直流电动机能耗制动状态的获得，是在电动状态运行时，将电动机电枢断开电源，用电阻短接。此时的励磁方式分为自励和他励两种。不论励磁方式如何，都要使主磁通Φ的方向与制动前相同，否则不能产生制动转矩。一般多采用他励能耗制动。由于串励绕组电阻很小，必须串入较大的电阻后再接到直流电源上，其线路原理如图2-88a所示。

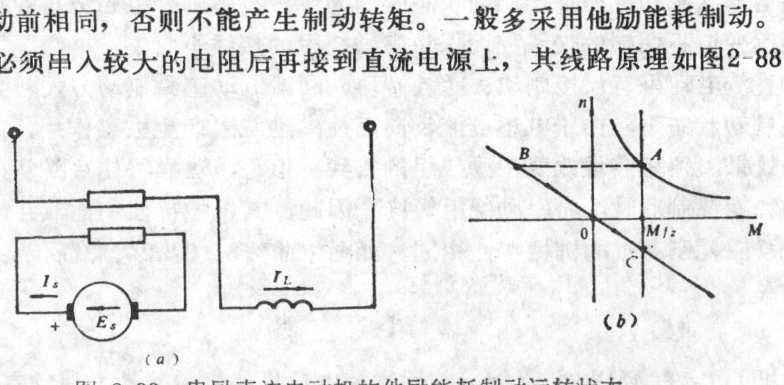

图 2-88 串励直流电动机的他励能耗制动运转状态

a—原理图；b—机械特性

由电路图可见，此时串励直流电动机的能耗制动特性就和他励直流电动机能耗制动特性一样了，如图2-88 *b* 所示。其工作过程也和他励直流电动机相似。在反抗性负载时，电动机从电动状态的 *A* 点过渡到 *B* 点，制动到 $n=0$ 时停车。位能负载时，则从 $n=0$ 继续反向加速到 *C* 点稳定运行。

2.9 复励直流电动机的机械特性

复励直流电动机有两个励磁绕组，一个是串励绕组 *CL*，另一个是并励绕组 *BL*，其线路原理如图2-89 *a* 所示。当两绕组的励磁磁势方向相同时，为积复励直流电动机；当两绕组的励磁磁势方向相反时，为差复励直流电动机。由于后者具有上翘的机械特性，运行不易稳定，所以一般都采用积复励直流电动机。

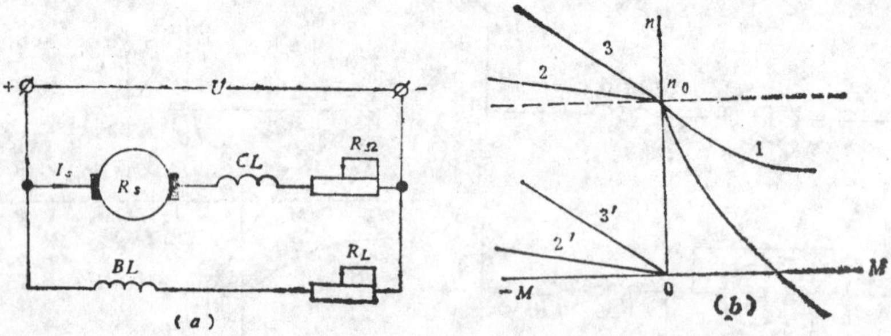

图 2-89 复励直流电动机的电路图和机械特性

a—原理图；*b*—机械特性

积复励直流电动机的机械特性介于他励直流电动机和串励直流电动机之间。当并励绕组磁势起主要作用时，机械特性近于他励直流电动机的机械特性；当串励绕组磁势起主要作用时，机械特性近于串励直流电动机的机械特性。但是，由于有并励绕组，所以它的机械特性与纵轴有交点，即具有理想空载转速n_0。因为当电枢电流等于零时，串励绕组产生的磁通为零，而并励绕组产生的磁通Φ_{BL}不为零，因此，理想空载转速 $n_0=U_e/C_e\Phi_{BL}$。由于有串励绕组产生的磁通存在，所以复励直流电动机的机械特性也是非线性的，且比他励直流电动机的机械特性软。其固有特性如图2-89 *b* 中曲线 1 所示。

反向电动状态和电压反接制动状态时，为了保持串励绕组磁势与并励绕组磁势方向一致，只须改变电枢两端的接线，而保持串励绕组的接线不变。

复励直流电动机有反接制动、能耗制动、回馈制动三种制动方式。为了避免在回馈制动和能耗制动状态下，由于电枢电流反向而使串励绕组产生去磁作用，以至减弱磁通Φ，影响制动效果，须相应地改变串励绕组的接线。但是，这样将使线路复杂，一般是在进行回馈制动和能耗制动时，将串励绕组短接，因此，其机械特性和他（并）励直流电动机的回馈制动及能耗制动时的机械特性相同。如图中曲线2、3及2′、3′所示。

小　结

电动机的$n=f(M)$和$n=f(I_s)$关系称为电动机的机械特性。他励直流电动机的机械特性方程式为

$$n=\frac{U}{C_e\Phi}-\frac{R}{C_eC_m\Phi^2}M$$

当$U=U_e$、$\Phi=\Phi_e$、$R=R_s$时，为固有机械特性。分别改变 U、R、Φ 可以得到人为特性。因为他励直流电动机的机械特性是一条直线，所以可用点绘方法计算和绘制其机械特性。

在一个电力拖动系统中，当$M=M_{fz}$时，且满足$dM/dn<dM_{fz}/dn$，则平衡是稳定的。

在直流电动机起动时，因为外加电压全部加在电枢电阻R_s上，R_s又很小，致使起动电流很大，一般不允许直接起动。为了限制过大的起动电流，多采用电枢回路串电阻起动和降压起动。

他励直流电动机的制动方法有三种，即反接制动、能耗制动和回馈制动。本章从制动状态如何实现、制动特性、制动过程、能量关系、特点和应用等方面对各种制动方法进行了研究。

在负载恒定不变时，人为地分别改变电动机的外加电压U、电枢回路外串电阻 R_Ω、主磁通Φ，都可以得到不同的运行速度，叫转速调节。它和由于负载波动引起的转速变化是不同的。可以用调速的基本指标分析各种调速方法的调速性能。当调速范围不能满足工艺要求时，可将变压调速组成闭环控制系统，提高机械特性硬度，借以扩大调速范围。

本章除研究他励直流电动机的静特性以外，还研究了电力拖动系统的动特性。在动态特性中，重点研究的是只考虑机械惯性的机械过渡过程。从动、静态特性的关系中看到，只要从静特性上找到过渡过程的起始点、稳态点、终了点的坐标，代入$n=f(t)$、$M=f(t)$的一般公式中，即可研究起动、制动、调速等任何一个机械过渡过程。过渡过程的快慢取决于系统的机电时间常数的大小。通过分析找到了加快过渡过程的方法。同时考虑电磁惯性和机械惯性时的过渡过程为机电过渡过程。其微分方程式是二阶的。此时动态过程的性质取决于T_s和T_m的配合情况。

此外，对串励直流电动机和复励直流电动机的电力拖动也进行了简单的分析。要掌握串励直流电动机和复励直流电动机与他励直流电动机的异同点。

思考题及习题

2-1　什么叫电动机的机械特性？什么叫固有特性？什么叫人为特性？

2-2　什么叫机械特性的硬度？什么叫硬特性？什么叫软特性？特性的软硬对电力拖动系统有什么意义？

2-3　为什么 n_0 称为理想空载转速？它意味着什么？堵转点是否只意味着电动机转速为零？为什么？

2-4　什么叫平衡运转状态？什么叫平衡稳定运转状态？电力拖动系统稳定运行的充要条件是什么？试分析异步机机械特性上的稳定运行点在何处。

2-5　他励直流电动机稳定运行时，电枢电流的大小与什么量有关？改变电枢回路电阻，能否改变电枢电流？电枢电流的稳态值决定于什么？

2-6　什么叫电动机的额定电阻？它的物理意义是什么？

2-7 试分析当电动机参数全不变，只是外界负载增大时的物理过程。

2-8 直流电动机为什么不允许直接起动？如直接起动有什么问题？

2-9 速度调节和转速变化有什么区别？

2-10 直流机的过载能力受什么限制？

2-11 调速范围和静差率的概念是什么？二者有何关系？

2-12 什么是恒转矩调速？什么是恒功率调速？改变电压、改变电阻及改变磁通调速各属于哪一种？它们和恒转矩负载及恒功率负载有何区别？

2-13 变磁通调速特性为什么在固有特性上方？变压调速特性为什么在固有特性下方？

2-14 他励直流电动机的最高转速和最低转速各受什么条件限制？

2-15 在什么条件下进行改变磁通调速才不会出现“调节的颠倒”？为什么？

2-16 如何区别电动机是处于电动状态还是处于制动状态？

2-17 “系统在减速过程中，电动机处于制动状态”。这句话对吗？

2-18 试说明逐段切除电阻起动的物理过程。

2-19 试说明位能性恒转矩负载从稳定提升重物到稳定下放重物的物理过程。

2-20 试说明电动小车从正向稳定运行到反向稳定运行的物理过程。

2-21 回馈制动和能耗制动各有什么特点？

2-22 电压反接制动和转速反向反接制动有何异同点？

2-23 串励直流电动机为什么不允许空载或轻载运行？

2-24 串励直流电动机与他励直流电动机相比有何特点？为什么？

2-25 什么叫过渡过程？产生机械过渡过程的原因是什么？

2-26 什么叫系统的静态和动态？

2-27 说明机电时间常数的物理意义及各种表示法。

2-28 从物理概念上说明，串固定电阻起动时，$n=f(t)$曲线为什么是指数曲线？

2-29 同一运行状态中的动态特性和静态特性有什么关系？

2-30 反抗性负载的电压反接制动过程和能耗制动过程为什么是假想稳态点？既然是假想的，为什么又一定要以此参数代人方程式？

2-31 反抗性负载的电压反接制动过程的动特性曲线为什么有拐点？而位能负载电压反接制动过程，电动机要经过三种运行状态，过渡过程曲线却是一条光滑的曲线？

2-32 电枢电感对过渡过程有什么影响？如何加快机械过渡过程？

2-33 产生电磁过渡过程的原因是什么？

2-34 一台他励直流电动机，$P_e=1.75\text{kW}$，$U_e=110\text{V}$，$I_e=20.1\text{A}$，$n_e=1450\text{r/min}$，试计算并绘制：

1） 固有机械特性；

2） $50\%U_e$时的人为机械特性；

3） 电枢回路总电阻为$30\%R_e$时的人为特性$\left(R_e=\dfrac{U_e}{I_e}\right)$；

4） $80\%\Phi_e$时的人为特性。

2-35 一台他励直流电动机，$P_e=10\text{kW}$，$U_e=110\text{V}$，$I_e=108.2\text{A}$，$n_e=1500\text{r/min}$，试计算并绘制出：

1） 固有机械特性；

2） 电枢回路总电阻为$50\%R_e$时的人为特性；

3） $U=50\text{V}$时的人为特性；

4） $\Phi=75\%\Phi_e$时的人为特性。

2-36 他励直流电动机，$P_e=16kW$，$U_e=220V$，$I_e=86A$，$n_e=670r/min$，过载倍数$\lambda=2.5$，系统的$GD^2=6.7N\cdot m^2$。拖动额定负载。

1） 计算三级起动时的各级起动电阻值；

2）计算并写出起动过程各段的$n=f(t)$和$M=f(t)$方程式，大致画出过渡过程曲线。用计算机计算并绘制动特性曲线，同时将二者进行比较。

2-37 一台他励直流电动机，$P_e=21kW$，$U_e=220V$，$I_e=115A$，$n_e=980r/min$，$R_s=0.1\Omega$。如果最大起动电流为$2I_e$，负载电流为$0.8I_e$。

1）求电动机起动电阻的最少级数及电阻值，并绘出各级机械特性；

2）设系统总飞轮矩$GD^2=64.7N\cdot m^2$，计算总起动时间。

2-38 有一台他励直流电动机，$P_e=16kW$，$U_e=220V$，$I_e=86A$，$n_e=670r/min$，$R_s=0.197\Omega$，电力拖动系统总的$GD^2=6.7N\cdot m^2$，负载转矩M_{fz}为$0.8M_e$。设最大电流为$2.5I_e$，起动级数$m=3$。试求各级起动电阻值、起动过程各段的$n=f(t)$和$M=f(t)$方程式及总起动时间。

2-39 一台他励直流电动机，$P_e=30kW$，$U_e=110V$，$I_e=319A$，$n_e=1000r/min$，$R_s=0.025\Omega$，系统总的$GD^2=69.58N\cdot m^2$。电机原运行在额定工作状态，现以最大制动转矩为$2M_e$进行能耗制动。试求：

1）能耗制动电阻是多少欧？

2）负载为反抗性转矩时，从制动开始到稳定运行全过程的$n=f(t)$和$M=f(t)$方程式，并大致画出过渡过程曲线；

3）负载为位能性转矩时，过渡过程时间。

2-40 他励直流电动机，$P_e=3kW$，$U_e=110V$，$I_e=35.2A$，$n_e=750r/min$，$R_s=0.35\Omega$。电机原运行于额定工作状态。系统总的$GD^2=4.9N\cdot m^2$。

1）要进行能耗制动，最大制动电流为$2I_e$，求能耗制动电阻；

2）在此制动电阻下，如为位能负载，写出能耗制动过程中的$n=f(t)$和$M=f(t)$方程式；如为反抗性负载，大致画出从制动开始到稳定运行全过程的$n=f(t)$和$M=f(t)$曲线；

3）要使电机以500r/min的速度下放位能负载，应有多大的能耗制动电阻？求出对应该电阻的最大制动电流是多少安？

2-41 一台他励直流电动机，$P_e=5.5kW$，$U_e=220V$，$I_e=30.3A$，$n_e=1000r/min$，$R_s=0.74\Omega$，负载转矩$M_{fz}=0.8M_e$，系统总的$GD^2=9N\cdot m^2$。

1）求最大制动电流为$2I_e$时的反接制动电阻，并绘出机械特性；

2）在求出的制动电阻下，如为位能负载，写出其$n=f(t)$和$M=f(t)$方程式；

3）如用转速反向反接制动以300r/min的速度下放位能负载，求制动电阻值及此时系统中功率传递的方向和大小，并绘出机械特性；

4）现用制动电阻$R_f=12\Omega$，求转速反向反接制动的最小制动电流及稳态转速。

2-42 Z_2-52型他励直流电动机，$P_e=4kW$，$U_e=220V$，$I_e=22.3A$，$n_e=1000r/min$，$R_s=0.91\Omega$，$M_{fz}=M_e$，为了使电动机停转，采用电压反接制动，如串入电枢回路的制动电阻是9Ω，求：

1） 制动开始时电动机所发出的电磁转矩；

2） 制动结束时电动机所发出的电磁转矩；

3） 如果是反抗性负载，在制动到$n=0$时不切断电源，电机能否反转？为什么？

2-43 他励直流电动机，$P_e=29kW$，$U_e=440V$，$I_e=76A$，$n_e=1000r/min$，$R_s=0.377\Omega$。负载转矩$M_{fz}=0.8M_e$，最大制动电流为$1.8I_e$。求当该电机拖动位能负载时，用哪几种方法可使电机以500r/min的速度下放负载，每种方法电枢回路中所串电阻为多少欧？并画出相应的机械特性，标出从稳态提升重物到以500r/min速度下放重物的转换过程。

2-44 有一台他励直流电动机，$P_e=13kW$，$U_e=110V$，$I_e=137A$，$n_e=680r/min$，安装在吊车提升机构中，拖动一个额定负载，吊装时用抱闸停在空中。当抱闸突然出现故障时，如还想使重物停在空中，试求此时电枢回路应串入多少欧电阻？

2-45 一台他励直流电动机，$P_e=18kW$，$U_e=220V$，$I_e=94A$，$n_e=1000r/min$，在额定负载下，求：

1） 欲降速至800r/min稳定运行，外串电阻值是多少欧？

2） 欲降速至800r/min稳定运行，电源电压应该降到多少伏？

3） 欲升速到1100r/min，弱磁系数Φ/Φ_e为多少？

2-46 设题2-43中的电机原工作在电动状态，$M_{fz}=0.8M_e$，如果电枢电压突然降低到300V，求

1） 降压瞬间的电磁转矩，画出机械特性，并标明电机工作状态的变化；

2） 降压后的稳定转速？

2-47 ZBD-91型他励直流电动机，$P_e=30kW$，$U_e=220V$，$I_e=158.5A$，$n_e=1000r/min$，$R_s=0.1\Omega$，$M_{fz}=0.8M_e$，试求：

1） 在固有特性上的稳定转速；

2） 如果在电枢回路中串入0.3Ω的电阻，电机的稳定转速是多少？

3） 如将电枢电压降到188V，求降压瞬间电机的电枢电流及稳定转速；

4） 如将磁通减弱到80%Φ_e，求电机的稳定转速；

5） 要使电机以500r/min的速度稳定运行，如何实现？计算有关参数；

6） 要使电机以1254r/min的速度稳定运行，如何实现？计算有关参数。

3　三相异步电动机电力拖动系统的特性分析

3.1　三相异步电动机的机械特性

为了很好地使用三相异步电动机，就要对它的性能有所了解。由于反映电机特性的主要是机械特性，所以本节就从机械特性方程式入手进行研究。

3.1.1　电磁转矩的实用公式

在电机学中推导出了电磁转矩的物理公式

$$M=C_M\Phi_m I_2'\cos\varphi_2$$

电磁转矩M又等于电磁功率P_{dc}除以空载角速度Ω_0。

$$M=\frac{P_{dc}}{\Omega_0}=\frac{m_1 I_2'^2\frac{r_2'}{s}}{\Omega_0}$$

由三相异步电动机的简化等值电路图3-1可得

$$I_2'=\frac{U_1}{\sqrt{\left(r_1+\frac{r_2'}{s}\right)^2+(x_1+x_2')^2}}$$

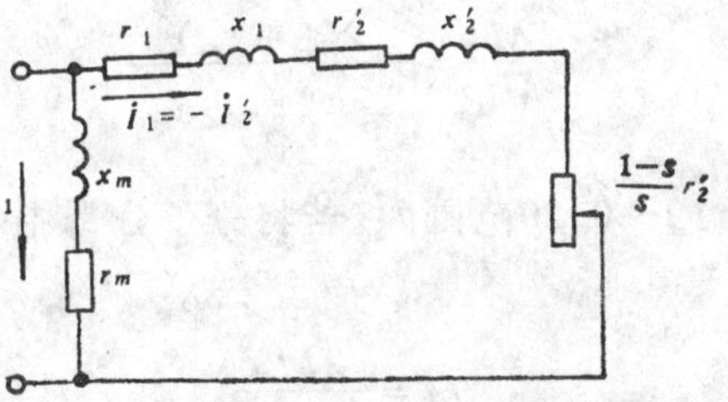

图 3-1　三相异步电动机的简化等值电路

再考虑到$\Omega_0=2\pi f_1/p$，则可写出如下的参数公式

$$M=\frac{m_1 p U_1^2\frac{r_2'}{s}}{2\pi f_1\left[\left(r_1+\frac{r_2'}{s}\right)^2+(x_1+x_2')^2\right]} \tag{3-1}$$

式中　m_1——定子绕组的相数；

U_1——定子相电压；

s——转差率；

f_1——定子电源频率；

r_1、x_1——定子绕组电阻和漏电抗；

r_2'、x_2'——转子绕组电阻和漏电抗的折合值。

从参数公式中，可以清楚地看出转矩M和各参数的关系。但在实用中，三相异步机的参数不易得到。所以，使用参数公式不太方便，必须导出较为实用的公式。

参数公式是一个二次方程，在某一转差率s_m时，存在一个最大转矩M_m，现令$dM/ds=0$，先求出对应M_m的转差率s_m，然后将s_m代入式3-1，即可求出M_m，这样可得

$$s_m=\pm\frac{r_2'}{\sqrt{r_1^2+(x_1+x_2')^2}} \tag{3-2}$$

$$M_m=\pm\frac{m_1 pU_1^2}{4\pi f_1[\pm r_1+\sqrt{r_1^2+(x_1+x_2')^2}]} \tag{3-3}$$

用式3-3去除式3-1，并只取正号，得

$$\frac{M}{M_m}=\frac{2r_2'[r_1+\sqrt{r_1^2+(x_1+x_2')^2}]}{s\left[\left(r_1+\frac{r_2'}{s}\right)^2+(x_1+x_2')^2\right]}$$

又由式3-2知

$$\sqrt{r_1^2+(x_1+x_2')^2}=\frac{r_2'}{s_m}$$

于是

$$\frac{M}{M_m}=\frac{2r_2'\left(r_1+\frac{r_2'}{s_m}\right)}{\frac{s(r_2')^2}{s_m^2}+\frac{(r_2')^2}{s}+2r_1r_2'}$$

将上式分子分母同乘以$s_m/(r_2')^2$，并认为$r_1=r_2'$，因此可取

$$\frac{M}{M_m}=\frac{2(1+s_m)}{\frac{s}{s_m}+\frac{s_m}{s}+2s_m}$$

一般异步电动机的s_m值在0.12～0.20范围内。若将分子分母中相对较小的$2s_m$都忽略不计，则可得到简化的计算公式

$$M=\frac{2M_m}{\frac{s_m}{s}+\frac{s}{s_m}} \tag{3-4}$$

实际计算证明，用简化的计算公式进行计算，不会造成很大误差，完全可以满足一般初步设计时的要求，而计算量却大为减少。所以，式 3-4 是人们比较常用的机械特性方程式，称为电磁转矩的实用公式。式中的M_m及 s_m 可由电动机的产品目录中查得的数据经计算求得，方法将在例3-1中介绍。

3.1.2 固有机械特性

固有机械特性是指三相异步电动机工作在额定电压、额定频率下，定子绕组按规定方式接线（接成Y接或△接），定子及转子电路均不外接电阻、电感或电容时，所获得的机械特性。固有特性绘于图 3-2 中。为了深刻了解异步电动机的运行性能，下面研究机械特性曲线上反映电动机工作特点的几个特殊点。

（1）起动点Q　在起动点上，电动机投入电网，但尚未起动。对应这一点的转速$n=0$（$s=1$），电磁转矩M称为起动转矩 M_Q。它是衡量电动机运行性能的重要指标之一。因为起动转矩的大小反映了异步电动机直接起动时带负载的能力。起动时带负载的能力一般用起动倍数来表示，即

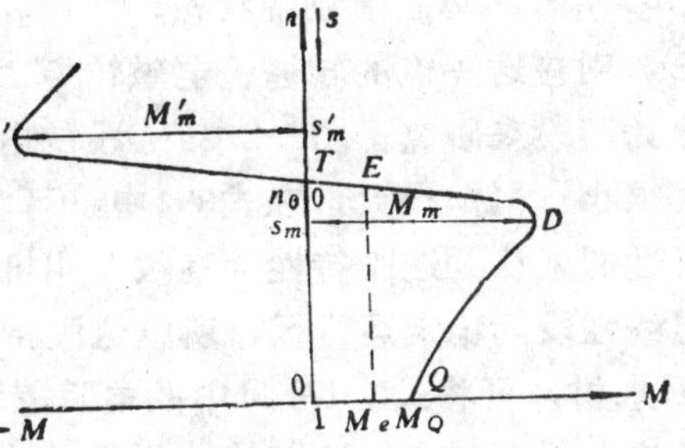

图 3-2 异步电动机的固有特性

$$K_M=\frac{M_Q}{M_e};\quad K_I=\frac{I_{1Q}}{I_{1e}}$$

其中　K_M——起动转矩倍数；

K_I——起动电流倍数。K_M、K_I 在产品目录中均可以查得。对鼠笼异步电动机 K_M一般为（0.9～1.3）；K_I一般为（4～7）。

那么起动转矩的大小与哪些因素有关呢？将 $s=1(n=0)$ 代入参数公式 3-1，可得起动转矩的表达式为

$$M_Q=\frac{m_1pU_1^2r_2'}{2\pi f_1[(r_1+r_2')^2+(x_1+x_2')^2]} \tag{3-5}$$

从式 3-5 看出，当其他参数不变时，$M_Q\propto U_1^2$，因此电网电压的下降，将对异步电动机的起动性能产生严重的影响。当电源电压、频率一定时，起动转矩还随转子每相总电阻的变化而变化。当绕线电机转子串入电阻时，可以改变起动转矩的大小，这点将在人为特性中介绍。

（2）最大转矩点 D　在式3-2和式3-3中，取“+”号为电动状态的最大转矩点 D 的 s_m 和 M_m；取“－”号为回馈制动状态的最大转矩点 D' 的 s_m' 和 M_m'。由两式可见

$$|s_m'|=|s_m|;\quad |M_m'|>|M_m|$$

即在回馈制动时，异步电动机的过载能力比电动状态时大。只有忽略 r_1 时，二者才相等。

电动机运行在 D 点或 D' 点时，能提供最大转矩。这是异步机提供的极限转矩，所以 D 和 D' 也叫临界点，M_m 和 M_m' 叫临界转矩，s_m 和 s_m' 叫临界转差率。这点的转矩大小代表了电动机的短时过载能力，一般用 λ_M 表示，即

$$\lambda_M=\frac{M_m}{M_e}$$

λ_M 称作异步电动机的过载倍数。一般三相异步电动机 $\lambda_M=1.6\sim2.2$。具体数值可在产品目录中查得。

（3）同步速点 T　在这点上，电动机以同步转速 n_0 运行，$s=0$，转子感应电势 $sE_2=0$，$I_2=0$，$M=0$。既然电动机不发出电磁转矩，而又为什么能以 n_0 转速运转呢？只靠电动机本身显然是达不到这点的。只有在外力拖动下，克服了空载转矩 M_0 后，才能达到这点。所以该点又称为理想空载点，即不但所带负载为零，电动机转子电流也为零，是理想的空载状态。

T点是电动状态与回馈制动状态的转折点。在这点上，电动机运行于理想空载状态。$n<n_0$时，为电动状态；$n>n_0$时，为回馈制动状态。

（4）额定工作点E　对应这一点的转速、电磁转矩、电流都是额定值。

下面再将机械特性分为两段来研究。图3-2中TD段的电磁转矩M随转差率s的增加而增大。这是因为这段中s很小，r_2'/s很大，在式3-1中，可将r_1及（x_1+x_2'）忽略，则$M\propto s$。因此，在工程上可近似地认为这段特性为直线，叫机械特性的线性段。用判断平衡稳定运转的条件可判断出线性段为稳定运行区，所以这段特性也叫工作段。图中DQ段，s较大，相对$(x_1+x_2')^2$来讲，可将式3-1分母中的电阻忽略，则$M\propto 1/s$。即过D点后，转差率s再增大，电磁转矩M反而减小。这段特性叫非线性段。它对恒转矩负载不能稳定运行，为不稳定运行区。

异步机的机械特性可以由实验测出，也可以根据实用公式绘制。下面用例题说明机械特性的绘制方法。

例3-1　一台绕线异步电动机的主要技术数据为：$P_e=75\text{kW}$，$n_e=720\text{r/min}$，$I_{1e}=148\text{A}$，$\lambda_M=2.4$。试用转矩的实用公式绘制其固有特性。

解： 在转矩的实用公式式3-4中，先求出M_m和s_m

$$\because \quad \lambda_M=\frac{M_m}{M_e},\quad \therefore \quad M_m=\lambda_M M_e \tag{3-6}$$

$$M_m=\lambda_M M_e=\lambda_M\times 9550\frac{P_e}{n_e}=2.4\times 9550\times\frac{75}{720}=2387.5\ \text{N}\cdot\text{m}$$

将s_e和M_e代入实用公式式3-4中，并考虑到$M_m=\lambda_M M_e$，可得

$$s_m=s_e(\lambda_M+\sqrt{\lambda_M^2-1}) \tag{3-7}$$

式中　s_e——额定转差率。

$$s_e=\frac{n_0-n_e}{n_0}=\frac{750-720}{750}=0.04$$

$$\therefore \quad s_m=0.04(2.4+\sqrt{2.4^2-1})=0.183$$

$$M=\frac{2\times 2387.5}{\dfrac{0.183}{s}+\dfrac{s}{0.183}}$$

现在只有M和s为未知数，只要给出一系列的s值，即可求出相应的M值，见表3-1。

表3-1　M与S对应关系计算值

s	0	0.04	0.183	0.4	0.6	0.8	1
M (N·m)	0	996.5	2387.5	1806.5	1332	1038	845.5

逐点描图即可绘出固有特性曲线$s=f(M)$。

3.1.3　人为机械特性

在生产实践中，为了满足生产要求，往往需要与固有特性不同的特性。如果人为地改变某些参数，即可得到不同的机械特性，这样的机械特性称为人为机械特性。由式3-1看

出，可以改变的量有定子端电压U_1、定子频率f_1、极对数p、定子回路的电阻r_1、定子回路的电抗x_1、转子回路的电阻r_2'和电抗x_2'。

3.1.3.1 降低定子端电压U_1

在参数公式中，除自变量s、因变量M外，保持其他量不变，只改变定子电压U_1的大小。由于异步电动机的磁路在额定电压下已有些饱和了，故不宜再升高电压。下面只讨论降低定子电压U_1时的人为特性。

由式3-3和式3-5看出，最大转矩M_m和起动转矩M_Q都随U_1的降低而与U_1的平方成正比地降低。又从式3-2看出，临界转差率s_m保持不变，而且异步电动机的同步转速n_0与U_1无关。在不同电源电压时的人为特性如图3-3所示。

电磁转矩与电源电压的平方成正比，从物理概念上讲，是因为电源电压降低时，电动机的主磁通Φ_m减小，在相同的转速下，转子感应电势减小，转子电流I_2减小。所以，电磁转矩将随U_1的下降而成平方地减小。

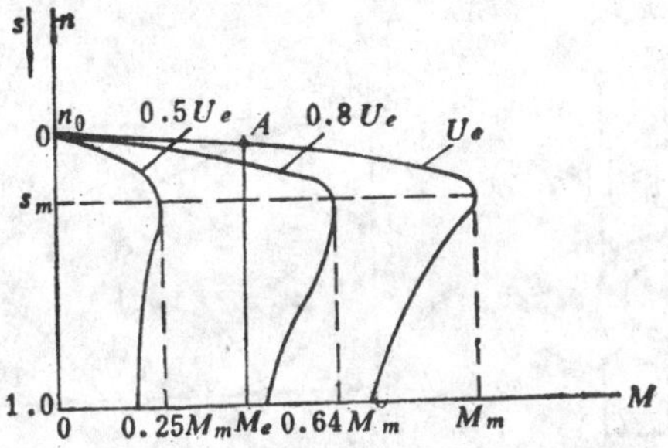

图 3-3 改变异步电机定子电压U_1时的人为特性

降低电网电压对异步电机的运行有何影响呢？假如异步电动机拖动额定负载在A点运行。电网电压由于某种原因降低了，电机的转速略有降低，s略有增加，使$\varphi_2\left(\varphi_2=\mathrm{arctg}\dfrac{sx_2}{r_2}\right)$角略有增大，$\cos\varphi_2$略有减小。在$U_1$降低后，由$U_1\approx E_1=4.44f_1W_1k_{W1}\Phi_m$（见《电机学》）知，气隙主磁通$\Phi_m$减小。但由于负载转矩不变，电磁转矩也不变，因此转子电流I_2要增大，同时定子电流也要增大，要大于额定值。电机如长期运行，温升将超过允许值，使电机寿命缩短，严重时甚至会烧坏电机。

3.1.3.2 转子回路串入三相对称电阻

图3-4a是绕线异步电动机转子回路串入三相对称电阻的线路图。

外串电阻R_Ω增大时，s_m随R_Ω的增加而增大，M_m不变，M_Q随R_Ω的增加而增大，一直到$M_Q=M_m$。此后R_Ω再增大，M_Q将减小。这是因为转子电路串入电阻后，明显地提高了转子回路的功率因数，转子电流的有功分量增大，因而起动转矩增大。当转子电阻增大到一定程度后，再增大转子电阻，转子功率因数变化不明显了，而加大转子电阻使转子电流进一步减小，使得起动转矩反而减小了。n_0与转子电阻大小无关。因此，可以画出转子串三相对称电阻R_Ω的人为特性，如图3-4b所示。

3.1.3.3 定子回路串三相对称电阻或串三相对称电抗

图3-5a是定子回路串三相对称电阻的线路图。

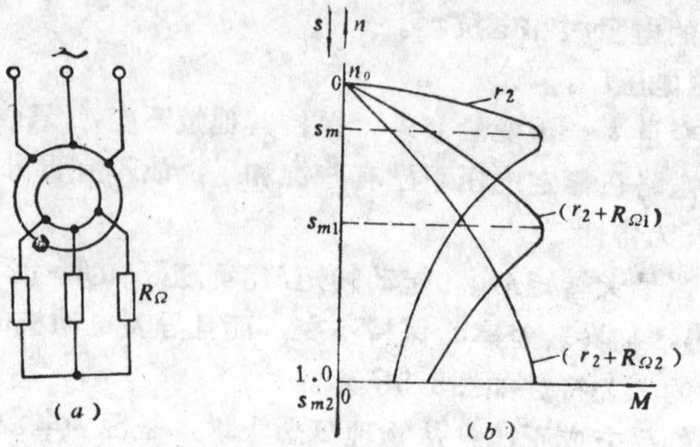

图 3-4 绕线式异步电机转子回路串电阻的线路图和人为特性

a—线路图；b—人为特性（$R_{\Omega2}>R_{\Omega1}$）

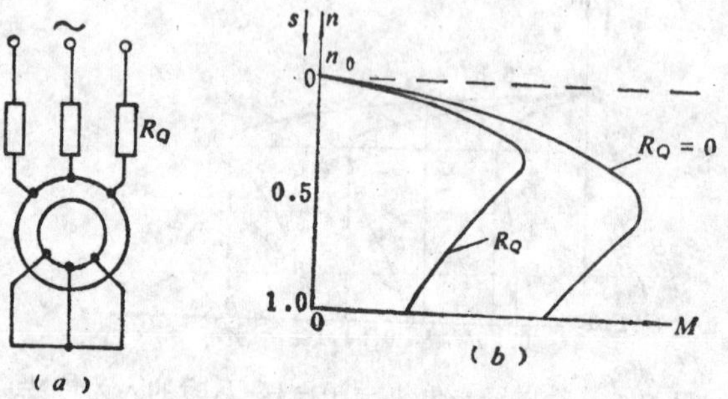

图 3-5 异步电动机定子回路串入电阻R_Ω的接线图及人为特性

a—接线图；b—人为特性

定子外串电阻R_Q增大时，s_m、M_m、M_Q都随R_Q增大而减小，n_0与R_Q无关，所以，可得图3-5 *b* 所示的人为特性。定子串接三相对称电抗时的人为特性与此相似。

以上几种人为特性，在三相异步电动机起动或调速时都会用到。至于改变定子电源频率、改变定子绕组极对数的人为特性，将在“三相异步电动机调速”一章中予以介绍。

3.2 三相异步电动机的起动

电动机从静止状态一直加速到稳定转速的过程，叫起动过程。当然，最简单的起动方法是将异步机直接接到具有额定电压的电网上，使它转动起来。随着电网容量的增加，这种方法在近些年来得到很大推广。因此，下面先研究异步机本身的起动特性。

3.2.1 三相异步电动机的固有起动特性

根据三相异步电动机的电磁转矩公式，可画出固有机械特性。根据电流方程式，可画出电流特性曲线$n=f(I_1)$。电流公式为

$$I_2'=\frac{U_1}{\sqrt{\left(r_1^2+\frac{r_2'}{s}\right)^2+(x_1+x_2')^2}} \text{和} \dot{I}_1=(-\dot{I}_2')+\dot{I}_0$$

两曲线如图3-6所示。

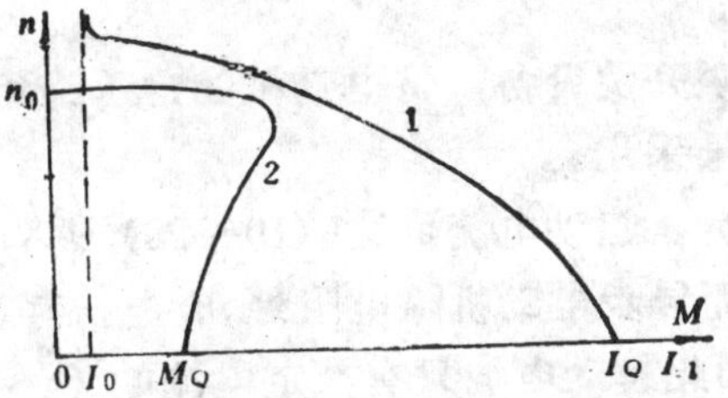

图 3-6 异步电动机的固有起动特性

1—电流特性；2—转矩特性

将两特性相比较可看出，异步电动机本身固有的起动电流很大，起动转矩并不大。这是因为电动机正常运行时，其转差率 s 很小，一般约为0.01～0.05，所以r_2'/s很大，从而限制了定子和转子电流。但在起动时，$s=1$，$r_2'/s=r_2'$很小，因此电动机的等效阻抗很小，所以起动电流很大。这点也可以从转子电流是如何产生的来说明。因为正常运行时，旋转磁场以 $\Delta n=n_0-n$ 的速度切割转子导体，在转子导体中感应的电势和电流不大。而在起动时，$n=0$，旋转磁场以同步速n_0切割转子导体，在转子导体中感生很大的电势和电流，从而使得定子电流也很大。

那么为什么起动转矩并不大呢？起动时$s=1$，$sx_2=x_2$，远远大于正常运行时的sx_2，而$\varphi_2=\mathrm{arc\,tg}\dfrac{sx_2}{r_2}$，起动时转子功率因数角$\varphi_2$很大，即$\cos\varphi_2$很小。因此，虽然$I_2$很大，而它的有功分量$I_{2Q}\cos\varphi_{2Q}$并不大。又因此时定子绕组的漏阻抗压降大，由$\dot{U}_1=-\dot{E}_1+\dot{I}_1Z_1$看出，感应电势$E_1$减小，从而导致气隙磁通$\Phi_m$减小。因此由于起动时$\Phi_m$小、$\cos\varphi_{2Q}$小，所以即使在很大的起动电流下，起动转矩却不大。

起动电流过大，对供电电网和电动机本身将产生不利影响。大的起动电流在绕组上产生很大的电磁力，会迫使绕组变形；起动瞬间，由于外加电压沿绕组分布不均匀，在绕组线匝间产生过电压；如果电网的容量和异步电动机的起动容量比较起来不够大的话，可能引起电网电压显著的下降，从而使正在电网上运行的其他电动机及电器的正常工作受到影响。另外，固有起动特性的起动转矩较小，在空载起动时可以适应，但对要求满载起动的生产机械，例如起重机、皮带运输机和电梯等，有时就无法起动。必须另寻起动方法。

从以上分析看出，三相异步电动机的固有起动特性并不理想，存在着两种矛盾：

1）起动电流大，而供电电网承受冲击电流的能力有限；

2）电动机的起动转矩小，而负载又要求有足够的起动转矩。

可见起动的关键在于限制起动电流，增大起动转矩，从而改善电动机的起动性能。现分成四种情况进行分析。

1）小容量电动机轻载起动；

2）大、中容量电动机轻载起动；

3）小容量电动机重载起动；

4）大、中容量电动机重载起动。

3.2.2 小容量电动机轻载起动——直接起动

因为是轻载起动，对异步电动机固有起动特性的起动能力无需研究，而要研究的是起动电流的影响。

直接起动就是利用电磁开关设备，将电动机的定子绕组直接接到额定电压的电网上。直接起动设备简单，应尽量采用。

直流电动机直接起动时，起动电流可达（10～20）I_e，导致很多不良后果，所以直流机一般不允许直接起动。而异步电动机除电阻外，有电抗存在。正常运行时电抗sx_2很小，起动瞬间$sx_2=x_2$很大，因此起动电流只有额定电流的（4～7)倍。所以，在一定条件下，异步电动机可以直接起动。这与直流机是不同的。

小容量异步机允许直接起动。在一般电网容量下，7.5kW的电机就认为是小容量，所以7.5kW以下的异步电动机可以直接起动。但是，所谓小容量也是相对的。如果电网容量大，就可以允许容量再大些的电机直接起动。只要直接起动时的起动电流在电网中引起的电压降不超过电网额定电压的（10～15)％，就允许直接起动。在工程实践中，直接起动方式一般按下面经验公式核定，即

$$K_I=\frac{I_{1Q}}{I_{1e}}\leqslant\frac{3}{4}+\frac{P_H}{4P_e} \tag{3-8}$$

式中 I_{1Q}——电动机的定子起动电流（A)；

I_{1e}——电动机的定子额定电流（A)；

P_e——电动机的额定功率（kW)；

P_H——电源的总容量（kVA)。

如果不满足式3-8的要求，则必须采用限制起动电流的方法进行起动。

例3-2 某鼠笼式异步电动机，$P_e=40\text{kW}$，$U_{1e}=380\text{V}$，$n_e=2930r/\text{min}$；起动电流倍数$K_I=5.5$，定子Y接。空载起动。车间电网容量为1000kVA。试核算该电动机能否直接起动？

解：

$$\frac{3}{4}+\frac{P_H}{4P_e}=\frac{3}{4}+\frac{1000}{4\times40}=7$$

∵ $K_I=5.5<7$；∴允许直接起动

3.2.3 大、中容量电动机轻载起动——降压起动

由式3-8核算，若不能直接起动，起动时的主要矛盾就是起动电流大而电网允许冲击电流有限的矛盾。由电机学知，异步电动机转子电流的折合值为

$$I_2'=\frac{U_1}{\sqrt{\left(r_1+\frac{r_2'}{s}\right)^2+(x_1+x_2')^2}}$$

起动瞬间$s=1$，则起动时转子电流的折合值为

$$I_{2Q}'=\frac{U_1}{\sqrt{(r_1+r_2')^2+(x_1+x_2')^2}}$$

这时，励磁电流相对来说很小，可以认为定子起动电流$I_{1Q}\approx I_{2Q}'$。可见起动电流近似与定子电压成正比。因此，这时要用降低定子电压的办法来限制起动电流，即降压起动。

降压起动时，定子加低电压U_1'，起动电流也按比例降低。待转速升高到一定值，再

加全电压U_{1e}，此过程的电流特性如图3-7a所示。降压起动的机械特性如图3-7b所示。降压起动只适用于轻载起动。下面介绍几种常用的降压起动方法。

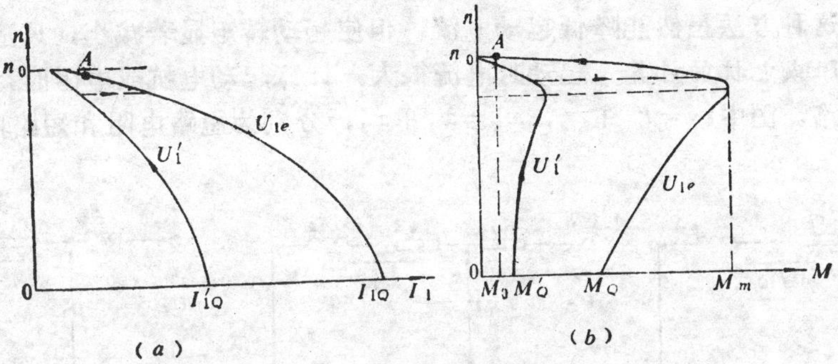

图 3-7 降压起动时的特性

a—转速电流特性；b—机械特性

3.2.3.1 定子串电阻或电抗降压起动

图3-8为定子串电阻起动的原理线路图。用图a线路起动时，合上开关$1K$，将$2K$合向起动侧，定子电路中串入起动电阻R_Q降压起动。待电动机转速接近稳定值时，再将开关$2K$合向"运行"侧，加上全电压起动到稳定转速。用图b线路起动时，是用两个交流接触器$1C$和$2C$代替图a线路中开关$2K$的切换作用的。定子串电抗起动时，只要用电抗

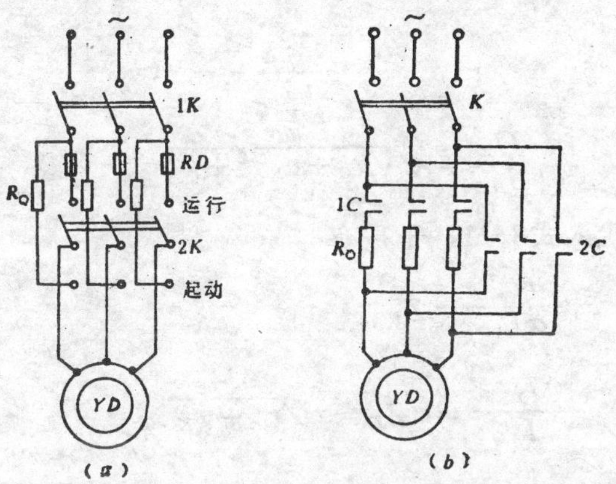

图 3-8 异步电动机定子串电阻起动线路图

a—手动线路；b—自动线路

x_Q代替线路中的R_Q即可。起动时，由于起动电流在电阻（或电抗）上产生一定的电压降，使加在电动机上的端电压降低了，因而限制了起动电流。

在定子回路串电阻或电抗起动，效果相同，都能起到减小起动电流和增加起动平稳性的作用。但是，定子串电阻起动损耗较大，经济性差，所以只在电机容量较小时使用。较大容量的异步机多用串电抗起动。

起动电流和起动转矩　设α为起动电流所需降低的倍数，则降压时的起动电流I'_{1Q}为

$$I'_{1Q}=\frac{I_{1Q}}{\alpha} \tag{3-9}$$

由于I_{1Q}近似与U_1成正比，起动转矩又与U_1平方成正比，所以有

$$M_Q'=\frac{M_Q}{\alpha^2} \tag{3-10}$$

由此可见，这种方法虽然能降低起动电流，但使起动转矩显著减小，只适用于轻载起动。

起动电阻或电抗的计算　起动时电流很大，计算起动电抗或电阻时，可用如图3-9所示的简化电路。图中$r_K=r_1+r_2'$，$x_K=x_1+x_2'$，分别为短路电阻和短路电抗。由图3-9*a*

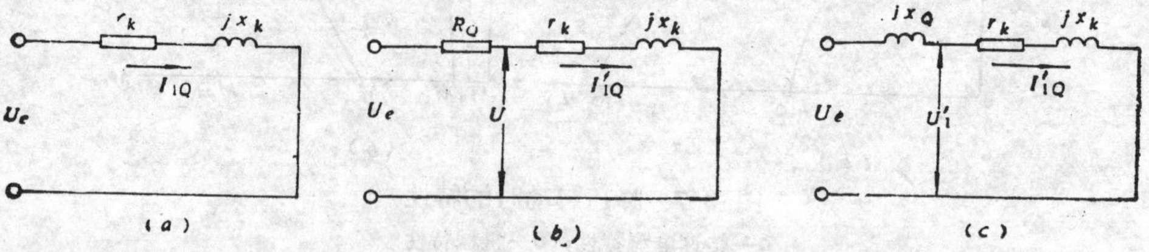

图 3-9　降压起动及全压起动时的等值电路

a—全压起动；*b*—定子串电阻起动；*c*—定子串电抗起动

得

$$\frac{U_e}{I_{1Q}}=Z_K=\sqrt{r_K^2+x_K^2} \tag{3-11}$$

式中　Z_K——短路阻抗。

由图3-9*b*得

$$\frac{U_e}{I_{1Q}'}=\sqrt{(R_Q+r_K)^2+x_K^2} \tag{3-12}$$

由式3-9得$I_{1Q}=\alpha I_{1Q}'$，并代入式3-11，于是有

$$\frac{U_e}{\alpha I_{1Q}'}=Z_K$$

$$\frac{U_e}{I_{1Q}'}=\alpha Z_K=\alpha\sqrt{r_K^2+x_K^2} \tag{3-13}$$

式3-12和式3-13相等，即

$$\sqrt{(R_Q+r_K)^2+x_K^2}=\alpha\sqrt{r_K^2+x_K^2}$$

$$\therefore\quad R_Q=\sqrt{\alpha^2 r_K^2+(\alpha^2-1)x_K^2}-r_K \tag{3-14}$$

同理可得

$$x_Q=\sqrt{\alpha^2 x_K^2+(\alpha^2-1)r_K^2}-x_K \tag{3-15}$$

还应校验起动转矩M_Q'，应使之满足如下关系

$$M_Q'=\frac{M_Q}{\alpha^2}\geqslant 1.1M_{ZQ}$$

式中　M_{ZQ}——起动时的负载转矩。

r_K和x_K的估算　计算R_Q和x_Q时，要知道r_K和x_K。如已有电机时，可做堵转实验测得r_K和x_K；如果设计时尚无电机，可进行估算。先由铭牌数据计算短路阻抗Z_K，因铭牌上

给定的U_{1e}和I_{1e}为线电压和线电流，所以等值电路中用到的相值和定子接线方式有关。

当定子Y接时
$$Z_K=\frac{U_{1e}}{\sqrt{3}I_{1Q}}=\frac{U_{1e}}{\sqrt{3}K_I I_{1e}} \tag{3-16}$$

当定子△接时
$$Z_K=\frac{\sqrt{3}U_{1e}}{I_{1Q}}=\frac{\sqrt{3}U_{1e}}{K_I I_{1e}} \tag{3-17}$$

设直接起动时的功率因数为$\cos\varphi_{1Q}$，则
$$r_K=Z_K\cos\varphi_{1Q} \tag{3-18}$$
$$x_K=Z_K\sin\varphi_{1Q}=Z_K\sqrt{1-\cos^2\varphi_{1Q}} \tag{3-19}$$

若没有给出$\cos\varphi_{1Q}$的值，可按经验数据计算，即$\cos\varphi_{1Q}$约等于0.25。

例3-3 某鼠笼异步电动机，$P_e=40$kW，定子Y接，$U_{1e}=380$V，$I_{1e}=74.2$A，$n=2930$r/min，$\eta_e=90\%$，$\cos\varphi_{1e}=0.91$，$\cos\varphi_{1Q}=0.3$，$K_I=5.5$。用定子串对称电阻起动，要求使起动电流减到直接起动电流的四分之一，求每相所需串入的电阻值（计算时忽略励磁电流）。

解：
$$I_{1Q}=K_I I_{1e}=5.5\times74.2=408.1\text{A}$$
$$a=\frac{I_{1Q}}{I'_{1Q}}=4$$
$$Z_K=\frac{U_{1e}}{\sqrt{3}I_{1Q}}=\frac{380}{\sqrt{3}\times408.1}=0.538\Omega$$
$$r_K=Z_K\cos\varphi_{1Q}=0.538\times0.3=0.161\Omega$$
$$x_K=\sqrt{Z_K^2-r_K^2}=\sqrt{0.538^2-0.161^2}=0.513\Omega$$
$$R_Q=\sqrt{a^2r_K^2+(a^2-1)x_K^2}-r_K$$
$$=\sqrt{4^2\times0.161^2+(4^2-1)\times0.513^2}-0.161=1.928\Omega$$

3.2.3.2 用自耦变压器降压起动 定子串电阻或电抗起动时，起动转矩减小过多，只可用于轻载起动。如果所带负载较重时，可以采用自耦变压器降压起动。图3-10是异步电动机用自耦变压器降压起动的线路图。使用的是一个三相Y接的自耦变压器。在图a中

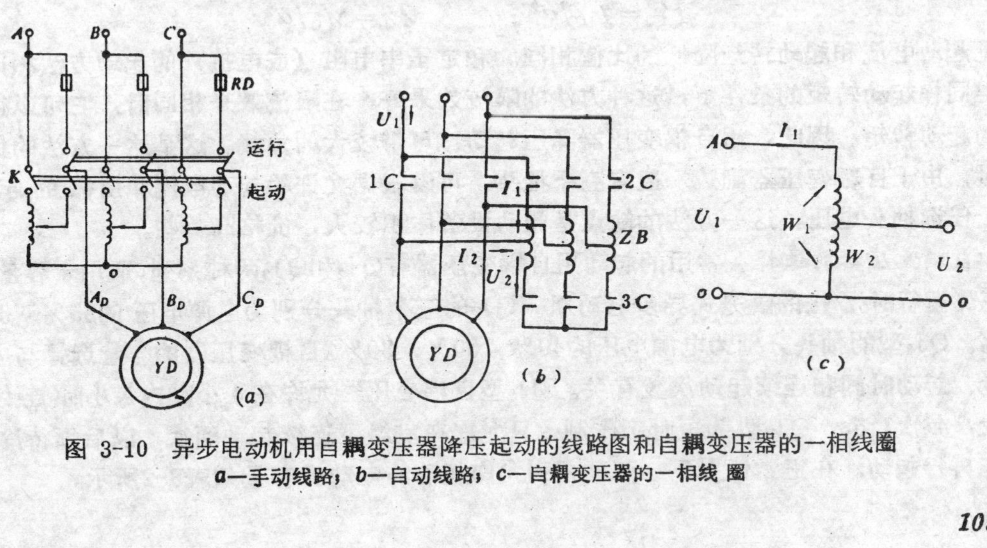

图 3-10 异步电动机用自耦变压器降压起动的线路图和自耦变压器的一相线圈

a—手动线路；b—自动线路；c—自耦变压器的一相线圈

起动时，开关K投向"起动"位置，自耦变压器三相线圈接电源，其副边抽头接电动机，使电动机降压起动。待转速上升到接近稳态值时，将开关K投向"运行"位置，电动机接上全压运行。在图b中，是用接触器完成"起动"到"运行"的切换作用的。

起动电流和起动转矩 自耦变压器一相的等值电路如图3-10c所示。由变压器原理知

$$\frac{W_1}{W_2}=\frac{U_1}{U_2}=\frac{I_2}{I_1}=\alpha$$

式中 W_1、W_2——自耦变压器原、副边的匝数；

U_1、U_2——原、副边每相电压；

I_1、I_2——原、副边相电流；

α——自耦变压器的变比。

起动时，自耦变压器原边接电源，副边接电动机，所以U_1是额定相电压U_e，U_2是降低了的相电压U_1'，降压倍数α为

$$\frac{U_1}{U_2}=\frac{U_e}{U_1'}=\alpha$$

设全压起动时的起动电流是I_{1Q}，降压起动时电源提供的起动电流是I_{1Q}'（也就是图中的I_1），而降压起动时电动机定子电流为自耦变压器的副边电流I_2。电动机的起动电流和起动时电动机所加相电压成正比，即

$$\frac{I_{1Q}}{I_2}=\frac{U_e}{U_1'}=\frac{U_1}{U_2}=\alpha$$

$$\therefore \quad I_2=I_{1Q}/\alpha$$

而用自耦变压器起动时，电源所提供的起动电流是I_1，也就是I_{1Q}'

$$I_{1Q}'=I_1=I_2/\alpha=I_{1Q}/\alpha^2$$

起动转矩和电压的平方成正比

$$\frac{M_Q}{M_Q'}=\left(\frac{U_e}{U_1'}\right)^2=\alpha^2$$

所以，经过推导得到

$$I_{1Q}'=I_{1Q}/\alpha^2 \quad , \quad M_Q'=M_Q/\alpha^2$$

可见起动电流和起动转矩降低的比值相同。和定子串电阻（或电抗）的起动方法相比，在获得同样起动转矩的条件下，这种方法的限流效果好，在限流效果相同时，它可以得到较大的起动转矩。因此，用自耦变压器降压起动，可带较大的负载。这是这一方法的优点。同时，由于自耦变压器副边一般有三个抽头，可以根据允许的起动电流和所需的起动转矩，任选抽头电压。这一方法的缺点是起动设备体积较大，价格高一些。

自耦变压器的选择 常用的起动用自耦变压器有QJ_2和QJ_3两种系列，适用于容量较大而正常运行时Y接的鼠笼式异步电动机。QJ_2的三个抽头分别为电源电压的55%、64%、73%。QJ_3型的抽头分别为电源电压的40%、60%、80%。自耦变压器的容量选择与电动机容量、起动时间和连续起动次数有关。QJ_2型自耦变压器允许在4小时内每小时连续起动5次，每次1.5s。QJ_3型为短时工作制，只允许在室温下连续起动两次，以后须待冷却后才能再行起动。在正常情况下，两种系列允许起动的电动机容量如表3-2所示。

表 3-2　　QJ2、QJ3型起动用自耦变压器规格

自耦变压器型号	额定电压（V）	额定电流（A）	在380伏时被起动电动机的容量（kW）
QJ_2-75	380	75	40
QJ_2-150	380	150	75
QJ_2-200	380	200	100
QJ_2-300	380	300	130
QJ_3-40	380	40	10、14、20
QJ_3-75	380	75	28、40
QJ_3-150	380	150	55、75

QJ_3系列使用60％抽头时，最长的起动时间不得超过表3-3所规定的值。

表 3-3　　QJ3型在60％起动电压时的最长起动时间

电动机容量（kW）	10～14	20～28	40～75
起动时间（s）	15	$5+\frac{\text{kW数}}{1.5}$	$25+\frac{\text{kW数}}{7.5}$

3.2.3.3　星-三角（Y-△）起动

正常运行时定子绕组为三角接的异步电动机，起动时如果接成星接，则电机每相所承

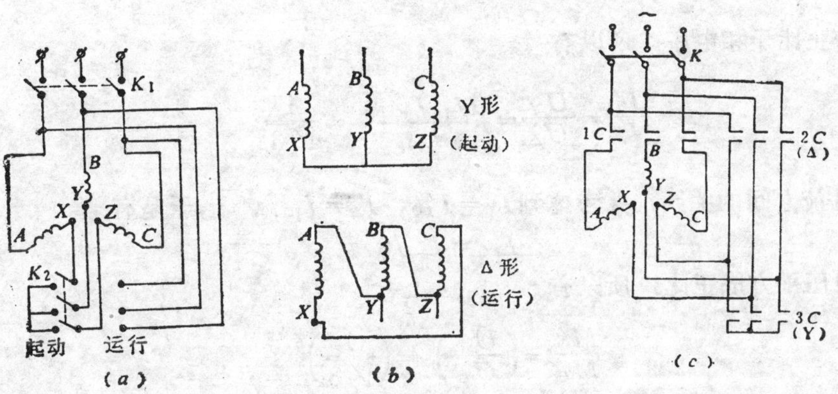

图 3-11　鼠笼式异步电动机星-三角起动的原理线路图

a—手动线路；*b*—绕组原理图；*c*—自动线 路

受的电压自然降低为额定电压的$1/\sqrt{3}$倍，即为星-三角降压起动。图3-11所示是星-三角起动的原理线路图。三相异步电动机的定子绕组有六个出线端，分别接到开关K_1和K_2上。起动时，将K_2合向“起动”侧，并将K_1合上，定子绕组星接。待转速接近稳态值时，将K_2倒向“运行”位置，使定子绕组接成三角形，全压运行。如果电机容量较大，可用图c自动切换的线路，进行星-三角起动。

起动电流和起动转矩　图3-12是三相异步电动机定子绕组Y接和△接时的电压和电流。

△接直接起动时：

相电压 $U_{\triangle}=U_{1e}$

相电流 $I_{\triangle}=I_{1Q}/\sqrt{3}$

起动转矩为M_Q

Y接降压起动时：

相电压 $U_{Y}=U_{1e}/\sqrt{3}=U_{\triangle}/\sqrt{3}$

相电流 $I_{Y}=I'_{1Q}$

起动转矩为M'_Q

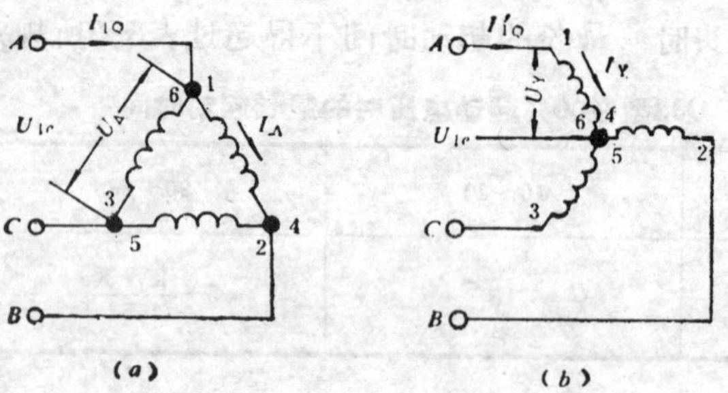

图 3-12 Y形和△形接法时的电压和电流

a—△接；b—Y接

由于起动电流正比于相电压，所以有

$$\frac{I_Y}{I_{\triangle}}=\frac{U_Y}{U_{\triangle}}=\frac{U_{1e}/\sqrt{3}}{U_{1e}}=\frac{1}{\sqrt{3}}$$

再转换为线电流之间的关系，并考虑到$I_Y=I'_{1Q}$，$I_{\triangle}=I_{1Q}/\sqrt{3}$，于是有

$$I'_{1Q}=I_{1Q}/3 \tag{3-20}$$

起动转矩与电压平方成正比，所以有

$$\frac{M'_Q}{M_Q}=\left(\frac{U_Y}{U_{\triangle}}\right)^2=\left(\frac{1}{\sqrt{3}}\right)^2$$

$$\therefore \quad M'_Q=M_Q/3 \tag{3-21}$$

从式3-20和式3-21看出，用星-三角降压起动时，起动电流和起动转矩都降为直接起动时的1/3。

星-三角起动适用条件　由以上分析看出，星-三角起动具有设备简单的优点，但它的应用有一定的条件限制。应用条件为：

1）由于起动转矩减小为直接起动转矩的三分之一，所以只适用于空载或轻载起动。

2）只限于用在正常运行时定子绕组△接的异步电动机。如果异步电动机的额定电压标为380/220V，它的意思是当电源线电压为380V时，定子用Y接；电源线电压为220V时，定子用△接。两种情况下定子绕组承受的相电压都是220V。换句话说，也就是额定电压为380/220V的电动机，定子每相额定电压为220V。由于一般交流电源电压为380V，这种电机正常运行时定子Y接，所以不能用Y-△起动方法。如果用Y-△起动，起动时Y接，定子相电压为220V，满压起动；正常运行时改为△接，则过压运行，显然是不允许的。

3）电机定子绕组必须引出六个出线端，这对于高压电机有一定的困难。所以Y-△起动只限于用在500V以下的低压电机上。

为了推广Y-△起动方法，目前我国已参照国际电工委员会（IEC）标准，设计制造了Y和YO系列异步电动机。额定电压为660/380V，有六个出线端子。这种电动机还有一个特殊的优点，就是在轻载时可以改为Y接运行。由于Y接时每相电压减为$U_{1e}/\sqrt{3}$，主磁通也将大致减少为$\Phi_e/\sqrt{3}$，励磁电流大大降低，铁损又和磁密的平方成正比，电机的铁损将下降为满压时的1/3。因此，异步电动机在轻载运行时，如果将定子接成Y接，电机的效率将大为提高。

现将上面三种降压起动方法的起动电流和起动转矩进行比较，列于表3-4中。设起动电流所需降低倍数$\alpha=1.25$，则$1/\alpha=0.8$。

表 3-4　　**降压起动方法比较**

起动方法 / M_Q'和I_Q'	定子串电阻或电抗起动	自耦变压器起动	星-三角起动
I_Q'	$0.8I_Q$	$0.64I_Q$	$\frac{1}{3}I_Q$
M_Q'	$0.64M_Q$	$0.64M_Q$	$\frac{1}{3}M_Q$

由表3-4看出，在限流倍数相同时，自耦变压器起动可以获得较大的起动转矩。而星-三角起动的限流倍数是固定的，远比要求的$1/\alpha=0.8$小，但起动转矩降低太多。再综合对三种降压起动方法的分析可知，三种方法各有其优缺点，要根据已知条件合理选用。

例3-4　一台三相异步电动机，$P_e=100$kW，$n_e=1447$r/min，$U_{1e}=380$V，定子△接，$I_{1e}=184.6$A，起动电流倍数$K_I=6.5$，起动转矩倍数$K_M=1.0$，带50%额定负载起动，要求把起动电流降低到800A以内，试选择恰当的起动方法（自耦变压器为QJ_3系列）。

解： 1）　直接起动　一般在7.5kW以下的异步电动机采用。从计算也可以看出，不能用直接起动。

$$\because \quad I_{1Q}=K_I I_{1e}=6.5\times184.6=1200\text{A}>800\text{A}$$

2）　定子串电阻（或电抗）

$$\alpha=\frac{I_{1Q}}{800}=\frac{1200}{800}=1.5$$

$$M_Q=K_M M_e=9550\frac{P_e}{n_e}=9550\frac{100}{1447}=660\text{N}\cdot\text{m}$$

$$M_Q'=M_Q/\alpha^2=660/1.5^2=293\text{N}\cdot\text{m}$$

$$M_{fz}=0.5M_e=0.5\times660=330\text{N}\cdot\text{m}$$

因为$M_Q'<M_{fz}$，所以不能用定子串电阻（或电抗）起动方法。

3） 星-三角起动

$$M_Q'=\frac{1}{3}M_Q=\frac{1}{3}\times 660=220\mathrm{N\cdot m}<M_{fz}$$

不能用Y-△起动。若定子为Y接，则无需计算即可否定之。

4） 自耦变压器起动 QJ_3系列抽头电压为40%、60%、80%。要求限流倍数$\alpha=1.5$。抽头为60%时，$\alpha=1/0.6=1.67$，可以达到限流要求。计算起动转矩M_Q'

$$M_Q'=\frac{M_Q}{\alpha^2}=\frac{660}{1.67^2}=236.7\mathrm{N\cdot m}<M_{fz}$$

因此，只有选用80%抽头。$\alpha=1/0.8=1.25$。

$$I_{1Q}'=\frac{I_{1Q}}{\alpha^2}=\frac{1200}{1.25^2}=768<800\mathrm{A}$$

$$M_Q'=\frac{M_Q}{\alpha^2}=\frac{660}{1.25^2}=422.4\mathrm{N\cdot m}>M_{fz}$$

根据计算结果，用自耦变压器降压起动，选用80%抽头。

3.2.4 小容量电动机重载起动——特殊型式的鼠笼异步机

小容量电动机重载起动时，起动电流对电网的冲击不大，主要矛盾是起动转矩小，而负载又要求有足够的起动转矩。为解决这个矛盾，同时为了既能保持鼠笼异步机结构简单、运行可靠的优点，又具有较好的起动性能，可在起动时使转子具有较大的电阻，运行时又能使电阻减小。根据这个思路设计了起动转矩较高的特殊型式鼠笼异步机。下面介绍两种应用较广的特殊型式鼠笼异步电动机。

3.2.4.1 深槽式异步电动机

这种电机的转子槽深而窄，其槽深h与槽宽b之比$\frac{h}{b}$为10～12，槽内铸铝，如图3-13a所示。由于气隙和槽导体的磁阻大而转子铁心磁阻小，所以漏磁通基本上只穿过一次槽导体，然后经槽底部铁心形成闭合回路。如果把槽导体看成是许多单元导体并联而成，亦即图3-13a中打斜线部分（图中只画出两个单元导体），不难看出，越接近槽顶部的单元导体所交链的漏磁通越少，越接近槽底的单元导体所交链的漏磁通越多。而漏抗和漏磁通成正比，所以槽顶部漏抗小，槽底部漏抗大。

起动时，$n=0$，$s=1$，$f_2=sf_1=f_1$。转子的漏电抗为sx_2，因此漏电抗很大，转子电流的分布取决于漏抗的大小，所以槽顶部电流密度大，越接近槽底部电流密度越小。电流密度分配如图3-13b所示。这种把导体中的电流排挤到槽顶部的作用叫趋表效应。电机的转速越低时，转子电流的频率越高，趋表效应越显著。由于转子电流大部分从槽顶部导体流过，就相当于减小了槽导体的有效面积，如图3-13c所示。使转子电阻加大，既限制了起动电流又加大了起动转矩。深槽式异步电动机的转子电阻是转子电流频率的函数。如$h/b=12$的深槽转子，堵转时的转子电阻约为额定状态的三倍。同时，因为起动电流路径中的漏电抗又小，就更有效地增大了起动转矩，从而比较显著地改善了电动机的起动性能。

起动完了，电动机达到正常的稳定转速，转差率s较小，转子电流的频率很低，一般

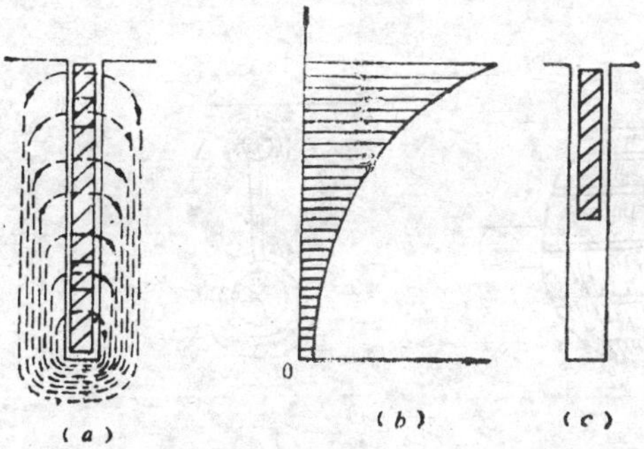

图 3-13 深槽式异步机转子导条中的电流趋表效应示意图

a—槽深磁通分布；*b*—导条内的电流密度分布；*c*—导条的有效截面

为1～2Hz，因此，转子的漏电抗比转子电阻小得多，使得转子电流的分配决定于电阻值。而槽导体各处电阻相等，所以转子电流将均匀分布，趋表效应消失，转子电阻恢复到正常值，使电动机正常运行时铜损耗小，效率高。

由于这种电机转子槽很深，漏磁通增多，所以正常运行时，转子漏抗x_2较大，因此深槽式异步电动机的功率因数和过载能力都比普通鼠笼异步电动机低。它的起动性能是靠降低一些工作性能而得到改善的。

3.2.4.2 双鼠笼式异步电动机

这种电机的结构如图3-14*a*所示，转子槽形如图*b*所示。电动机转子上有两套鼠笼，即外笼和内笼。外笼导体的截面积较小，通常用黄铜或铝青铜等电阻系数较大的材料制成，因而电阻大；内笼导体的截面积较大，用电阻系数较小的紫铜制成，因而电阻小。有的内外笼导体全为铸铝，只靠截面的大小来改变内、外笼的电阻。与深槽式异步电动机的道理一样，槽顶部即外笼交链的漏磁通少，槽底即内笼交链的漏磁通多，因此内笼的漏抗比外笼的漏抗大。起动时，转差率$s=1$，转子电流频率较高，转子漏抗大于电阻，两笼的电流分配取决于两者的漏抗大小。因为内笼具有较大的漏抗，转子电流被排挤到外笼中，起动时外笼起主要作用，所以外笼又叫起动笼。这时内笼几乎不起作用，好象只有起动笼工作一样。由于起动笼具有较大的电阻，较小的电抗，从而改善了电动机的起动特性，使起动电流较小，起动转矩较大。其单独作用的特性如图*c*中曲线1所示。正常运行时，s很小，$f_2=sf_1$，转子电流的频率很低，转子漏抗远小于转子电阻。这使两笼中电流的分配主要取决于电阻，转子电流大部分流入电阻小的内笼，产生正常运行时的电磁转矩。这时外笼几乎不起作用，内笼单独作用的特性如图*c*中曲线2所示。所以，内笼又叫运行笼。由以上分析可知，双鼠笼异步电动机不但具有较好的起动性能，而且具有较好的工作特性。它可以看成是两台鼠笼式异步电动机同轴运行。一台的转子为外笼，一台的转子为内笼，利用趋表效应自动进行切换。起动时相当于封闭运行笼，只有起动笼起作用。起动结束后，自动切换到运行笼上正常运行。它的机械特性可以看成是内笼和外笼特性的合成，如图*c*中曲线3所示。制造时变更内、外笼的参数，可以得到不同形状的合成特性。

和深槽式异步电动机一样，双鼠笼异步机的功率因数和过载能力也比普通鼠笼异步机低。

除此之外，还有高转差率鼠笼异步电动机，它的结构和普通鼠笼异步机完全相同，只

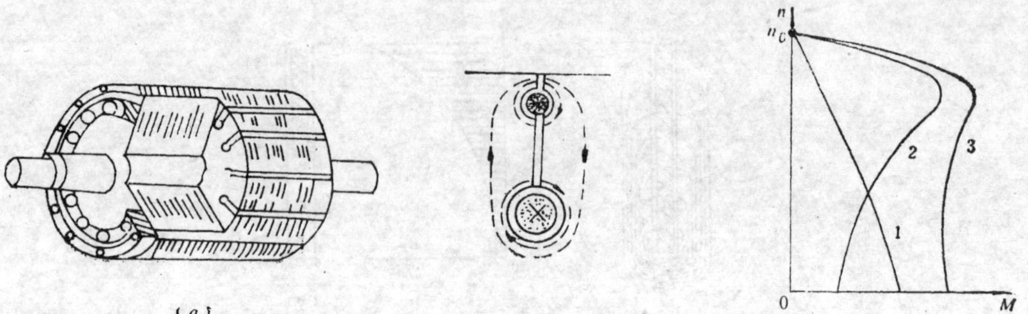

(a)　　(b)　　(c)

图 3-14　双鼠笼异步机转子的结构、漏磁通及机械特性

a—转子的结构；b—漏磁通；c—机械特性

是其转子导条的截面积小些，并且用电阻率较高的铝合金制成，使转子电阻加大，以限制起动电流，增大起动转矩。正常运行时，其转差率比普通鼠笼异步机高，因此叫高转差率鼠笼异步电动机。它的特性和三相异步电动机转子串电阻的人为特性相似。

3.2.5　大、中容量异步电动机重载起动——绕线式异步机起动

大、中容量异步电动机重载起动时，起动的两种矛盾同时存在。如果用绕线异步机转子串适当电阻起动，既可增大起动转矩，又可限制起动电流，就可以解决同时存在的两种矛盾。绕线电机常用转子串电阻和转子串频敏变阻器两种方法改善起动性能。

3.2.5.1　绕线电机转子串电阻起动

为加快起动过程，和直流机一样，采用逐段切除电阻的起动方法。其起动过程也和直流机相似。只不过这里必须同时切换三相电阻，以保证起动过程中三相始终是对称的，而且每段电阻对应的起动特性不是直线而是曲线罢了。起动电阻的计算方法也和直流机类似。下面以三级起动为例，说明起动电阻的计算过程。

A　机械特性的线性化

异步电动机的机械特性是非线性的，但分级起动时都工作在机械特性的工作段，即 $s<s_m$ 段。对于这一段，可以认为 $s/s_m \ll s_m/s$，忽略实用公式分母中的 s/s_m 项，可得

$$M=\frac{2M_m}{s_m}s \qquad (3\text{-}22)$$

这样就将异步电动机非线性的工作段近似成一条直线了。当 $M=M_m$ 时，实际特性曲线 $s=s_m$，而线性化后 $s=s_m/2$，如图3-15所示。异步电动机机械特性线性化后，虽然总体上有些误差，但在正常工作范围内，基本上与实际特性重合，误差并不大。

B　分级起动过程

三级起动的线路图和起动特性示于图 3-16 中。起动前加速接触器 1c、2c、3c 线圈全没电，其常开接点是打开的。现使线路接触器 XC 线圈有电，其常开接点闭合，电动机在串入全部电阻下起动，逐级短接起动电阻，一直加速到固有特性上的W点稳定运行为止。起动的快速性和平稳性都和起动级数及转矩 M_1 和 M_2 有关。那么起动级数 m 和 M_1、M_2 如何选择呢？

C　M_1、M_2 和 m 的选择

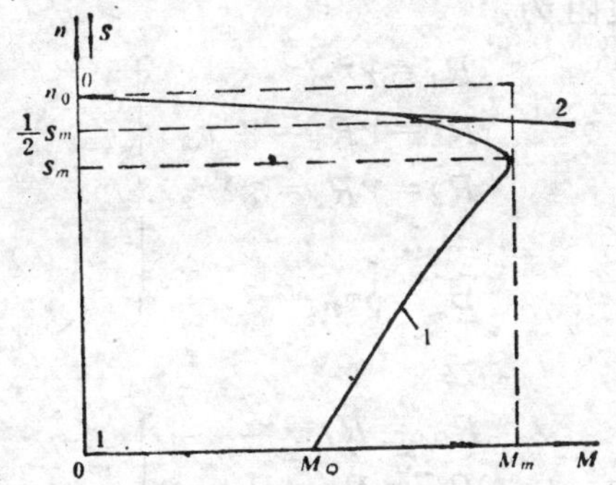

图 3-15 异步电动机机械特性的线性化

1—实际特性；2—线性化特性

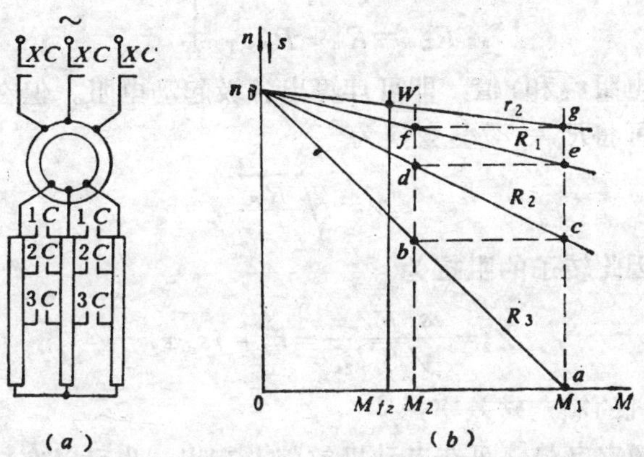

图 3-16 绕线式异步机转子串电阻三级起动线路及起动特性

a—线路图；b—分级起动特性

由于异步电动机的转矩与电压的平方成正比，考虑电源电压的允许降落，一般选最大起动转矩M_1为

$$M_1 \leqslant 0.85 M_m$$

考虑起动时的带负载能力和快速性，选切换转矩M_2为

$$M_2 = (1.1 \sim 1.2) M_{fz}$$

起动级数m越多，起动越平稳，而且起动过程中的平均转矩越大，起动越快。但是级数越多，所需要的开关元件越多，这样会增加设备投资和运行的不可靠性，维护检修比较费事。因此，除特殊标准设计的控制盘，起动级数m是给定的以外，一般选取$m = 3 \sim 4$。

D　解析法计算起动电阻

从式3-22知，当s不变时，电动机的转矩与临界转差率S_m成反比，又由式3-2知S_m与转子每相电阻成正比，所以，电动机的转矩与转子每相总电阻成反比。因此，对图3-16b的起动特性曲线，在n_g、n_e、n_c三个速度下，有如下关系

$$\frac{M_1}{M_2} = \frac{R_1}{r_2} = \frac{R_2}{R_1} = \frac{R_3}{R_2}$$

令　$$\frac{M_1}{M_2} = \gamma$$

如为m级，则各级每相总电阻为

$$\left.\begin{aligned}&R_1=\gamma r_2\\&R_2=\gamma R_1=\gamma^2 r_2\\&R_3=\gamma R_2=\gamma^3 r_2\\&\cdots\cdots\\&R_m=\gamma^m r_2\end{aligned}\right\}\tag{3-23}$$

转子各分段电阻为

$$\left.\begin{aligned}&R_{\Omega 1}=R_1-r_2\\&R_{\Omega 2}=R_2-R_1\\&R_{\Omega 3}=R_3-R_2\\&\cdots\cdots\\&R_{\Omega m}=R_m-R_{m-1}\end{aligned}\right\}\tag{3-24}$$

只要知道转子回路的电阻r_2和γ值，即可计算出各级起动电阻。但在工程上，有时是先知道起动级数m，这时可将$R_m=\gamma^m r_2$变换为

$$\gamma=\sqrt[m]{\frac{R_m}{r_2}}$$

一般转子绕组丫接，因此转子的阻抗为

$$Z_2=\frac{s_e E_{2e}}{\sqrt{3}\,I_{2e}}=r_2+js_e x_2$$

式中　s_e——电动机的额定转差率；

E_{2e}——转子额定电势。可在电动机铭牌上查出，也可以在转子开路，定子加额定电压时测得，因此也叫转子开口电势（V）；

I_{2e}——转子额定电流（A）。

又因为正常运行时s_e很小，$s_e x_2$很小，可近似认为

$$r_2=\frac{s_e E_{2e}}{\sqrt{3}\,I_{2e}}\quad\Omega\tag{3-25}$$

R_m为起动时转子的最大电阻。因为R_m很大，虽然起动瞬间$s=1$，仍可忽略电抗，近似认为

$$R_m=\frac{E_{2e}}{\sqrt{3}\,I_{2Q}}\quad\Omega$$

式中　I_{2Q}——起动转矩为M_1时的转子电流。

$$\therefore\ \gamma=\sqrt[m]{\frac{R_m}{r_2}}=\sqrt[m]{\frac{E_{2e}}{\sqrt{3}I_{2Q}}\times\frac{\sqrt{3}I_{2e}}{s_e E_{2e}}}=\sqrt[m]{\frac{I_{2e}}{s_e I_{2Q}}}$$

线性段$M\propto I_2$

$$\therefore\qquad\gamma=\sqrt[m]{\frac{M_e}{s_e M_1}}\tag{2-26}$$

如起动级数未知，将式2-26两边取对数，可得

$$m=\frac{\lg\left(\frac{M_e}{s_e M_1}\right)}{\lg\gamma}$$

到此可归纳出解析法计算起动电阻的步骤，当起动级数已知时：

1）预选M_1，计算γ；

2）验算M_2。$M_2=\dfrac{M_1}{\gamma}$，是否满足$M_2=(1.1\sim1.2)M_{fz}$；

3）计算r_2，用r_2和γ计算各级电阻值。

当起动级数未知时：

1）预选M_1、M_2求γ；

2）求起动级数m，取接近的整数，再修正γ；

3）计算r_2，用r_2和γ计算各级电阻值。

例3-5 绕线异步电动机，$P_e=30\text{kW}$，$U_{1e}=380\text{V}$，$I_{1e}=59.5\text{A}$，$E_{2e}=395\text{V}$，$I_{2e}=47\text{A}$，$\lambda_M=2.75$，$n_e=1460r/\text{min}$，拖动$0.8M_e$的负载。

求三级起动时转子串入的各级电阻？

解： 1）$M_1\leqslant0.85M_m=0.85\lambda_M M_e=0.85\times2.75M_e=2.34M_e$

预选$M_1=2.3M_e$

$$\gamma=\sqrt[m]{\frac{M_e}{s_e M_1}}=\sqrt[3]{\frac{M_e}{0.027\times2.3M_e}}=2.525$$

其中 $s_e=\dfrac{n_0-n_e}{n_0}=\dfrac{1500-1460}{1500}=0.027$

2）验算M_2

$$M_2=\frac{M_1}{\gamma}=\frac{2.3M_e}{2.525}=0.91M_e=1.138M_{fz}\text{，满足要求}$$

3）计算各段电阻值

$$r_2=\frac{s_e E_{2e}}{\sqrt{3}I_{2e}}=\frac{0.027\times395}{\sqrt{3}\times47}=0.131\Omega$$

$$R_1=\gamma r_2=2.525\times0.131=0.33\Omega$$

$$R_2=\gamma^2 r_2=2.525^2\times0.131=0.835\Omega$$

$$R_3=\gamma^3 r_2=2.525^3\times0.131=2.1\Omega$$

$$R_{\Omega1}=R_1-r_2=0.33-0.131=0.199\Omega$$

$$R_{\Omega2}=R_2-R_1=0.835-0.33=0.505\Omega$$

$$R_{\Omega3}=R_3-R_2=2.1-0.835=1.265\Omega$$

在计算起动电阻时，把异步电动机的机械特性工作段线性化了，因此计算结果有一定的误差。但在工程实践中，已完全能够满足要求。另外，在工程实践中，有时为了以较少数量的元件得到较多的加速级数，可在转子电路中串接不对称电阻，进行不对称切换。不对称电阻计算和对称电阻计算方法相似。而且对于用在桥式起重机和冶金机械上的绕线异步电动机，其起动电阻值已标准化，并与所用控制器配套，可根据电动机的容量，查有关手册和产品目录进行选配。所以，不对称电阻的计算方法这里就不介绍了。

3.2.5.2 绕线电机转子串频敏变阻器起动

转子串电阻起动的级数少时，起动不平滑，切换时冲击电流大；起动级数越多，起动越平滑，冲击电流越小。但是级数越多，需要的开关元件越多，线路越复杂，变阻器的体积越大，也给维修工作带来不少麻烦。能否实现既能平滑起动，线路又简单呢？绕线电机转子串频敏变阻器起动，就能实现这个愿望。频敏变阻器起动可以得到图3-17a所示的挖土机特性，相当于将起动电阻级数增加到无穷大，而线路却很简单。其线路如图3-17b所示。

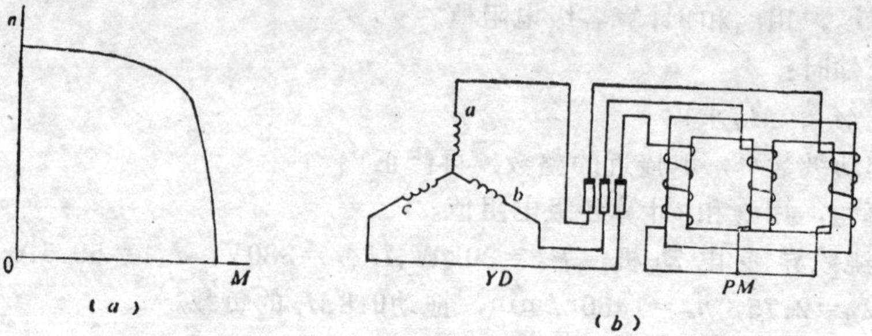

图 3-17 绕线电机转子串频敏变阻器起动的机械特性和线路图

a—起动特性；b—线路图

下面先介绍频敏变阻器的结构特点。图3-18a所示为其结构示意图。频敏变阻器是个带铁心的电抗器。从外形看，很象一个没有副绕组的变压器。但是它的结构和变压器有很大不同。它是用厚钢板或厚铁板叠成的。当线圈接到电机转子的滑环上时，在转子电势的作用下，将在铁心中产生很大的涡流损耗，相当于一个等效电阻。涡流损耗与电流频率的平方成正比。所以，这种等效电阻的大小是转子电流频率的函数，高频时阻值很大，低频时阻值很小，所以叫频敏变阻器。它就是一个铁损很大的铁心线圈，而线圈本身又是一个电抗器。它的电抗x_m和等效电阻R_m一样，也取决于铁心中交变磁通的频率。因此，转子电流可以分为两个分量，即产生交变磁通的励磁电流I_L和产生铁损的有功分量I_T。频敏变阻器的并联等值电路是由R_m和x_m并联，再和线圈本身的电阻r_p串联组成的，如图3-18b所示。R_m和x_m比一般变压器的铁损电阻和励磁电抗小得多，因此，将它串在转子电路里，既能限制起动电流，又不会使电流变得象普通变压器励磁电流那样小，以致于产生不出足够的起动转矩。这是由于铁心由厚钢板叠成，涡流大，并联参数R_m小；又因为工作磁密设计得比较高，铁心容易饱和，使x_m小。

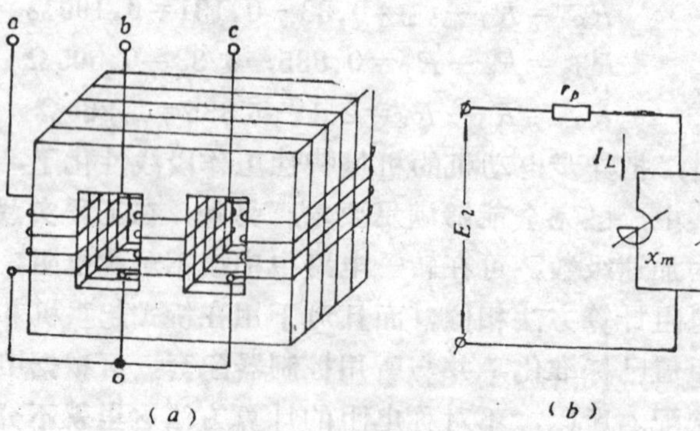

图 3-18 频敏变阻器的结构示意图及等值电路

a—结构示意图；b—等值电路

下面简述工作原理。起动瞬间$s=1$，$f_2=sf_1=f_1$，$x_m>R_m$，$\dot{I}_2$大部分流过电阻支路，相当于转子串电阻起动，起动电流小，起动转矩大，而且提高了转子电路的功率因数。随着转速的增加，s减小，转子频率sf_1减小，R_m和x_m都减小，相当于连续自动地切除起动电阻。虽然R_m和x_m都随转子频率的减小而自动减小，但因电抗x_m数值大于电阻R_m，所以x_m比R_m减小得快，导致起动电流在R_m和x_m中不断地重新分配。当转速上升到接近或等于额定转速时，转子频率只有1～3Hz左右，使x_m趋于零。从等值电路可以看出，此时电阻R_m几乎被短路，转子电流几乎全部流经x_m。同时，铁心中涡流趋表效应的强弱也随转子频率而变化，同样也引起R_m和x_m的变化。因此可以说，在整个起动过程中，随着转速的升高，R_m和x_m逐渐减小，阻抗被自动连续地切除。如果频敏变阻器的参数选得合适，可以使电动机在整个起动过程中的电磁转矩几乎保持不变，得图3-17a所示的"起动特性"，获得较大的加速度。

由于铁心磁路的磁阻具有非线性的性质，因而频敏变阻器的等效阻抗是一个非线性时变参数，计算起来相当复杂。工程上大都根据实验结果，给出特定产品的经验公式或使用表格，供使用者参考。用时可查工程手册和产品目录。

3.2.6 异步电动机起动时间的计算

异步电动机的机械特性是一个非线性函数，除绕线电机转子串电阻分级起动可用类似于直流机分析过渡过程的方法外，一般都采用图解法计算。图解法虽然有一定误差，但直观，是处理很多工程问题的实用方法。考虑到工程上对大多数交流电动机拖动系统过渡过程要求不严格，下面只研究在空载起动时，计算起动时间所用的解析方法。

异步电动机拖动系统的起动过程和直流机拖动系统一样，也有电磁过渡过程和机械过渡过程，但是电磁过渡过程很快，对电动机的加速影响不大，所以下面只研究机械过渡过程。

在理想空载时，$M_{fz}=0$，运动方程式为

$$M=\frac{GD^2}{375}\frac{dn}{dt}$$

再考虑到异步电动机的实用公式，则异步电动机拖动系统的运动方程式为

$$\frac{2M_m}{\frac{s}{s_m}+\frac{s_m}{s}}=\frac{GD^2}{375}\frac{dn}{dt}$$

又由$n=n_0(1-s)$有$\frac{dn}{dt}=-n_0\frac{ds}{dt}$，可得

$$\frac{2M_m}{\frac{s}{s_m}+\frac{s_m}{s}}=-\frac{GD^2n_0}{375}\frac{ds}{dt}$$

$$dt=-\frac{GD^2n_0}{2\times375M_m}\left(\frac{s}{s_m}+\frac{s_m}{s}\right)ds$$

令 $T_{Mj}=\frac{GD^2n_0s_m}{375M_m}$为异步电动机拖动系统空载起动时的机电时间常数。

于是

$$dt=-\frac{T_{Mj}}{2}\left(\frac{s}{s_m^2}+\frac{1}{s}\right)ds$$

因此，从s_1到s_2的过渡过程时间为

$$t=\frac{T_{Mj}}{2}\int_{s_2}^{s_1}\left(\frac{s}{s_m^2}+\frac{1}{s}\right)ds$$

则空载过渡过程时间的一般表达式为

$$t_0=\frac{T_{Mj}}{2}\left(\frac{s_1^2-s_2^2}{2s_m^2}+\ln\frac{s_1}{s_2}\right) \tag{3-27}$$

空载起动时，$s_1=1$，$s_2\approx 0$，所以$t_q\to\infty$。但在工程上，当$s=0.02\sim0.05$时，即认为起动过程结束。将此条件代入式3-27中，当$s_2=0.02$时

$$(t_{q0})_{0.02}=\frac{T_{Mj}}{2}\left(\frac{1-0.02^2}{2s_m^2}+\ln\frac{1}{0.02}\right)$$

而$0.02^2\ll 1$，可忽略不计。

$$\therefore\quad (t_{q0})_{0.02}=T_{Mj}\left(\frac{1}{4s_m^2}+1.96\right) \tag{3-28}$$

当$s=0.05$时

$$(t_{q0})_{0.05}=T_{Mj}\left(\frac{1}{4s_m^2}+1.5\right) \tag{3-29}$$

例3-6 一台异步电动机，$P_e=7.5\text{kW}$，$n_e=1450\text{r/min}$，$U_{1e}=380\text{V}$，定子△接，$I_{1e}=14.9\text{A}$，$K_I=7$，$K_M=1.4$，$\lambda_M=2$。电力拖动系统的$GD^2=5\text{N}\cdot\text{m}^2$。求空载起动到$s=0.05$的时间。

解：

$$(t_{q0})_{0.05}=T_{Mj}\left(\frac{1}{4s_m^2}+1.5\right)$$

其中

$$s_m=s_e\left(\lambda_M+\sqrt{\lambda_M^2-1}\right)=\frac{n_0-n_e}{n_0}\left(\lambda_M+\sqrt{\lambda_M^2-1}\right)$$

$$=\frac{1500-1450}{1500}\left(2+\sqrt{2^2-1}\right)=0.124$$

$$T_{Mj}=\frac{GD^2 n_0 s_m}{375M_m}=\frac{GD^2 n_0 s_m}{375\times2\times9550\dfrac{P_e}{n_e}}=\frac{5\times1500\times0.124}{375\times2\times9550\times\dfrac{7.5}{1450}}=0.025\text{s}$$

$$\therefore\quad (t_{q0})_{0.05}=0.025\left(\frac{1}{4\times0.124^2}+1.5\right)=0.444\text{s}$$

例3-7 有一台三相异步电动机，$P_e=280\text{kW}$，$U_{1e}=6000\text{V}$，$I_{1e}=36.2\text{A}$，$n_e=490\text{r/min}$，$E_{2e}=484\text{V}$，$I_{2e}=352\text{A}$，$\lambda_M=2.35$，系统的$GD^2=4116\text{N}\cdot\text{m}^2$。试计算进行两级空载起动的时间。

解：

$$M_1=0.85\times\lambda_M M_e=0.85\times2.35M_e=2M_e$$

$$\gamma=\sqrt{\frac{M_e}{s_e M_1}}=\sqrt{\frac{M_e}{0.02\times2M_e}}=5$$

其中

$$s_e=\frac{n_0-n_e}{n_0}=\frac{500-490}{500}=0.02$$

$$M_2=\frac{M_1}{\gamma}=\frac{2M_e}{5}=0.4M_e$$

$$r_2=\frac{s_e E_{2e}}{\sqrt{3}\,I_{2e}}=\frac{0.02\times 484}{\sqrt{3}\times 352}=0.016\ \Omega$$

$$R_1=\gamma r_2=5\times 0.016=0.08\ \Omega$$

$$R_2=\gamma^2 r_2=5^2\times 0.016=0.4\ \Omega$$

由式3-1知，当M不变时，$\frac{r_2'}{s}$＝常数，即转差率s与转子每相总电阻成正比。根据这一关系，可计算出图3-19中各s值。

$$\because\quad \frac{s_2}{s_1}=\frac{R_1}{R_2}=\frac{0.08}{0.4}\ ,\quad \therefore s_2=0.2$$

$$\because\quad \frac{s_3}{s_2}=\frac{r_2}{R_1}=\frac{0.016}{0.08},\quad \therefore s_3=0.04$$

$$\because\quad \frac{0.4M_e}{M_e}=\frac{s_W}{s_e}\ ,\quad \therefore s_W=0.4s_e=0.4\times 0.02=0.008$$

$$s_m=s_e\left(\lambda_M+\sqrt{\lambda_M^2-1}\right)=0.02\left(2.35+\sqrt{2.35^2-1}\right)=0.09$$

$$s_{m1}=\frac{R_1}{r_2}s_m=\frac{0.08}{0.016}\times 0.09=0.45$$

$$s_{m2}=\frac{R_2}{r_2}s_m=\frac{0.4}{0.016}\times 0.09=2.25$$

$$T_{Mj}=\frac{GD^2n_0s_m}{375M_m}=\frac{GD^2n_0s_m}{375\times\lambda_M\times 9550\frac{P_e}{n_e}}=\frac{4116\times 500\times 0.09}{375\times 2.35\times 9550\times\frac{280}{490}}$$

$$=0.039\text{s}$$

$$T_{Mj1}=\frac{GD^2n_0s_{m1}}{375\lambda_M\times 9550\ \frac{P_e}{n_e}}=\frac{4116\times 500\times 0.45}{375\times 2.35\times 9550\times\frac{280}{490}}=0.193\text{s}$$

$$T_{Mj2}=\frac{GD^2n_0s_{m2}}{375\lambda_M\times 9550\frac{P_e}{n_e}}=\frac{4116\times 500\times 2.25}{375\times 2.35\times 9550\frac{280}{490}}=0.963\text{s}$$

$$t_{s_1-s_2}=\frac{T_{Mj2}}{2}\left(\frac{s_1^2-s_2^2}{2s_{m2}^2}+\ln\frac{s_1}{s_2}\right)=\frac{0.963}{2}\left(\frac{1-0.2^2}{2\times 2.25^2}+\ln\frac{1}{0.2}\right)=0.82\text{s}$$

$$t_{s_2-s_3}=\frac{T_{Mj1}}{2}\left(\frac{s_2^2-s_3^2}{2s_{m1}^2}+\ln\frac{s_2}{s_3}\right)=\frac{0.193}{2}\left(\frac{0.2^2-0.04^2}{2\times 0.45^2}+\ln\frac{0.2}{0.04}\right)=0.164\text{s}$$

$$t_{s_3-s_w}=\frac{T_{mj}}{2}\left(\frac{s_3^2-s_w^2}{2s_m^2}+\ln\frac{s_3}{s_w}\right)=\frac{0.039}{2}\left(\frac{0.04^2-0.008^2}{2\times 0.09^2}+\ln\frac{0.04}{0.008}\right)$$

$$=0.033\text{s}$$

$$t_{q0}=t_{s_1-s_2}+t_{s_2-s_3}+t_{s_3-sw}=0.82+0.164+0.033=1.017s$$

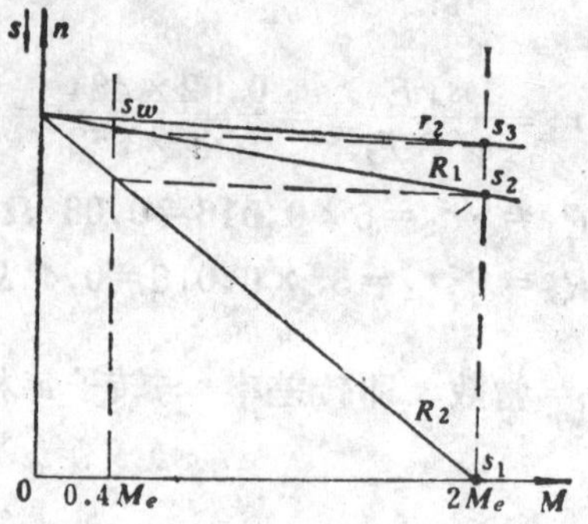

图 3-19 计算起动时间的特性曲线

3.3 三相异步电动机的制动运行状态

与直流电动机一样，三相异步电动机的工作状态也分为电动运行状态和制动运行状态。电动运行状态的特点是：电动机转矩M与其转速n同方向。此时转差率s在0和1之间。机械特性位于第一象限和第三象限。第一象限M与n全为正，叫正向电动状态；第三象限M与n全为负，叫反向电动状态。电动状态时，电能转换成机械能。制动运行状态和电动运行状态相反，电动机的转矩M与转速n的方向相反，转矩M对电动机起制动作用，是制动转矩。机械特性位于第二象限和第四象限。制动过程中，机械能变为电能。异步电动机的制动运行状态也分为反接制动、能耗制动和回馈制动三种。

3.3.1 反接制动运行状态

所谓反接制动运行状态，是指转子旋转方向和旋转磁场方向正好相反，即转速n与同步转速n_0反向的运转状态。要实现这种运行状态，一是保持定子磁势旋转方向不变，使转子反转，叫转子反转的反接制动；二是保持转子转向不变，使定子磁势旋转方向改变。而定子磁势旋转方向只有在定子两相反接时才能反向，所以，叫定子两相反接的反接制动。

3.3.1.1 转子反转的反接制动

如何实现 转子反转的反接制动也叫负载倒拉反接制动。在图3-20a中，一台绕线异步电动机正在提升重物G，电动机以n_A转速提升重物，如图3-20b所示。此时线路中接触器的常开接点全部闭合，转子回路没有外串电阻。若使接触器1C线圈断电，其常开接点打开，串入$R_{\Omega1}$电阻，系统以较低的转速n_B提升重物。如再使接触器2C线圈断电，其常开接点打开，串入两段电阻，得特性3。在稳定运行时，$M=M_{fz}$，$n=0$，既不提升重物也不下放重物。再进一步使接触器3C的线圈断电，转子回路中串入全部电阻，得特性4。在$n=0$时，电动机转矩M小于负载转矩M_{fz}，于是位能负载转矩M_{fz}就拉着电动机反转，使电动机逆时针方向转动。M与n反方向，为制动状态。因为是转子反转，使转速n与n_0反向，所以叫转子反转的反接制动。又因为此过程中位能负载转矩为拖动转矩，拉着电动机反转，所以又叫负载倒拉反接制动。电动机转矩是制动转矩，起限速作用，使电动机下放重物时不会出现危险的高速度。因为转子反转的反接制动过程中，转矩为正，转速为负，所以特性在第四象限。

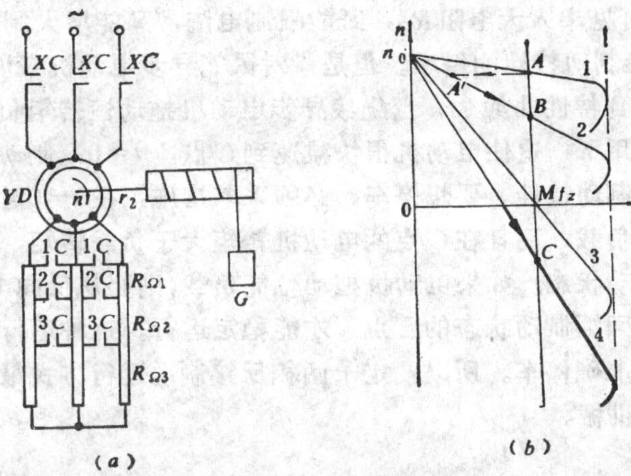

图 3-20 转子反转的反接制动线路原理图和机械特性

a—原理图；b—机械特性

从转子反转的反接制动实现过程看，要达到这种运行状态，必须同时具备两个条件：其一是绕线异步电动机转子回路要串入足够大的电阻；其二是要在位能负载反拖下，将机械特性延伸到第四象限。

因为此时转子电势sE_2大于额定电势E_{2e}，转子电流很大，所以，转子串入足够大的电阻也起了限流作用。

能量关系　从能量关系看，电磁功率$P_{dc}=3I_2'^2(r_2'+R_\Omega')/s$；机械功率$P_j=3I_2'^2(r_2'+R_\Omega')\cdot(1-s)/s$。由于$s>1$，所以$P_{dc}>0$，$P_j<0$。说明在转子反转的反接制动过程中，既从电源吸收电功率又从位能负载吸收机械功率。那么这些功率到哪去了呢？我们知道，转子回路的损耗是电磁功率P_{dc}和机械功率P_j之和，即

$$P_{dc}+P_j=3I_2'^2(r_2'+R_\Omega')/s+[-3I_2'^2(r_2'+R_\Omega')(1-s)/s]=3I_2'^2(r_2'+R_\Omega')$$
$$=3I_2^2(r_2+R_\Omega)$$

由上式看出，两部分功率刚好等于转子的铜耗p_{Cu2}。这说明在转子反转的反接制动过程中，电动机将从电源吸收的电能和从位能负载得到的机械能变成的电能全部消耗在转子电阻上。一部分消耗在转子本身的电阻r_2上，大部分消耗在外串电阻R_Ω上。这样可以减小转子的发热程度。

特点及应用　综上所述，在转子反转的反接制动时，转差率$s>1$，运转过程中能量消耗多。这种运行状态宜用于下放位能负载。改变转子回路外串电阻值的大小，可以改变下放重物的速度。

3.3.1.2 定子两相反接的反接制动

实现过程及应用　异步电动机原运行于电动状态，例如工作在图3-21 b所示的A点上。现在把定子两相绕组的出线头对调后，接到电源上，如图3-21 a所示。由于定子通电的相序反了，改变了定子旋转磁场的旋转方向。电动机电动状态时的机械特性过n_0点，现在特性过$-n_0$点。因为定子两相反接瞬间转速来不及变化，仍顺时针旋转，所以转差率$s>1$。若从额定转速n_e进行反接制动，反接制动瞬间$s\approx2$（$n_e\approx n_0$），$sE_2\approx2E_2$，

使转子电流很大。为了限制电流，在转子回路中要串入大电阻R_Ω。这样可以得到图3-21b中的特性曲线2。可见串入大电阻R_Ω，既能限制电流，又能增大制动转矩，还可以通过改变R_Ω的大小来改变制动特性的斜率。但是，对鼠笼异步电动机来说，由于转子不能串入电阻，所以只能得到特性曲线3。当绕线异步电动机拖动恒转矩负载时，在电动机转矩和负载转矩的共同作用下，迫使电动机很快减速到C点，$n=0$，制动结束。BC段特性为定子两相反接的反接制动特性。要想停车，必须采取措施，在$n=0$时立即拉闸。否则，如果电动机拖动反抗性负载，而且在C点的电动机转矩大于负载转矩，则将反向起动到D点稳定运行，为反向电动状态。如果电动机拖动位能负载，则要从反向电动状态继续加速到$n=-n_0$点，再到反向回馈制动状态的E点，才能稳定运行。这种运行方式用于迅速停车时的问题是，不易控制准确停车。所以，定子两相反接制动运行方式最适用于要求频繁起制动、正反转的生产机械。

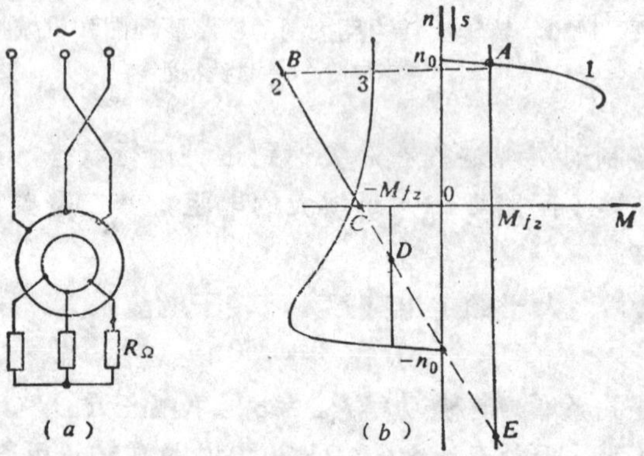

图 3-21　异步电动机定子两相反接的反接制动

a—线路原理图；b—机械特性

制动的物理过程　下面，从异步电动机的作用原理讨论反接制动瞬间的物理过程。异步电动机的定子旋转磁场，可视为一对固定的磁极以同步转速在空间旋转，如图3-22所示。图a表示电动状态时，旋转磁场顺时针旋转，转子导体切割磁场的方向为逆时针方向。根据右手定则，判断出如图所示的转子感应电势和感应电流的方向为上⊙下⊗。再由左手定则判断出转矩M的方向为顺时针方向，电动机产生的拖动转矩推动转子旋转，M与n同方向。现将定子两相反接，定子旋转磁场转速n_0变为逆时针方向。由于机械惯性的影响，转速n仍保持顺时针方向，因此转子切割磁场的方向变为顺时针方向，使转子感应电势和感应电流反向，从而使转矩M反向。M与n的方向相反，为制动状态，如图b所示。因为此时n_0与n反方向，又由于是定子两相反接使n_0反向所致，所以叫定子两相反接的反接制动。导体切割磁场的速度从电动状态的(n_0-n)变为(n_0+n)，所以感应电势和感应电流很大，应在转子回路中串入大电阻限流。

两种反接制动的异同点　这种运行状态下的转差率$s>1$。所以，两种反接制动的共同特点是：$s>1$。从功率关系看，是将从电源吸收的电能和轴上的机械能变成的电能，全部消耗在转子回路电阻上，转变成热能。消耗能量比较多，不经济。不同点是机械能的来

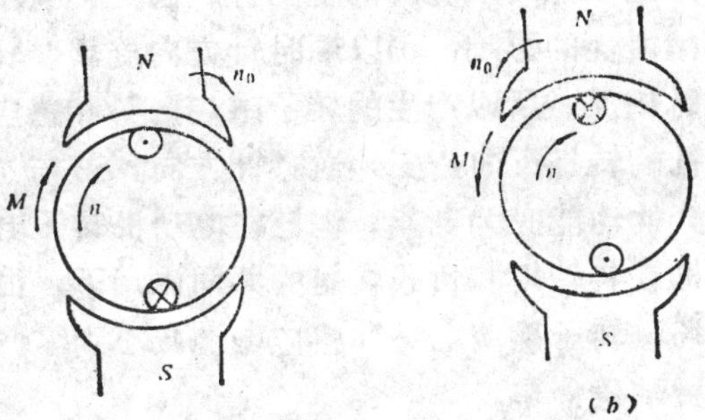

(a)　　(b)

图 3-22　异步电动机的磁场模型

a—电动状态；*b*—反接制动

源。转子反转的反接制动时，机械能是由位能负载提供的；定子两相反接的反接制动时，则是转动系统中储存的动能提供的。因此，前者可以恒速下放重物；后者只能降速。随着转速的降低，储存的动能逐渐减少，待全部转换完毕即停车，所以，不可能维持恒速旋转。

3.3.2　能耗制动运行状态

定子两相反接的反接制动可以用于快速停车，但是由于$n=0$时，电动机转矩不等于零，因此不易控制准确停车。如果生产机械要求控制准确停车，可以采用能耗制动运行方式。

如何实现　异步电动机的能耗制动，是将电动机的定子绕组从三相电源上拉开，立即给定子绕组通入直流电流。当车间无直流电源时，可以采用图3-23*a*所示的电路；若有直流电源，可采用图*b*所示的接线方式，也可以用可控硅装置做成可调电源。图3-23的线路中，接触器XC的常开接点闭合时，电动机定子接到三相交流电源上，电动机运行于电动状态。若要进行能耗制动，则使接触器XC的线圈断电，XC的三个常开接点打开，电动机脱离三相交流电源。同时立即使接触器ZC的线圈有电，ZC的常开接点闭合，定子两相绕组内通入直流电流。

制动的物理过程　正向电动状态各物理量的方向如图3-24*a*所示。将定子绕组从三相

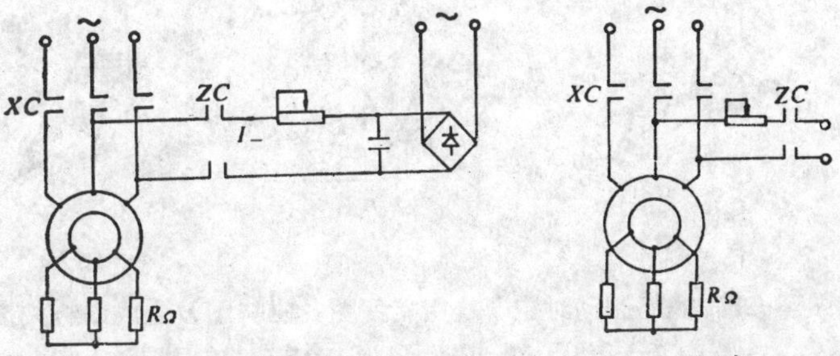

(a)　　(b)

图 3-23　绕线转子异步电动机能耗制动接线图

a—无直流电源时接线图；*b*—有直流电源时接线图

电源拉开，通入直流电时，定子磁场从旋转的变为位置固定、大小不变的恒定磁场，如图3-24 *b* 所示。转子由于机械惯性的影响，仍以顺时针方向旋转。转子导体切割恒定磁场，由于切割方向与电动状态时相反，所以产生的转子感应电势和感应电流的方向，与电动状态的方向相反，致使电动机的转矩反向，变为逆时针方向。M与n方向相反，为制动状态。把异步电动机转动部分的动能变为电能，消耗在电动机转子电路的电阻上，所以叫能耗制动。与此同时，电动机在其转矩和负载转矩的共同作用下，很快降速。当转速等于零时，转子导体不再切割磁场，转子感应电势和感应电流减小到零，电动机不再产生电磁转矩，从而可以控制生产机械准确停车。

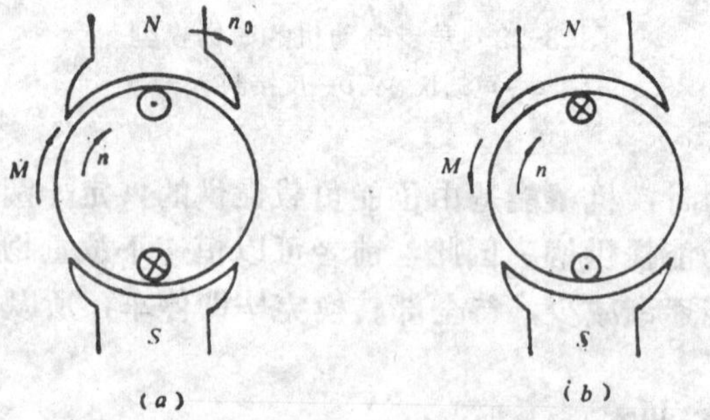

图 3-24　能耗制动的异步电动机磁场模型

a—电动状态；*b*—能耗制动

能耗制动的机械特性　如图3-24 *b* 所示情况，电动机转矩为负、转速为正，所以能耗制动状态的机械特性在第二象限。那么机械特性的形状怎样呢？下面推导能耗制动时的机械特性方程式。为了分析异步电动机能耗制动状态的机械特性，首先将直流电流产生的不对称励磁系统，用磁势幅值与它等效的对称三相交流励磁系统来代替。现以图3-25 *a* 所示的定子接线方式为例进行分析。两相绕组中通入直流电流I_-，产生的磁势F_-为两相磁势的矢量和。图3-25 *b* 表示定子绕组产生的空间彼此有位移的磁势。由于两相绕组在空间相差120°，所以得到图3-25*c*所示的合成磁势矢量图。合成的直流磁势为

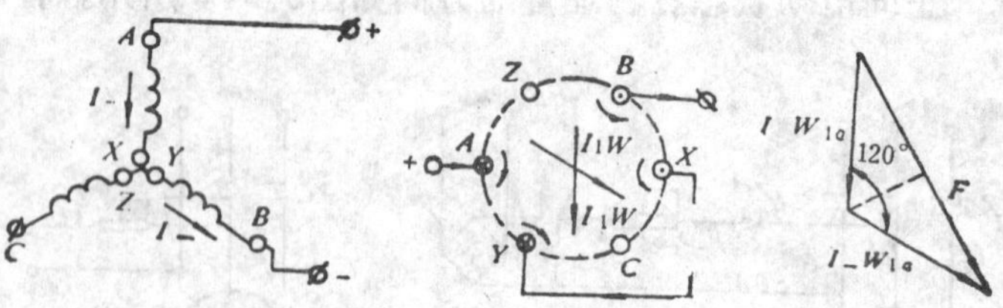

图 3-25　能耗制动时定子绕组接线图、磁势图及合成磁势矢量图

a—接线图；*b*—磁势图；*c*—合成磁势矢量图

$$F_-=2I_-W_{1a}\cos30^\circ=\frac{2I_-W_{1a}\sqrt{3}}{2}=\sqrt{3}\,I_-W_{1a}$$

三相对称绕组通入三相对称交流电流时，产生的旋转磁势的幅值$F_{\sim}$，是一相磁势幅值F_m的3/2倍，表示为

$$F_{\sim}=\frac{3}{2}F_m=\frac{3}{2}\sqrt{2}I_1W_{1a}$$

式中　I_1——定子相电流的有效值；

W_{1a}——定子每相绕组的串联有效匝数。

令　$F_{\sim}=F_{-}$，即

$$\frac{3}{2}\sqrt{2}I_1W_{1a}=\sqrt{3}I_{-}W_{1a}$$

于是等效交流电流为

$$I_1=\sqrt{\frac{2}{3}}I_{-}=0.816I_{-}$$

有了与直流电流I_{-}等效的交流电流I_1，就可以把能耗制动时的异步电动机，表示为正常接线的异步电动机，用研究三相异步电动机的方法，来研究能耗制动。

用电流表示的磁势平衡方程式为

$$\dot{I}_0=\dot{I}_1+\dot{I}_2'$$

式中　$\dot{I}_0$——励磁电流，表示合成磁势；

$\dot{I}_1$——定子电流，表示定子磁势。此时定子中通入I_{-}产生的定子磁势和等效交流电流$I_1=0.816I_{-}$产生的定子磁势相等；

$\dot{I}_2'$——转子电流的折合值，表示折算到定子边的转子电流产生的转子磁势。

当忽略励磁电流的有功分量时，其无功分量$\dot{I}_\mu$近似等于$\dot{I}_0$。于是，在图3-26中画出了异步电动机能耗制动时的电流相量图。由图可得

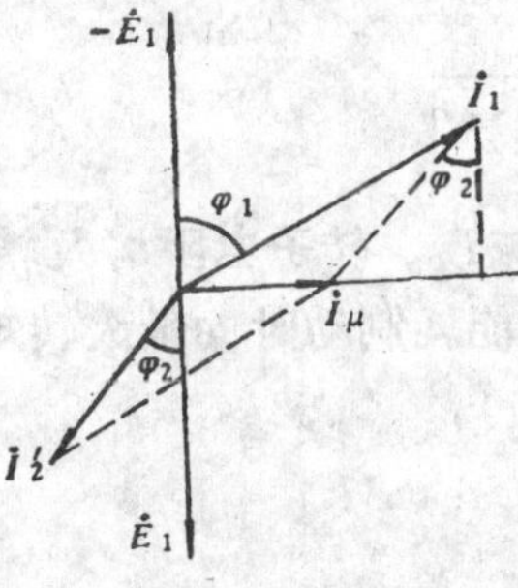

图 3-26　异步电动机能耗制动时的电流相量图

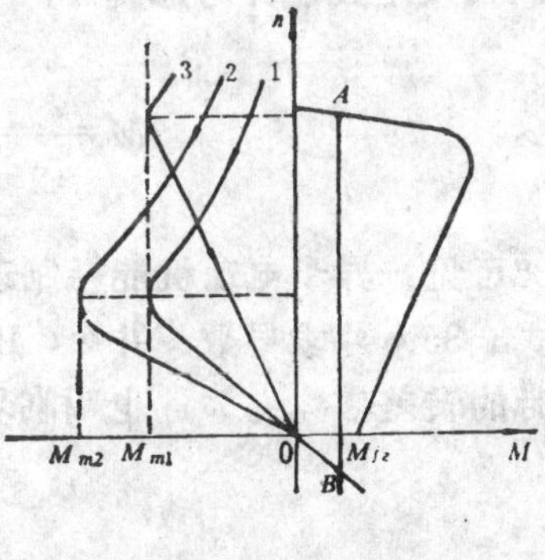

图 3-27　异步电动机能耗制动的机械特性

$$I_1^2=I_2'^2\cos^2\varphi_2+(I_\mu+I_2'\sin\varphi_2)^2$$

$$\therefore\quad I_1^2=I_2'^2+2I_\mu I_2'\sin\varphi_2+I_\mu^2 \tag{3-30}$$

设能耗制动时的转差率$s_N=\frac{n}{n_0}$，也叫相对转速。在同步转速下，即$n=n_0$时，$s_N=1$，转子

感应电势为E_2，转子每相电抗为x_2。那么在另一转速n之下，转子电势将是$s_N E_2$， 转子每相电抗将是$s_N x_2$，对转子电路可得

$$I'_2=\frac{s_N E'_2}{Z'_2} \tag{3-31}$$

式中 Z'_2——转子每相阻抗的折合值。

$$I_\mu=\frac{E_1}{x_m}$$

式中 E_1——定子电势；

x_m——励磁电抗。

$$E_1=E'_2=\frac{I'_2 Z'_2}{s_N}$$

$$\therefore \quad I_\mu=\frac{I'_2 Z'_2}{s_N x_m} \tag{3-32}$$

$$\sin\varphi_2=\frac{s_N x'_2}{Z'_2} \tag{3-33}$$

将式3-32和式3-33代入式3-30，整理以后得

$$I'_2=\frac{I_1 x_m}{\sqrt{\left(\frac{r'_2}{s_N}\right)^2+(x_m+x'_2)^2}} \tag{3-34}$$

此时电动机的电磁转矩为

$$M=\frac{P_{dc}}{\Omega_0}=\frac{m_1 I'^2_2\frac{r'_2}{s_N}}{\Omega_0}$$

将式3-34代入上式，并考虑到$\Omega_0=2\pi f_1/p$，得

$$M=\frac{m_1 p I_1^2 x_m^2\frac{r'_2}{s_N}}{2\pi f_1\left[\left(\frac{r'_2}{s_N}\right)^2+(x_m+x'_2)^2\right]} \tag{3-35}$$

由式3-35可见，异步电动机能耗制动时的转矩是等效电流I_1、转子电阻r'_2及转差率s_N的函数。将式3-35对s_N求导数，并令$dM/ds_N=0$，即可求得能耗制动时的最大转矩和 产 生最大转矩时的转差率s_{mN}。s_{mN}也叫临界相对转速。

$$s_{mN}=\frac{r'_2}{x_m+x'_2} \tag{3-36}$$

$$M_m=\frac{m_1 p I_1^2 x_m^2}{4\pi f_1(x_m+x'_2)} \tag{3-37}$$

以式3-37除以式3-35，并利用式3-36，可得能耗制动状态机械特性的实用表达式为

$$M=\frac{2M_m}{\frac{s_{mN}}{s_N}+\frac{s_N}{s_{mN}}} \tag{3-38}$$

可见异步电动机能耗制动状态的机械特性方程式，与异步电动机接在三相交流电网上正常运行时的机械特性方程式是相似的。根据式3-35或式3-38,可以画出如图3-27所示的机械特性曲线1。假设磁路不饱和，x_m是常数。转子电阻增加时，s_{mN}增大，M_m保持不变，而得到特性曲线3（曲线1和曲线3的I_1相同）。如果保持转子电阻不变，而改变等效交流电流I_1，即改变直流励磁电流I_-时，s_{mN}不变，M_m与I_1^2成正比地变化，从而得到I_1不同，转子电阻相同的特性曲线1和特性曲线2。它和异步电动机改变定子电压的人为特性变化规律相同。这是因为改变定子电压就改变了气隙磁通Φ_m的大小，而改变直流电流I_-也将改变恒定磁场的数值。二者实质相同，所以特性变化的规律也相同。

能耗制动运行状态的机械特性形状和电动状态时相似，但是临界点的数值不同。因为能耗制动时的电抗（x_m+x_2'）比电动状态时的（x_1+x_2'）大的多，所以能耗制动时的s_{mN}比电动状态的s_m小。最大转矩随直流电流的大小而变化，可以大于、等于或小于电动状态电压为额定值时的M_m'值。

特点及应用　由于机械特性过原点，$n=0$时$M=0$，所以可用于反抗性负载确保停车。如果电动机正在拖动位能负载进行能耗制动，随着制动过程的进行，提升重物的速度越来越低，到$n=0$时停止提升重物。此时$M=0$，但是在负载转矩的拖动下，使电动机反转，改为下放重物，特性延伸到第四象限。到$M=M_{fz}$时，稳定下放重物，如图3-27中的B点所示。下放重物过程中，将一部分位能变为电能，消耗在转子回路电阻上。

上述分析是基于$x_m=$常数的条件进行的。实际上，能耗制动过程中，励磁电抗x_m不是常数。但由于x_m的变化对电机的运行影响不大，所以在理论分析时可认为x_m为常数。

在绕线异步电动机拖动系统中，采用能耗制动时，可用下列两式计算异步电动机定子直流励磁电流I_-与转子电路所串电阻R_Ω

$$I_-=(2\sim3)I_0 \tag{3-39}$$

式中　I_0——异步电动机的空载电流，一般$I_0=(0.2\sim0.5)I_{1e}$。I_{1e}为定子额定电流。

$$R_\Omega=(0.2\sim0.4)\frac{E_{2e}}{\sqrt{3}\,I_{2e}}-r_2 \tag{3-40}$$

利用式3-39和式3-40计算所得数据，可以保证快速停车，并使最大制动转矩$M_m=(1.25\sim2.2)M_e$。

不同的定子绕组接线方式，通入直流励磁电流后的定子磁势、等效电流、直流电压和功率等都不同。其他常用接线方式的各种数据，可参阅表3-5。

3.3.3　回馈制动运行状态

制动的物理过程及能量关系　在直流电力拖动系统中，回馈制动的特点是$n>n_0$，电能被送回电网。在异步电动机拖动系统中，由于某种原因使电动机转速$n>n_0$时，是什么运行方式呢？在正向电动状态时，电动机顺时针方向旋转。现在电动机仍保持顺时针方向旋转，只是$n>n_0$，则转子切割磁场的方向变为顺时针方向，从而使转子中的感应电势和感应电流改变方向，因此产生逆时针方向的转矩M，M与n反方向，为制动状态。各量的方向如图3-28所示。这时的能量关系为

$$P_{dc}=m_1I_2'^2\frac{r_2'}{s}<0;\quad P_j=(1-s)P_{dc}<0$$

表 3-5

不同的定子绕组接线方式下的特征参数

序　　号	1	2	3	4	5
定 子 接 线	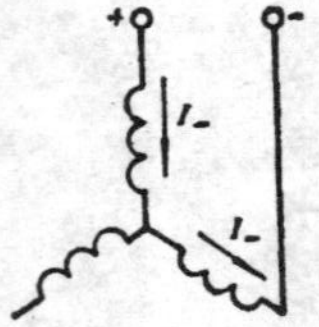	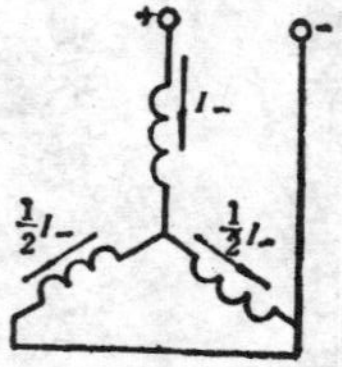	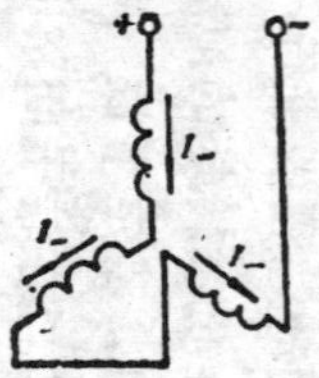	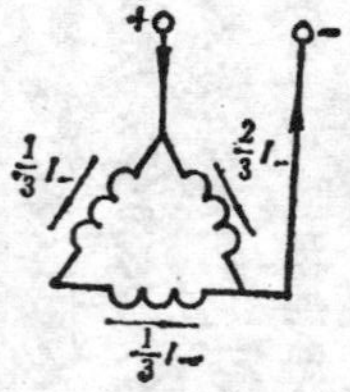	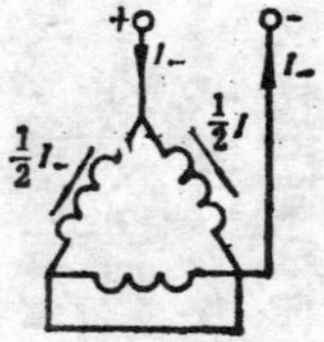
定 子 磁 势	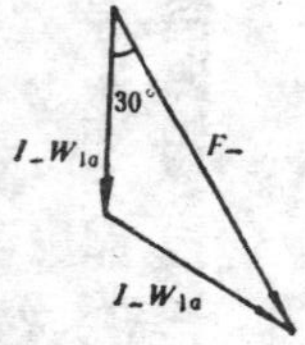	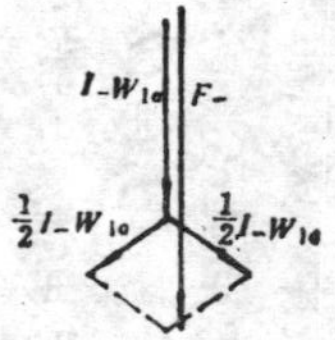	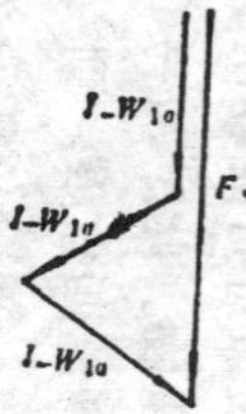	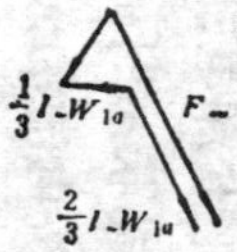	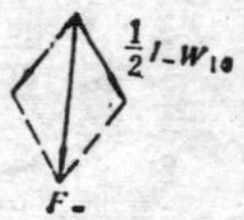
直流磁势F_-	$\sqrt{3}I_-W_{1a}$	$3/2I_-W_{1a}$	$2I_-W_{1a}$	I_-W_{1a}	$\sqrt{3}/2I_-W_{1a}$
等效交流电流I_1（相电流）	$\sqrt{2/3}I_-$	$\sqrt{1/2}I_-$	$2/3\sqrt{2}I_-$	$\sqrt{2}/3I_-$	$1/2\sqrt{2/3}I_-$
所需直流电流I_-	$1.23I_1$	$1.41I_1$	$1.06I_1$	$2.12I_1$	$2.45I_1$
直流电阻R_z	$2r_1$	$3/2r_1$	$3r_1$	$2/3r_1$	$1/2r_1$
直流电压U_z	$2.45I_1r_1$	$2.12I_1r_1$	$3.18I_1r_1$	$1.41I_1r_1$	$1.22I_1r_1$
直流功率P_z	$3I_1^2r_1$	$3I_1^2r_1$	$3.38I_1^2r_1$	$3I_1^2r_1$	$3I_1^2r_1$

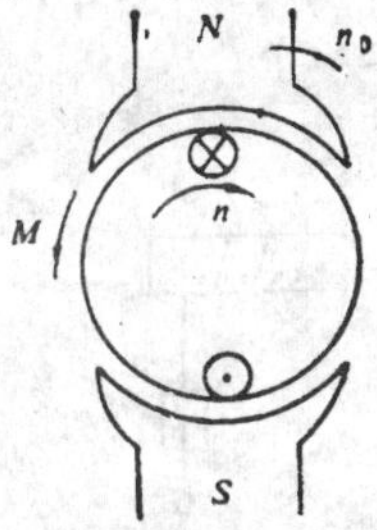

图 3-28 回馈制动时异步电动机的磁场模型

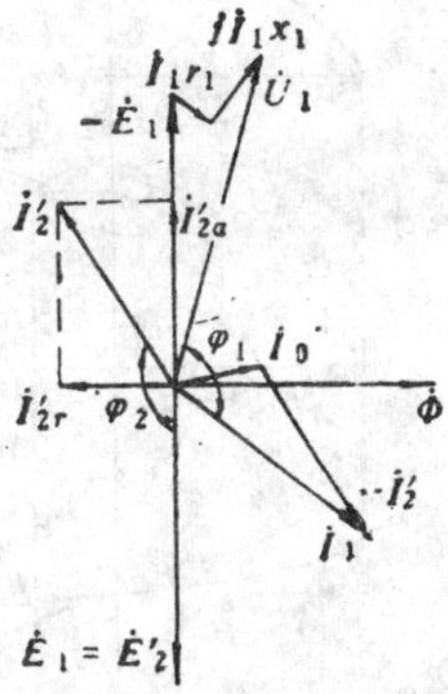

图 3-29 异步电动机回馈制动时的相量图

可见此时电动机从轴上吸收机械功率，而电磁功率的传送方向则是从转子传到定子，再由定子送回电网。从能量关系看，电动机在回馈制动状态运行时，已成为一台和电网并联的发电机，将系统的机械能变成电能送回电网。因此，这种制动运行方式叫回馈制动，也叫再生发电制动。这里的关键问题是搞清运行过程中的能量关系，我们再从转子电流及异步电动机的相量图进一步加以分析。转子电流折合值的有功分量$I'_{2a}=I'_2\cos\varphi_2$，即

$$I'_{2a}=\frac{E'_2}{\sqrt{\left(\frac{r'_2}{s}\right)^2+x'^2_2}}\cdot\frac{r'_2/s}{\sqrt{\left(\frac{r'_2}{s}\right)^2+x'^2_2}}=\frac{E'_2r'_2/s}{(r'_2/s)^2+x'^2_2}$$

转子电流折合值的无功分量$I'_{2r}=I'_2\sin\varphi_2$，即

$$I'_{2r}=\frac{E'_2}{\sqrt{\left(\frac{r'_2}{s}\right)^2+x'^2_2}}\cdot\frac{x'_2}{\sqrt{\left(\frac{r'_2}{s}\right)^2+x'^2_2}}=\frac{E'_2x'_2}{\left(\frac{r'_2}{s}\right)^2+x'^2_2}$$

由于此时$n>n_0$，$s<0$，所以I'_2的有功分量I'_{2a}为负；其无功分量I'_{2r}为正。和电动状态相比，转子电流的有功分量改变了方向，无功分量仍与电动状态下方向相同。这说明回馈制动时，电动机的有功电流流向电网，但仍从电网吸收无功电流，以建立磁场，实现能量的转换。据此可画出回馈制动时异步电动机的相量图，如图3-29所示。这时$\dot{I}'_2$与$\dot{E}'_2$的夹角φ_2大于90°；$\dot{U}_1$与$\dot{I}_1$的夹角φ_1也大于90°，因此$\cos\varphi_2$和$\cos\varphi_1$均小于零。所以有

$$P_1=m_1U_1I_1\cos\varphi_1<0,\quad P_2=m_2E_2I_2\cos\varphi_2<0$$

由此看出，P_1和P_2的传送方向都和电动状态时相反。说明回馈制动时，电动机从轴上输入机械功率P_2，向电网输出电功率P_1，是发电运行状态。所以电动机要运行于回馈制动状态，必须具备两个条件：一是要有无功功率输入到定子边；二是轴上要有机械功率输入。至于机械功率的来源，后面再讨论。

回馈制动状态下的机械特性　由于此时转矩M与转速n反方向，机械特性在第二、四象限。又由于电动机的参数都和电动状态时相同，只是由于$n>n_0$使M改变方向，所以机械特性方程式和电动状态时一样，而机械特性曲线是从正向电动状态向第二象限延伸；从反向电动状态向第四象限延伸。如图3-30 a 所示。

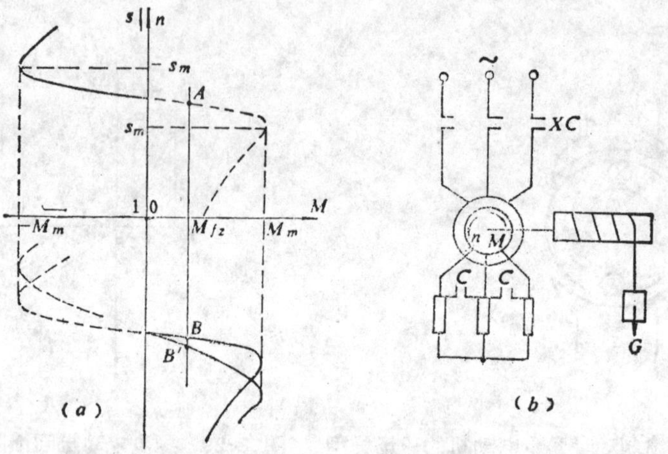

图 3-30　回馈制动状态的机械特性和线路原理图

a—机械特性；b—线路原理图

特点及应用　在生产实践中，什么情况下会出现回馈制动运行状态呢？若提升重物时，电动机运行于第一象限（如图3-30 a 的 A 点）；则下放重物时，电动机必运行于第四象限。图3-30b是一台绕线异步电动机运行于回馈制动状态下放重物的原理线路图。由图上各物理量的方向可知，电动机转矩 M 为正，转速 n 为负，是在第四象限，此时定子旋转磁场的方向为逆时针方向，和正向电动状态时相反。当电动机拖动位能负载时，一般为了不使电动机下放重物的速度太高，以确保安全生产，利用回馈制动状态下放重物时，转子回路不串电阻或只串少许电阻。如运行于图中的 B 或 B' 点，下放重物。显然，在回馈制动下放重物过程中，机械能来自重物的位能，是把重物的一部分位能变为电能回馈给电网。因此这种运行状态的特点是 $n>n_0$，$s<0$，运行最经济。

第二象限的回馈制动状态　电动机按正向电动状态接线，特性是正向电动状态机械特性的延伸，所以叫正向回馈制动。和直流机一样，是在某些调速方法的降速过程中的过渡状态。在异步电动机调速一章中再予以介绍。

最后，这里必须指出的是，异步电动机只有接在电网上，和电网并联运行时，从电网吸收无功功率建立磁场，才能运行于回馈制动状态。

3.3.4　异步电动机应用实例

3.3.4.1　鼠笼异步电动机应用实例。

A　反抗性负载

以送钢锭的辊道为例。其转矩 M_{fz} 是常数，而且总是阻止电动机转动的。图3-31 a 中曲线 4 和曲线 5 是负载转矩特性；曲线 1 、2 、3 是高转差率鼠笼异步电动机（转子电阻大，因此起动转矩较大。在相同的负载下，转差率较高）正转、反转和能耗制动状态的机械特性。辊道在运送钢锭时，对电动机的要求是：正向起动→恒速正转→快速停转→反向起动→恒速反转→快速停转。图3-31 a 所示的机械特性即可满足这些要求。如果在电动机正转运送钢锭到某一位置时，要求不停车而很快将钢锭退回，则可以在恒速 n_A 运行时，将定子两相反接，即从曲线 1 过渡到曲线 2 的反接制动特性上，电机的转速迅速降到零，又

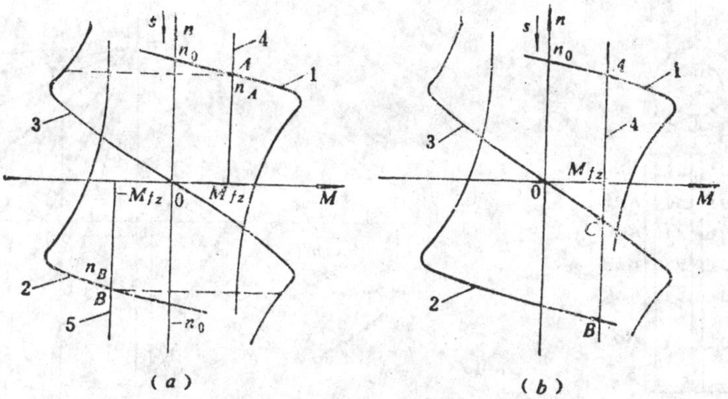

图 3-31 鼠笼异步电动机应用实例

a—拖动运送钢锭的辊道；b—拖动起重机械

反向起动到B点，以n_B转速反向将钢锭送回。这时要求停车，可将电动机改接成能耗制动状态，沿曲线3的第四象限中的特性制动到$n=0$。

Б 位能负载

图3-31b所示的三条曲线和图3-31a相同，只是负载转矩特性为贯穿第一、四象限的位能转矩特性曲线4。提升重物时，使电动机正转运行，以A点的转速恒速提升重物。下放重物有两种方法。如果要求高速下放重物，则将电动机定子两相反接，经曲线2的反接制动特性、反向电动特性，过负理想空载点后，进入回馈制动状态，到B点快速反转下放重物。如果要求低速下放重物，可采用能耗制动方法，以C点的转速恒速下放重物。在第四象限中，转矩为正，转速为负，二者仍反向。这段特性也是能耗制动特性，和第二象限能耗制动的不同点在于机械能的来源。$n=0$以前是电动机将电力拖动系统储存的动能变为电能消耗在转子电阻中。而在过原点以后，是将部分位能变为电能消耗掉。

用鼠笼异步电动机拖动的电葫芦下放重物时，不采用电气制动方法，而是靠重物自由下放，再配合使用电磁抱闸控制下放的速度或使电动机停止不动的。

3.3.4.2 绕线异步电动机应用实例

以绕线异步电动机拖动桥式起重机提升机构为例。提升机构的工艺要求是：空钩下放→负载提升→负载下放→空钩提升。因要求“提升”和“下放”均有几级速度，所以不能使用鼠笼异步机，只可选用绕线异步电动机。根据工艺要求，拟制出如图3-32a所示的电动机主电路图。转子串入七段电阻，共有如图b所示的七条人为特性。电动机在提升和下放重物过程中，共有三种运行状态，即电动状态、转子反转的反接制动状态和回馈制动状态。

提升重物时，为了防止因电动机转矩过大，形成的冲击性转矩把钢丝绳崩断，并消除传动齿轮的齿间间隙，设计一级足够大的预备级电阻$R_{\Omega1}$～$R_{\Omega6}$。提升重物以前，先在转子电路中串入此电阻，得到特性曲线1。因为a点的电动机转矩小于负载转矩，电动机不能起动。在这个转矩作用下，使钢丝绳拉紧，做好提升重物的准备，所以叫预备级。切除外串的电阻$R_{\Omega6}$，电动机特性由曲线1变为曲线2。因为b点的起动转矩大于负载转矩，电动机

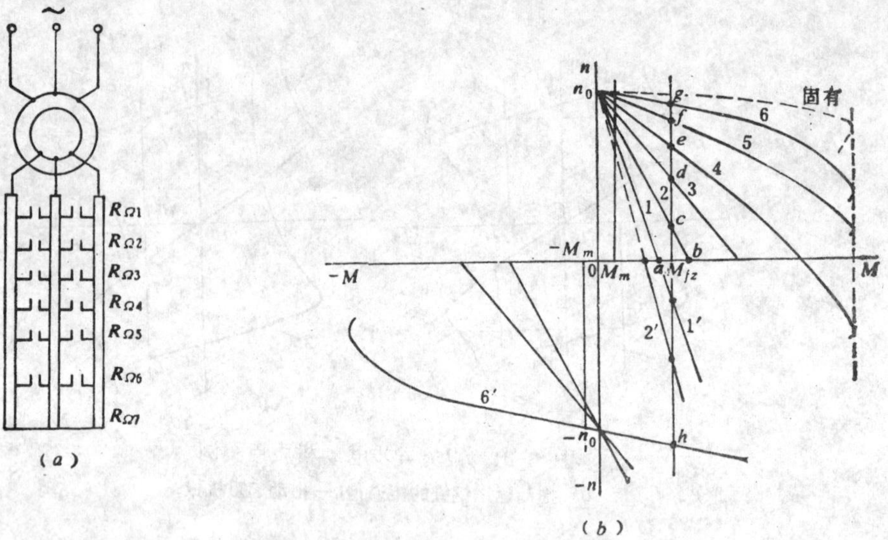

图 3-32　异步电动机拖动主钩时的主回路及电机的机械特性

a—主回路接线图；b—机械特性

正向起动，开始提升重物。加速到c点，得到最低一级的恒速提升转速n_c。此系统共有五级提升速度，可根据工艺要求任意选用之。

下放重物的特性1′和2′为转子反转的反接制动特性，和负载转矩特性配合，可以得到两级低于同步转速n_0的下放重物速度。负载转矩特性和特性6′延长线在第四象限的交点h，是高于同步转速n_0的回馈制动状态下放重物的工作点。如果用外串电阻较大的回馈制动特性段下放重物，转速过高，一般不予采用。所以，此系统有三级下放重物的速度。

提升空钩和提升重物一样，电动机运行于正向电动状态。下放空钩时，因为系统的摩擦力产生的反抗性转矩大于空钩本身的位能转矩，靠空钩本身不能下放。因此，应使电动机运行于反向电动状态，强迫下放空钩。运行工作点在第三象限。

在提升和下放过程中，若要求电动机停止转动，一般是先将速度降为最低一级，再使抱闸线圈断电，将转轴抱住。同时使电动机定子脱离电源。即用自由停车加机械抱闸方式使电动机停转。

3.3.5 制动电阻计算

先看制动电阻计算的依据。由转矩的参数公式式3-1知，当转矩M不变时，r_2'/s=常数。所以计算制动电阻的依据是：在相同转矩下，转子每相总电阻和转差率的比值不变。下面以例题说明计算方法和步骤。

例3-8　绕线异步电动机，$Pe=75\text{kW}$，$U_{1e}=380\text{V}$，$I_{1e}=144\text{A}$，$E_{2e}=399\text{V}$，$I_{2e}=116\text{A}$，$\lambda_M=2.8$，$n_e=1460\text{r/min}$。

1）当负载转矩为$0.8M_e$时，要求提升转速n_B为500r/min，转子每相应串多大电阻？

2）从A点的额定转速换接到反接制动，要求起始转矩为$2M_e$（C点），转子每相应串多大电阻？求在此电阻时，下放额定负载的稳定转速n_E是多少？

3）要求以$n_D=-300\text{r/min}$的速度下放$0.8M_e$负载，转子每相应串多大电阻？

解： 1）首先根据题意画出草图（见图3-33）

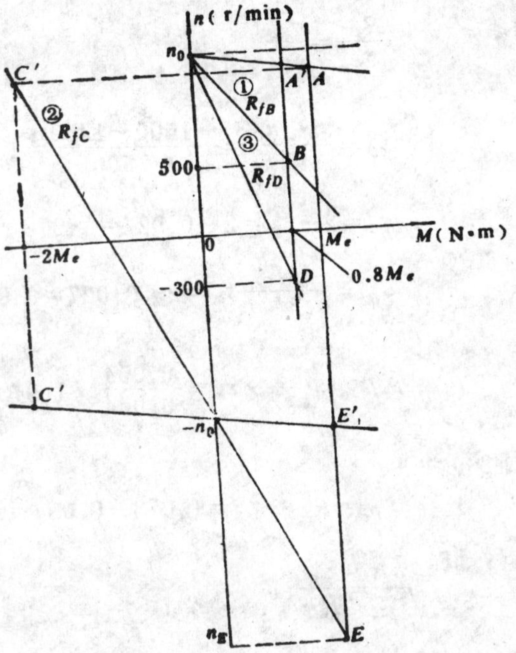

图 3-33 三相异步电动机制动电阻计算实例

2）求转子电阻

$$r_2=\frac{s_e E_{2e}}{\sqrt{3}\, I_{2e}}=\frac{0.027\times 399}{\sqrt{3}\times 116}=0.054\Omega$$

其中
$$s_e=\frac{n_0-n_e}{n_0}=\frac{1500-1460}{1500}=0.027$$

3）求R_{fB}

$$\frac{R_{fB}}{s_B}=\frac{r_2}{s_{A'}}$$

其中
$$s_B=\frac{n_0-n_B}{n_0}=\frac{1500-500}{1500}=0.667$$

由相似三角形原理得

$$\frac{s_e}{s_{A'}}=\frac{M_e}{M_{A'}},$$

∴
$$s_{A'}=s_e\frac{M_{A'}}{M_e}=0.027\times 0.8=0.0216$$

∴
$$R_{fB}=\frac{r_2}{s_{A'}}\times s_B=\frac{0.054}{0.0216}\times 0.667=1.668\Omega$$

转子每相串入的电阻r_{fB}为

$$r_{fB}=R_{fB}-r_2=1.668-0.054=1.614\Omega$$

4）求R_{fC}和n_E

$$\frac{R_{fC}}{s_C}=\frac{r_2}{s_{C'}}$$

其中
$$s_C=\frac{n_0-n_C}{n_0}=\frac{-1500-1460}{-1500}=1.973$$

或
$$s_C=2-s_e=2-0.027=1.973$$

$$s_{C'}=\frac{M_{C'}}{M_e}s_e=2\times0.027=0.054$$

∴
$$R_{fC}=\frac{r_2}{s_{C'}}\times s_e=\frac{0.054}{0.054}\times1.973=1.973\Omega$$

转子每相应串入电阻r_{fC}为

$$r_{fC}=R_{fC}-r_2=1.973-0.054=1.919\Omega$$

$$\frac{s_{E'}}{r_2}=\frac{s_E}{R_{fC}}$$

其中
$$s_{E'}=-s_e=-0.027$$

∴
$$s_E=\frac{s_{E'}}{r_2}\times R_{fC}=\frac{-0.027}{0.054}\times1.973=-0.987$$

$$n_E=n_0(1-s_E)=-1500(1+0.987)=-2980\mathrm{r/min}$$

可见此时下放重物的速度过高，从而证实在用回馈制动运行状态下放重物时，应不串电阻或只串少许电阻。

5）求R_{fD}

$$\frac{R_{fD}}{s_D}=\frac{r_2}{s_{A'}}$$

其中
$$s_D=\frac{n_0-n_D}{n_0}=\frac{1500+300}{1500}=1.2$$

∴
$$R_{fD}=\frac{r_2}{s_{A'}}\times s_D=\frac{0.054}{0.0216}\times1.2=3\Omega$$

转子每相应串入电阻r_{fD}为

$$r_{fD}=R_{fD}-r_2=3-0.054=2.946\Omega$$

3.3.6 根据异步电动机的技术数据计算异步机参数

从产品样本上可以查到的技术数据有：P_e、U_{1e}、I_{1e}、n_e、$\cos\varphi_{1e}$、η_e、λ_M、GD^2；绕线异步机的E_{2e}、I_{2e}及鼠笼异步机的K_M、K_I，此外还有极对数、负载持续率、最高允许

温升和定子绕组接线方式等。

根据已知技术数据，可用工程方法计算如下参数：

1）额定轴上输出转矩 $M_e=9550\frac{P_e}{n_e}$(N·m)；

2）最大转矩$M_m=\lambda_M M_e$ (N·m)；

3）临界转差率$s_m=s_e(\lambda_M+\sqrt{\lambda_M^2-1})$；

4）绕线异步机转子每相电阻 $r_2\doteq Z_2=\frac{s_e E_{2e}}{\sqrt{3}I_{2e}}(\Omega)$；

5）转子每相电阻的折合值r_2'。

绕线异步机 $r_2'=r_2k^2=r_2\left(\frac{0.95U_{1e}}{E_{2e}}\right)^2\Omega$ (3-41)

式中 k——变比。

鼠笼异步机转子电阻的折合值r_2'的计算如下：

$$\because \quad M=\frac{P_{dC}}{\Omega_0}=\frac{m_1}{\Omega_0}I_2'^2\frac{r_2'}{s}=\frac{3p}{2\pi f_1}I_2'^2\frac{r_2'}{s}$$

又由于起动时 $s=1$，$M=M_Q=K_M M_e$，$I_{2Q}'\approx I_{1Q}=K_I I_{1e}$。$f_1=50\text{Hz}$。则可得

$$r_2'=105\frac{K_M M_e}{pK_I^2 I_{1e}^2}\Omega \tag{3-42}$$

再由 $s_m=\frac{r_2'}{\sqrt{r_1^2+(x_1+x_2')^2}}$得

$$r_2'=s_m\sqrt{r_1^2+(x_1+x_2')^2}\quad\Omega \tag{3-43}$$

式3-43对绕线异步机和鼠笼异步机全适用。

6）定子绕组每相电阻r_1

$$r_1\approx r_2'=\frac{s_e E_{2e}}{\sqrt{3}I_{2e}}\left(\frac{0.95U_{1e}}{E_{2e}}\right)k$$

$$\therefore \quad r_1=\frac{0.95s_e U_{1e}}{\sqrt{3}I_{1e}}\quad\Omega \tag{3-44}$$

对鼠笼异步机还可以按式3-42计算r_1。

7）定子漏电抗x_1和转子漏电抗的折合值x_2'

$$M_m=\frac{3pU_1^2}{4\pi f_1[r_1+\sqrt{r_1^2+(x_1+x_2')^2}]}=\lambda_M M_e$$

$$\therefore \quad x_1+x_2'=\sqrt{\left(\frac{pU_1^2}{210\lambda_M M_e}-r_1\right)^2-r_1^2}$$

$$x_1\approx x_2'=\frac{1}{2}\sqrt{\left(\frac{pU_1^2}{210\lambda_M M_e}-r_1\right)^2-r_1^2} \quad \Omega \tag{3-45}$$

以上公式都有一定程度的近似，仅供工程设计时参考使用。

小　结

本章研究了三相异步电动机机械特性的实用公式、机械特性、常用的起动方法和制动运行状态。

三相异步电动机的实用公式既可用来绘制机械特性，又可用来计算各种运行状态下转子回路串入的电阻值。因此最为有用。

固有机械特性，应掌握其上的几个特殊点和特性工作段的特点。降低定子电压U_1，转子回路串入三相对称电阻，定子回路串三相对称电抗或串三相对称电阻，都可以得到人为特性。其中前两种人为特性实用价值最大，应重点掌握。

三相异步电动机的固有起动特性表明，它的起动电流大，起动转矩并不大。即起动电流倍数$K_I=I_{1Q}/I_{1e}$大；起动转矩倍数$K_M=M_Q/M_e$不大。而生产机械要求电动机具有足够大的起动转矩，供电电网又希望起动电流小。因此，客观需要与三相异步电动机的固有起动特性间存在着矛盾。除小容量异步电动机轻载时能直接起动外，为解决存在的矛盾，必须设法减小起动电流，增大起动转矩。为此，小容量异步电动机重载起动时，应用特殊型式鼠笼异步电动机。不论是深槽式异步电动机还是双鼠笼式异步电动机，都是利用“趋表效应”增大起动时的转子有效电阻以限制起动电流，增大起动转矩。大、中容量的鼠笼异步电动机可以采用降压起动方法限制起动电流，但起动转矩也相应地减小，所以只适用于轻载起动。如果要求重载起动，必须使用绕线异步电动机转子串电阻或串频敏变阻器的起动方法。这样既可以减小起动电流，又可以增大起动转矩。应该掌握各种起动方法的特点，能根据已知条件灵活选用起动方法。会计算转子串电阻起动时，转子每级串入的电阻值。

三相异步电动机的制动运行状态有反接制动、能耗制动及回馈制动三种。其共同特点是电动机的转矩M与转速n反方向，电动机工作在发电状态，实际上作为一台发电机运行。其不同点是，转差率s值的范围不同，反接制动$s>1$；回馈制动$s<0$；能耗制动时，因为是固定磁场，没有转速差存在。其相对转速s_N在0和1之间。另外，能量关系不同，应用场合也不同。

制动电阻计算的依据是：在相同的转矩下，转子每相总电阻和转差率s的比值不变。从这点出发，可以计算出各种运行状态下转子回路串入的电阻值。

思考题及习题

3-1 为什么三相异步电动机的最大电磁转矩M_m随定子电压大小而变化，却不随转子电阻大小而变化？

3-2 为什么三相异步电动机在一定条件下允许直接起动？

3-3 鼠笼异步电动机各种降压起动方法的基本原理如何？各有什么特点？

3-4 额定电压为220/380V的异步电动机，在220V电源和380V电源时，哪种可用Y-Δ起动？为什么？

3-5 特殊鼠笼异步电动机如何利用“趋表效应”改善异步机的起动性能？

3-6 绕线异步电动机转子串电阻和串频敏变阻器两种起动方法，有何异同点？

3-7 用异步机的运行原理说明，为什么定子两相反接，可以实现反接制动？为什么定子两相通入直流励磁电流，可以实现能耗制动？

3-8 定子两相反接的反接制动时，为什么转子回路要串入电阻？

3-9 两种反接制动有何异同点？

3-10 能耗制动电阻减小，为什么制动时间缩短？

3-11 如何说明回馈制动时，异步机将电能送回电网。

3-12 如何从转差率的数值来区别异步机的各种运行状态。

3-13 有一台鼠笼异步电动机，$P_e=5.5\text{kW}$，$U_{1e}=380\text{V}$，$I_{1e}=11.3\text{A}$，$n_e=1440\text{r/min}$，$\lambda_M=2.0$。试求：1）电动机的临界转差率S_m和最大转矩M_m；2）用实用公式计算并绘制固有机械特性。

3-14 一台鼠笼异步电动机，$P_e=20\text{kW}$，起动电流倍数$K_I=5.5$。如果变压器容量为560kVA，问能否直接起动？

3-15 某鼠笼异步电动机，$P_e=300\text{kW}$，定子Y接，$U_{1e}=380\text{V}$，$I_{1e}=527\text{A}$，$n_e=1475\text{r/min}$，起动电流倍数$K_I=6.7$，起动转矩倍数$K_M=1.5$，最大转矩倍数$\lambda_M=2.5$。车间变电所允许最大冲击电流为2000A，电机拖动75%M_e负载。试问采用什么方法起动？（自耦变压器抽头分为55%、64%、73%三档）

3-16 某台绕线异步电动机，$P_e=11\text{kW}$，$n_e=715\text{r/min}$，$E_{2e}=163\text{V}$，$I_{2e}=47.2\text{A}$，起动最大转矩与额定转矩之比为1.8，拖动0.7M_e负载。求三级起动时每级转子串人的电阻值？

3-17 一台绕线异步电动机，$P_e=55\text{kW}$，$U_{1e}=380\text{V}$，$I_{1e}=121.1\text{A}$，$n_e=580\text{r/min}$，$E_{2e}=212\text{V}$，$I_{2e}=159\text{A}$，$\lambda_M=2.3$，起动转矩倍数$K_M=1.8$，拖动0.7M_e负载，试求起动电阻的级数和每级转子串人的电阻值？

3-18 某异步电动机，$P_e=40\text{kW}$，$n_e=1470\text{r/min}$，$U_{1e}=380\text{V}$，定子△接，$I_{1e}=75.1\text{A}$，起动电流倍数$K_I=6.9$，起动转矩倍数$K_M=1.2$，$\lambda_M=2.0$。电力拖动系统的飞轮矩$GD^2=38.3\text{N}\cdot\text{m}^2$。求空载起动到转差率$s=0.05$的时间？

3-19 一绕线异步电动机，$P_e=75\text{kW}$，$n_e=720\text{r/min}$，$I_{1e}=148\text{A}$，$\lambda_M=2.4$，$E_{2e}=213\text{V}$，$I_{2e}=220\text{A}$。试求：

1）拖动M_e位能负载，要求下放转速为300r/min，转子每相应串多大电阻？

2）电动机在额定状态下运转，为了停车，采用反接制动。如果要求最大制动转矩为2M_e，求转子每相应串多大电阻？

3-20 一台绕线异步电动机拖动一桥式起重机，其数据为：$P_e=60\text{kW}$，$n_e=577\text{r/min}$，$I_{1e}=133\text{A}$，$I_{2e}=160\text{A}$，转子绕组Y接，$E_{2e}=253\text{V}$，$\lambda_M=2.9$，$\cos\varphi_{1e}=0.77$，$\eta_e=0.89$。

1）设电动机转子每转35.4转时，主钩上升1m。今要求拖动M_e负载时，重物以8m/min的速度上升，求电动机转子回路应串人的电阻值；

2）为了防止钢绳因受冲击转矩而损坏，转子电路有预备级电阻，即当电机转子回路中串入了预备级电阻时，电机能产生$0.4M_e$的起动转矩，问此预备级电阻应多大？

3）上述预备级电阻兼作反接制动电阻，用以在反接制动状态下放重物。如果下放重物时的负载转矩为$0.8M_e$，求电动机的稳定下放转速是多少？

4）如果采用定子两相反接，最后工作于回馈制动状态下恒速下放重物，转子回路不串电阻，下放额定负载，求电动机的转速？

4　三相交流电动机的调速方式

从第二章对直流电力拖动系统的分析研究中，我们看到，直流电力拖动系统具有较好的调速性能。所以二十世纪以来，在可逆、可调速与高精度的拖动技术领域中，相当长时期内，几乎都是采用直流电力拖动系统。但是，由于直流电动机具有电刷和整流子，必须经常进行维修；电机安装的条件也受到限制，不宜用于有易爆炸气体及灰尘较多的场合；在大电流、高转速条件下换向困难，电刷和整流子间易形成火花，甚至环火。这就限制了直流机向大容量、高转速、高电压方向的发展。

交流电动机由于没有电刷和整流子，结构简单，运行可靠，维护方便。因此，在容量、转速、电压上都可以高于直流电动机，而体积、重量、价格都比同容量的直流机小，只是在调速性能上赶不上直流电动机。所以，交流电动机的调速问题一直是世界各国研究的课题。六十年代后，随着电力电子技术的发展，半导体变流技术应用到交流调速系统中来。尤其是七十年代以来，大规模集成电路和计算机控制技术的发展，以及现代控制理论的应用，都为交流调速的进一步发展创造了条件。人们研究出很多类型的交流调速系统，其中有些调速方法的调速性能已可与直流电力拖动系统相媲美。目前，许多国家已实现了交流调速装置的产品系列化。世界各国也早已将重点转向交流调速技术。

本章着重介绍异步电动机调速的基本原理、运行特点和调速性能。至于调速系统，将在《近代交流调速》一书中进行研究。

根据异步电动机的转速表达式

$$n=n_0(1-s)=\frac{60f_1}{p}(1-s) \tag{4-1}$$

可知，改变供电电源频率f_1，改变电动机极对数p，改变转差率s，都可以改变异步电动机的转速。其中改变转差率s又可通过调定子电压、转子电阻、转差电压以及定、转子供电频率差等方法来实现。这样异步电动机的调速方法可归纳如下：

异步电动机
- 变极调速
- 变转差率 s 调速
  - 调压调速
  - 转子串电阻调速
  - 串级调速（转差电压）
  - 电磁离合器调速
- 变频调速

另外还有利用同步机变频调速的无换向器电机及矢量变换控制等新型调速系统。

4.1　变极调速

由同步转速$n_0=60f_1/p$可知，当电源频率f_1一定时，$n_0\propto 1/p$。如果能设法改变电动机的极对数，即可改变同步转速n_0，从而达到调速的目的。极对数如何改变呢？

4.1.1　变极原理

谈到磁极，很容易想到象直流机那样一个一个的磁极，它的数目怎能改变呢？我们说，直流机的极数在电机制造好以后一般是不能改变的。而异步机则不然，它的极数决定于定子绕组的联接方式。由于电动机三相定子绕组在接法上是相同的，为分析问题简单起见，我们只取其中的一相来研究。下面以四极变两极，即4/2极双速电机的A相绕组为例，来说明变极原理。

图4-1是该电机A相绕组的示意图。在制造时，即将每相绕组分成两部分：A_1X_1和A_2X_2。每一部分为一相绕组的一半，通常称为半相绕组。每半相绕组用一个绕组元件来表示。两个半相绕组A_1X_1和A_2X_2正向串联，电流从A_1流入，X_2流出。应用右手螺旋定则可以确定，此时绕组电流所产生的磁场为四极，即极对数$p=2$。

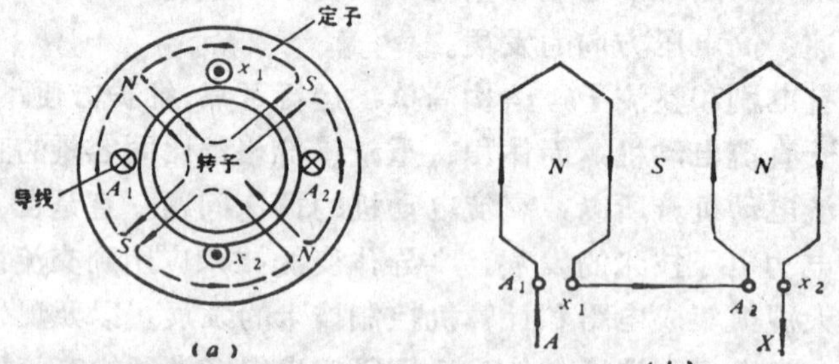

图 4-1　绕组变极原理图（$2p=4$）

a—剖视原理图；b—展开图

把两个半相绕组反向串联（见图4-2b）或反向并联（见图4-2c），用右手螺旋定则可以确定，此时绕组电流所产生的磁场为两极，即极对数$p=1$。图4-2b和c的半相绕组联接方法虽然不同，但是和图4-1b相比，都是将A_2X_2中的电流方向改变了。由此可见，只要使一相绕组中的一个半相绕组内的电流改变方向，就可以使极对数p成倍地改变。根据这个变极原理，我们设法同时将三相绕组中每一相的一个半相绕组中的电流方向反向，就可以使电动机的极对数减少为原来的一半，从而使同步转速提高一倍，得到2：1的两级转速。

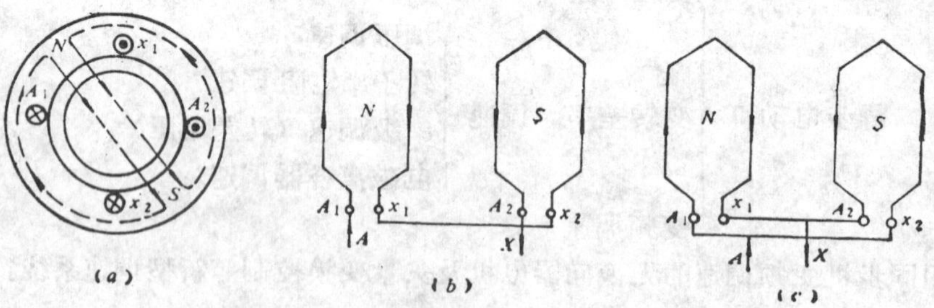

图 4-2　绕组变极原理图（$2p=2$）

a—剖视原理图；b—串联展开图；c—并联展开图

4.1.2　三相绕组的接线方式

能够实现上述变极原理的线路很多，如Y-YY、△-YY、Y-△△、△-△△变换等等。但是，不管三相绕组接法如何不同，其极对数仅能改变一次，即只能有两种转速。只是由于接线方法不同，电动机可以有不同的特性而已。所以，下面只介绍其中比较常用的两种接线方法。

4.1.2.1 Y-YY变换

制造变极电动机时，在三相绕组中每一相绕组的中点都抽出一个头来，如图4-3a中的端点4、5、6，将每相绕组分成两个半相绕组。当这些中间抽头空着时，和普通三相异步电动机一样，可以接成Y形和△形。图4-3a为Y形接法。此时端点1、2、3接电源，另外三个端点接在一起，形成中性点o。

现在如果将端点1、2、3接在一起，并且和中性点o相联，而把端点4、5、6接至电源，如图4-3b所示，即构成了YY接法。也叫双Y（双星）接法。从图a和b上所示的电流方向可以看出，经Y-YY变换以后，其中一个半相绕组的电流反向，而且每相绕组的接法，都是从正向串联改为反向并联。从变极原理可知，此时电动机的极对数减少一半，即由$p=2$变为$p=1$。若Y接时同步转速为n_0，则YY接时，同步转速变为$2n_0$。

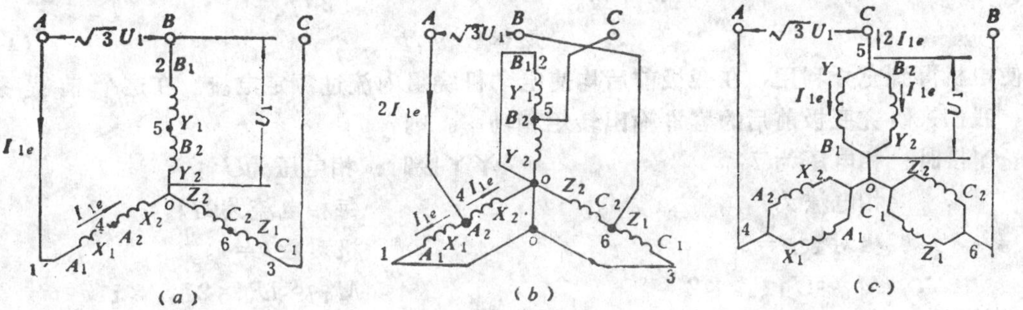

图 4-3 Y-YY接线

a—Y接法；b、c—YY接法

4.1.2.2 △-YY变换

图4-4为这种变换的三相绕组原理图。图a中，端点1、2、3接电源中点4、5、6空着，三相绕组的另一端依次首尾相接，形成△接法。在图b中，将端点1、2、3接在一起构成中性点；把端点4、5、6接电源，则构成YY接法。由图看出，经过△-YY变换后，每相绕组的接法都从正向串联改为反向并联。其中一个半相绕组中的电流方向反向。因此，△接时极对数$p=2$，同步转速为n_0；变换成YY接法时，$p=1$，同步转速变为$2n_0$。

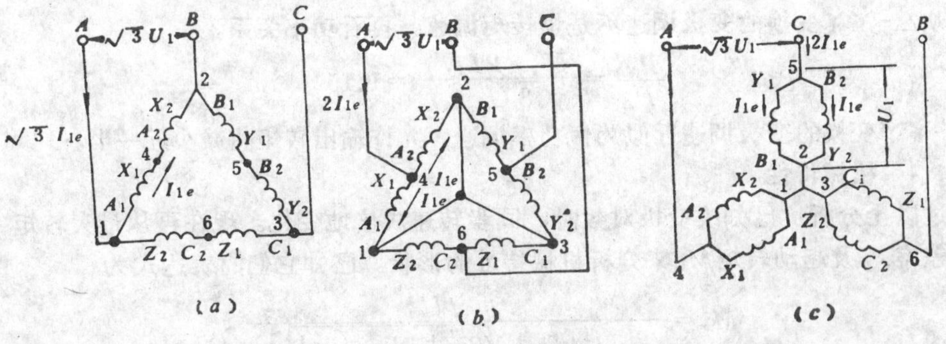

图 4-4 △—YY接线

a—△接法；b、c—YY接法

4.1.3 容许输出功率和转矩

现在分析变极调速时，电动机的容许输出功率和转矩在变极前后的关系。输出功率P_2为

$$P_2=\eta P_1=3U_1I_1\cos\varphi_1\times\eta \tag{4-2}$$

式中 η——电动机的效率；

P_1——电动机的输入功率；

U_1——电动机定子的相电压；

I_1——电动机定子的相电流；

$\cos\varphi_1$——电动机定子的功率因数。

假设在不同极数下，η和$\cos\varphi_1$均保持不变，则由式4-2可得如下关系式

$$P_2\propto U_1I_1 \tag{4-3}$$

如果忽略定子损耗，则电磁功率P_{dc}与输入功率P_1相等，电磁转矩为

$$M=\frac{P_{dc}}{\Omega_0}=\frac{P_1}{\Omega_0}=3U_1I_1\cos\varphi_1\times\frac{p}{2\pi f_1}$$

$$\therefore\quad M\propto U_1I_1p \tag{4-4}$$

为使电机得到充分利用，在变极前后均使电动机绕组内流过额定电流。在这个前提条件下，我们来研究变极前后的容许输出转矩和功率。则

Y接时：相电压为U_1；

相电流为I_{1e}；

极对数$p=2$。

$\therefore\quad M_Y\propto U_1I_{1e}\times2$

YY接时：相电压为U_1；

每相电流为$2I_{1e}$；

极对数$p=1$。

$M_{YY}\propto U_1\times2I_{1e}\times1$

$$M_Y=M_{YY}$$

可见从Y-YY变换的变极调速为恒转矩调速。

△接时：相电压等于线电压为$\sqrt{3}U_1$；

相电流为I_{1e}；

极对数$p=2$。

$\therefore\quad M_\triangle\propto\sqrt{3}U_1I_{1e}\times2$

$$\frac{M_{YY}}{M_\triangle}=\frac{U_1\times2I_{1e}\times1}{\sqrt{3}U_1I_{1e}\times2}=0.577$$

显然，从△-YY变换的变极调速不是恒转矩调速。再看功率关系。

$$\frac{P_{YY}}{P_\triangle}=\frac{U_1\times2I_{1e}}{\sqrt{3}U_1I_{1e}}=1.15$$

因此△-YY变换的变极调速近似为恒功率调速。允许输出转矩将减少近一半。

4.1.4 机械特性

通过以上分析，已知改变极对数时，同步转速成倍地变化。现在再从最大转矩M_m、临界转差率s_m及起动转矩M_Q来分析机械特性的形状。已知它们的表达式为

$$M_m=\frac{m_1pU_1^2}{4\pi f_1[r_1+\sqrt{r_1^2+(x_1+x_2')^2}]}$$

$$s_m=\frac{r_2'}{\sqrt{r_1^2+(x_1+x_2')^2}}$$

$$M_Q=\frac{m_1 p U_1^2 r_2'}{2\pi f_1[(r_1+r_2')^2+(x_1+x_2')^2]}$$

Y-YY变换的机械特性　假设改变绕组接线方式前后，电动机定子和转子每半相绕组的漏阻抗r_1、x_1、r_2'、x_2'不变（实际上有所变化）。设定子每半相绕组的漏阻抗为$z_1/2$，则Y接时每相绕组漏阻抗为z_1，YY接时每相绕组漏阻抗则为$z_1/4$，即YY接时每相绕组的定子和转子的漏阻抗均为Y接时的1/4（这里只考虑在x_1和x_2中占主要成分的槽漏磁，忽略其中的绕组端部漏磁和高次谐波漏磁）。而YY接时的极对数为Y接时极对数的1/2。每相绕组承受的电压都是U_1。将以上这些关系代入M_m、s_m、M_Q的表达式中，很容易得到$M_{mYY}=2M_{mY}$、$s_{mYY}=s_{mY}$、$M_{QYY}=2M_{QY}$。即Y-YY变换前后，临界转差率s_m不变，最大转矩M_m和起动转矩M_Q都增大一倍，因此可得图4-5a所示的机械特性。当所拖动的负载转矩小于Y接时的最大转矩M_{mY}时，可以实现恒转矩调速。

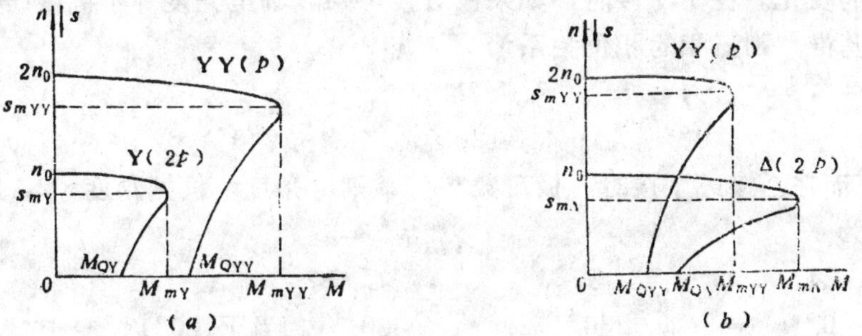

图 4-5　变极调速的机械特性

a—Y-YY变换；b—△-YY变换

△-YY的机械特性　由前述同理可得，YY接时定、转子每相的漏阻抗为△接时定、转子每相漏阻抗的1/4；极对数为△接时的1/2；相电压为△接时的$1/\sqrt{3}$。将这些关系代入M_m、s_m、M_Q的表达式中，可得$M_{mYY}=\frac{2}{3}M_{m\triangle}$，$s_{mYY}=s_{m\triangle}$，$M_{QYY}=\frac{2}{3}M_{Q\triangle}$，即△-YY变换后，临界转差率$s_m$保持不变　但是最大转矩$M_m$和起动转矩$M_Q$均减少至△接时的2/3。相应的机械特性如图4-5$b$所示。当负载转矩小于$M_{mYY}$时，可以实现恒功率调速。

从机械特性看出，变极调速由高速（极数少）降为低速（极数多）时，电机必然经过回馈制动状态。

4.1.5　变极调速的应用及注意问题

（1）变速电机都用鼠笼转子　普通异步电动机每相绕组不备中间抽头，因此不能改变每相绕组的串、并联方式。为了能够改变相绕组的接线方式，在制造电机时，就要把每相绕组分成两个半相绕组，并有中间抽头以备变极使用，这种电机叫变速电机。而变速电机都用鼠笼转子。从电机学知识我们知道，只有在定、转子的极对数相同时，两者的磁势才能互相作用。因此，在改变定子极对数的同时，也要相应地改变转子的极对数才行。这对绕线异步机很不方便，使其结构相当复杂，故一般不采用绕线转子。而鼠笼转子的极对数能够自动地跟着定子极对数变化，所以，变极调速所用电机都用鼠笼转子。

（2）适用于有级调速的场合　除以上介绍的变极方法外，有的变速电机在定子上装两套独立的、不同极对数的绕组。用其中一套时，另一套开路。这样把两种方法结合起来，即在定子上装两套独立的不同极对数的绕组，每一套又能改变极对数，就得到三速或四速。尽管如此，变极调速仍是有级调速，而且转速等级有限，因此只适用于不要求平滑调速的场合。

Y-YY变换多用于要求恒转矩的生产机械，如起重电葫芦、运输传送带、活塞泵等等。JID系列电梯也用变速电动机拖动。

△-YY变换适用于要求恒功率的生产机械。如各种机床，在粗加工时进刀量大，负载转矩大，可用低速；精加工时，进刀量小，负载转矩小，可改用高速。

（3）注意问题　必须强调指出，当改接定子绕组的接线方式时，必须将三相绕组中任意两相的出线端交换一下，再接到三相电源上，否则电动机将反向转动。因为电动机的电角度是机械角度的 p 倍（p 为电动机的极对数），因此当改变极对数时，必然引起三相异步机绕组相序的变化。在YY接时，如果极对数 $p=1$，则电角度等于机械角度。若以 A 相空间位置为基准，则三相的相位关系为

A	B	C
0°	120°	240°

如图4-6 a 所示。而在△接或Y接时，极对数 $p=2$，则电角度＝机械角度×2，所以三相绕组的相位关系为

A	B	C
0°	240°	480°（相当于120°）

如图4-6b所示。由图可见，虽然绕组在空间的位置没变，但是三相绕组相应的电角度变

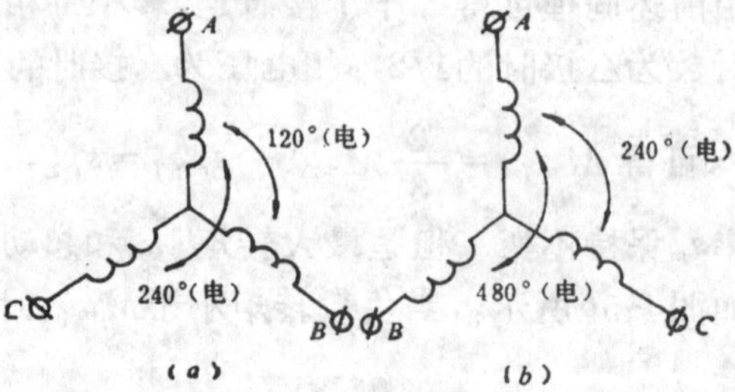

图 4-6　变极前后定子绕组的相序

a—$p=1$；b—$p=2$

了，结果使绕组的相序由顺时针变为逆时针了。这样，旋转磁场的旋转方向改变了，从而使电动机反转。为了保证在调速前后电动机的转向不变，必须在改变定子绕组接线方式的同时，将定子三相绕组中任意两相的出线端对调，再接到三相电源上。

4.2　调压调速

4.2.1　开环调压调速特性及其调速性能

从三相异步电动机的人为特性分析知，调节定子电压，可得图4-7a所示的机械特性。从图中看出，对恒转矩负载特性1，调速范围很窄，实用价值不大。对风机类负载特性

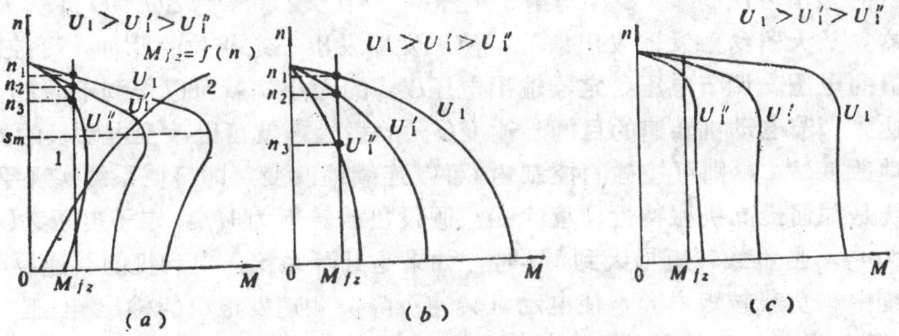

图 4-7 改变定子电压时的机械特性

a—转子电阻为正常值时，b—转子电阻大时，c—转子串频敏变阻器时

2，调速范围较大。但是存在低速时功率因数$\cos\varphi_1$低、电流大的问题。因为转子功率因数角$\varphi_2=\text{arctg}\frac{sx_2}{r_2}$。转速越低，$s$越大，$\varphi_2$角越大，使定子功率因数角$\varphi_1$增大，$\cos\varphi_1$降低。又因为$M=C_M\Phi_m I_2'\cos\varphi_2$，在相同的负载转矩下，与之平衡的电动机转矩$M$恒定。$\cos\varphi_2$越小，电流$I_2$就越大。即由于$\varphi_2$角的增大，使转子电流的无功分量增大，有功分量减小。相应地引起定子电流有功分量减小。为平衡外界负载转矩，电流的有效值就要相应地增大。为解决这一问题，并扩大拖动恒转矩负载时的调速范围，可采用转子电阻较大的鼠笼异步机。如国产JLT力矩电机，转子用电阻率较大的黄铜条制成，可得到图4-7b所示的机械特性。绕线异步机转子串入三相对称电阻，也可得到与图b所示相似的机械特性。转子串入频敏变阻器时，有图c所示的机械特性。这样虽然可以解决限流问题，但是调速特性并不理想。所以，调压调速一般都采用闭环调速系统。

4.2.2 调压调速闭环控制系统

五、六十年代广泛采用的异步机定子回路串入饱和电抗器的闭环调压调速系统，缺点是设备笨重庞大，电磁惯性大。半导体器件出现后，可控硅调压调速系统很快取代了前者，其原理如图4-8所示。在交流电源与三相异步机之间接入可控硅元件作为交流调压器，因为每相电流均可正、反两方向流动，所以用正、反向并联的可控硅，或用双向可控硅。

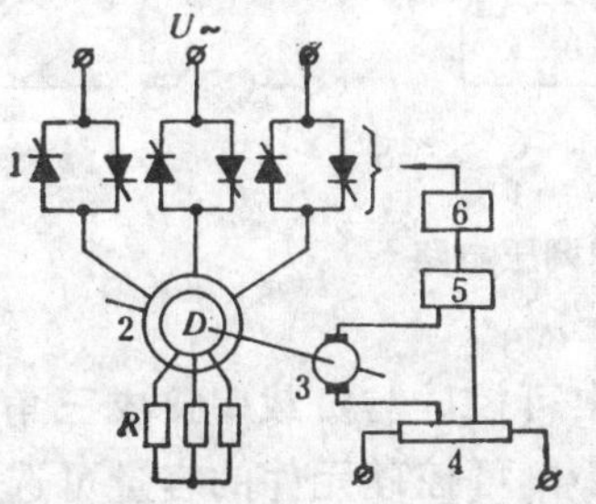

图 4-8 可控硅调压调速系统的原理线路图

1—可控硅装置；2—异步电动机；3—测速发电机；

4—电压给定器；5—放大器；6—触发器

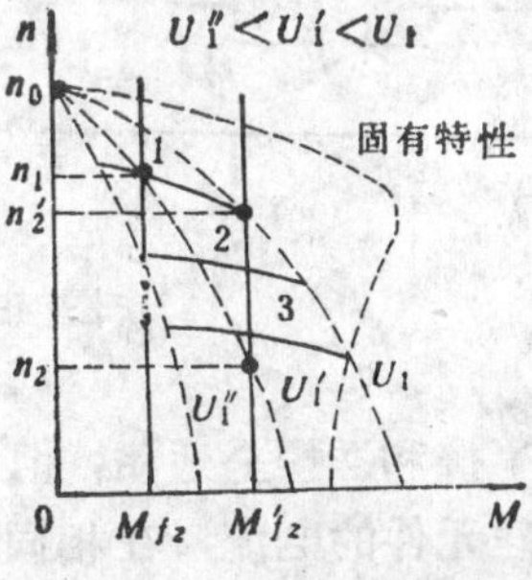

图 4-9 调压调速闭环系统的机械特性

通过改变可控硅的控制角α，来改变加到电动机定子绕组上电压的大小。其开环机械特性如图4-9中的虚线所示。在闭环系统中，由测速发电机测得异步电动机的转速n，反映为

测速发电机的输出电压U_{SF}。U_{SF}与给定电压U_{gd}相比较，得到$\Delta U=U_{gd}-U_{SF}$。将ΔU送入放大器。放大器给触发器发出信号，使触发器发出一定相位的脉冲，可控硅调压器就输出一定值的电压。调节电压给定器输出电压U_{gd}的大小，就可以得到不同的输出电压值，从而达到调节电动机转速的目的。改变U_{gd}的极性，就可以改变电动机的旋转方向。如果连续地改变U_{gd}，则可控硅的控制角α可以连续地改变，即可使系统实现平滑调速。

此系统是如何提高机械特性硬度的呢？假设负载转矩为M_{fz}，定子电压为U_1'，系统的稳定转速为n_1。当负载转矩增大到M_{fz}'时，如果是开环系统，电动机的转速要降至n_2。而在闭环系统中，负载转矩增大，使电动机转速下降，测速发电机的输出电压U_{SF}减小，ΔU增大，使触发器的脉冲前移，可控硅调压装置的输出电压立即升高。例如，从U_1'升高到U_1，电动机的转速只下降到n_2'。相应的机械特性为图4-9中的实线1。在不同的给定电压U_{gd}下，可以得到一族基本平行的闭环控制系统的机械特性，如图中实线1、2、3所示。

调速时，如减小U_{gd}，转速来不及变化，ΔU减小，放大器向触发器输出的电压减小，使触发器发出的脉冲后移，可控硅装置输出电压降低，电动机的转速下降，使测速发电机的输出电压U_{SF}又与给定电压U_{gd}相适应。与此相反，增大U_{gd}，可使电动机转速升高。

系统的自动调节作用：如果由于某种原因使电动机的转速低于要求的数值时，测速发电机的输出电压下降，放大器的输入电压ΔU和输出电压增大，使触发器发出的脉冲前移，迫使可控硅装置的输出电压上升，电动机的转速升高，稳定在一定的数值上。反之，如果电动机的转速由于某种原因高于要求的数值时，通过系统的调节作用，可以迫使电动机的转速下降。只要给定电压U_{gd}保持不变，系统就可以使电动机的转速也基本上保持不变。

比较好的典型三相交流调压调速系统可控硅主回路如图4-10所示：图a线路对电动机

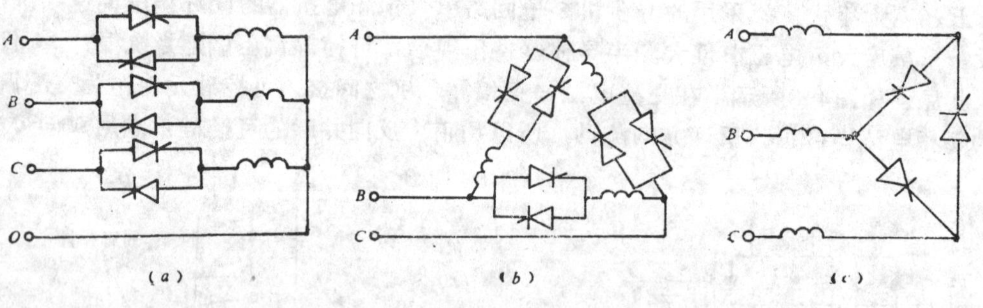

图 4-10 几种常用的三相交流调压电路

定子绕组Y接和△接全适用，且性能较好。图b线路中可控硅与负载串接成三角形，因此流过可控硅元件的电流，在相同容量下，比图a线路小，可控硅元件的容量可选得小些，但是元件承受线电压，因此耐压要高一些。只在绕组为三角接法，并引出六个接线端子的条件下才适用。图c线路只用三个可控硅，使用元件少，线路比较简单，可控硅元件放在负载后面，可减少电网浪涌电压对元件的冲击。

可控硅调压调速系统，由于定子电压和电流中存在着高次谐波分量，功率因数较低，效率不够高。因此适用于中、小容量的交流电动机。

4.2.3 调速性能

由以上分析可以看出，调压调速闭环控制系统既能平滑地调速，又有较宽的调速范围。下面再分析一下调速过程中的容许输出和调速的经济性。

由电机学知，异步机的电磁功率$P_{dc}=m_1 I_2'^2 \frac{r_2'}{s}$，而电磁转矩$M=\frac{P_{dc}}{\Omega_0}$。在电动机充分利用的前提条件下，电流为额定值，所以$M\propto\frac{1}{s}$。由此可见，这种调速方法既不是恒转矩调速，也不是恒功率调速。只有当电动机所拖动的负载转矩$M_{fz}\propto\frac{1}{s}$，即$M_{fz}\propto n$时，才能使电动机的容量得到充分利用。因此，只有风机类型的负载才最适用。

异步机的机械功率$P_j=(1-s)P_{dc}$，转子的铜耗即转差功率$p_{Cu_2}=P_s=SP_{dc}$，所以电磁功率P_{dc}与机械功率P_j及转差功率P_s之比为

$$P_{dc}:P_j:P_s=1:(1-s):s \tag{4-5}$$

如果拖动恒转矩负载，$P_{dc}=M\Omega_0=$常数。在调速过程中，从电源吸收的功率不变，只改变了电磁功率P_{dc}在P_j和P_s之间的分配。转速越低，s越大，P_j越小，P_s越大。即有效功率减少，损耗增加。因此，调压调速与恒转矩负载相配合，不宜于长期低速运行。如果拖动风机类型的负载，由于$M_{fz}\propto n$，所以随转速的降低，M_{fz}减小，电动机输出的转矩相应地减小，P_{dc}也减小，从而使sP_{dc}也减小。因此，从经济性看，这种调速方法也特别适合于与风机类负载相配合。

还须指出，异步电动机调压调速适用于绕线异步电动机。因为调速过程中，尤其是低速时，运行损耗大。采用绕线异步电动机，可以在转子回路中串入电阻或频敏变阻器，将大部分热量引到电动机外面，以减轻电机内部的发热程度。如果用鼠笼异步电动机，由于转子不能串入电阻，全部热量都在转子内部，将使转子发热。长期低速运行，有可能使电动机无法正常工作。因此用鼠笼异步机，采用调压调速时，只能短时间欠载运行。

4.3 滑差电机调速

滑差电机调速系统的原理如图4-11所示。它由异步电动机、电磁转差离合器、可控硅整流电源三部分组成。异步电动机通常用鼠笼电动机，拖动电磁转差离合器的电枢旋转。可控硅装置将交流电变为直流电，为电磁转差离合器提供直流励磁。通过改变可控硅的控制角α，改变直流励磁电压的大小。这两部分不予详述。为了搞清整个系统的工作原理，首先分析电磁转差离合器。

4.3.1 电磁转差离合器的工作原理

电磁转差离合器的结构形式有好几种。无论哪一种，都是由电枢和磁极（包括铁心和励磁绕组）两部分组成。这两部分之间没有机械上的联系，二者中间有气隙，与异步电动机定、转子间的气隙相似，电枢和磁极都能自由旋转。由图4-11看出，电枢由异步电动机拖动旋转。因为异步电动机固有特性的直线段特性较硬，可以认为其转速不变。异步机为原动力，这部分称为主动部分，此轴叫主动轴。可控硅整流电源通过电磁转差离合器的滑环，给励磁绕组供电。磁极通过联轴节与负载相联，称为从动部分，此轴叫从动轴。下面

研究电磁转差离合器的工作原理。

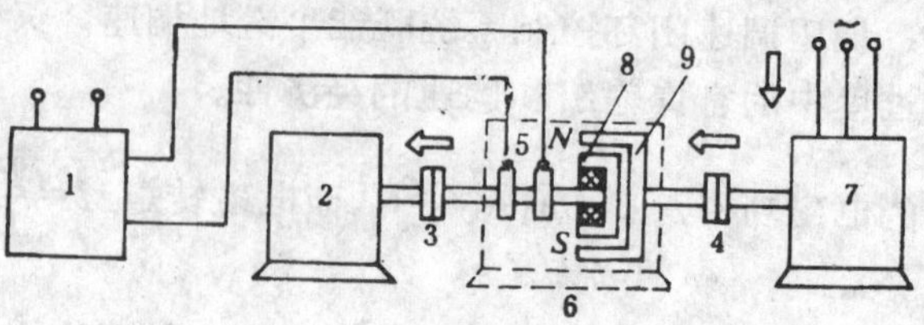

图 4-11 电磁转差离合器调速系统

1—可控硅整流器；2—负载；3、4—联轴节；5—滑环；6—电磁转差离合器；7—异步电动机；8—磁极；9—电枢

当磁极上通过直流励磁电流时，产生固定的磁极。异步电动机拖动电枢旋转，电枢就切割磁力线而感应产生涡流。如果将电枢看作不动，相当于固定的磁极在空间转动，可见它和异步电动机的旋转磁场作用相当。电枢作为载流导体，处在磁场中，受到电磁力的作用而产生转矩。

电枢通常用整块铸钢制成，为圆筒形钢体。电枢相当于无穷多根导体组成的鼠笼转子。我们择其一根，分析转矩产生的情况。剖面如图4-12所示。异步机以n_1的转速拖动电枢逆时针方向旋转，切割磁场产生感应电势、感应电流。按右手定则，判定其方向如图上⊗所示。再用左手定则，判定出对电枢产生顺时针方向的转矩M，企图迫使电枢反转。但是，电枢的转向是由异步电动机的转向所决定的，因此这个转矩就成为主动轴的阻转矩。而它的反作用转矩M作用在磁极上，推动磁极逆时针方向旋转，将原动机（异步机）的机械功率传到负载上，其转速为n_2。n_2与n_1同方向，因此磁极带动负载一起旋转。从动轴转动以后，切割速度变为$\Delta n = n_1 - n_2$，而磁极的转速n_2又一定小于电枢转速n_1。假如$n_2 = n_1$，就不产生感应电势，系统也就无法工作了。所以其工作原理和异步机相似。一对极下涡流I_B与磁极间的相互作用力F为

$$F = 2BlI_B \tag{4-6}$$

式中 B——气隙磁感应强度；

l——电枢的有效长度。

从动轴上输出的总电磁转矩为

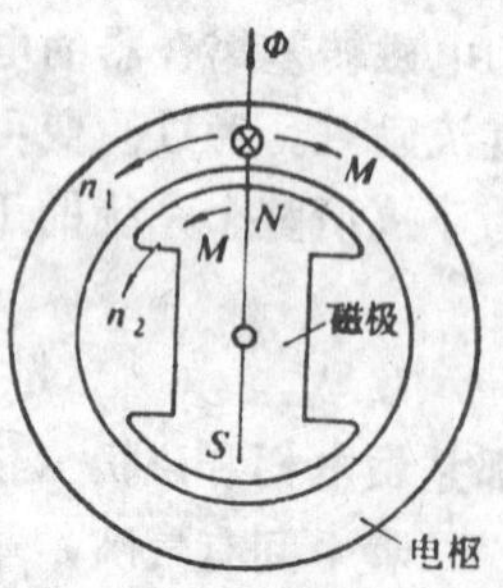

图 4-12 电磁转差离合器转矩的产生

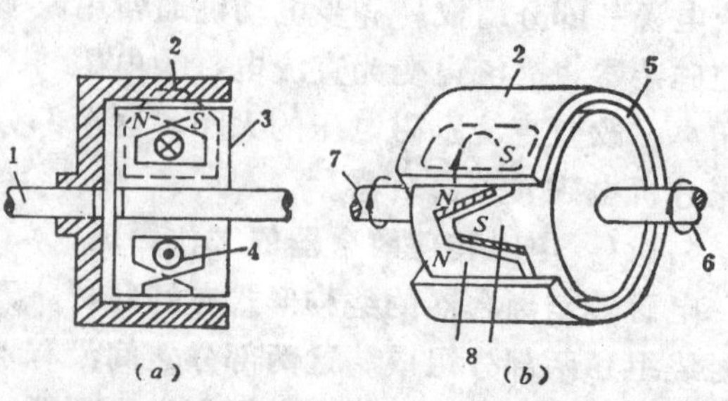

图 4-13 爪极式电磁转差离合器结构示意图

a—剖示图；b—结构图；1—电动机轴；2—电枢；3—爪极负载端；4—励磁线圈；5—气隙；6—爪极轴；7—电枢轴；8—爪极

$$M = FRp \tag{4-7}$$

式中　R——电枢的平均半径；

p——磁极对数。

由式4-7看出，在其他条件相同时，磁极对数 p 越多，输出转矩越大。因此，目前我国生产的电磁转差离合器的磁极多制成爪极结构。这样在相同的体积时，可以得到较多的极对数。图4-13所示为爪极式电磁转差离合器的结构示意图。磁极为爪极。爪极有两个对应的部分，互相交叉地安排在从动轴上，其间由非导磁材料连结，如图 b所示。励磁绕组是与转轴同心的环形绕组，如图 a 所示。当励磁绕组通入如图所示的直流励磁电流时，磁通则由左端爪极经过气隙进入电枢，再由电枢经过气隙回到右端爪极而形成回路。所以，左端爪极为N极，右端爪极为S极，从而形成多极磁势。

那么，为什么叫电磁转差离合器呢？因为从动轴和负载相连，要向负载输出机械功率。而从前面分析知，只有在$\Delta n \neq 0$时，也就是说在两轴间有转速差存在时，才有转矩产生，才能把主动轴的功率传送给从动轴，故有"转差"二字。又因直流励磁电流为零时，没有磁场，磁极不会转动，相当于把生产机械和电枢"分开"。一旦加上励磁电流，磁极立即转动，相当于把生产机械和电枢"合上"，作用和机械离合器一样，因此叫转差离合器。因异步机和生产机械之间不是通过机械直接相连，而是通过电磁作用互相联系起来的，所以全名叫"电磁转差离合器"，简称"离合器"。因它的作用原理和异步电动机相似，而且经常与异步电动机配套装成一体，小容量的装置中二者就装在一个机壳内，同时"转差"也叫"滑差"，所以又常把电磁转差离合器和拖动它的异步电动机一起称为"滑差电机"。因此，这种调速方法叫滑差电机调速。

4.3.2　机械特性

滑差电机调速系统的机械特性，就是电磁转差离合器本身的机械特性，即从动轴上的转矩与转速n_2之间的关系，$M=f(n_2)$也写成$M=f(n)$。由于它的工作原理和异步电动机相似，所以机械特性也和异步机相似。离合器的电枢相当于异步机的转子，由铸钢制成，由于它的电阻较大，所以机械特性和异步机转子具有较大电阻时的机械特性相似，特性比较软，如图4-14所示。当$n_2=0$时，切割磁场的转速最高，产生的转矩M最大。磁极

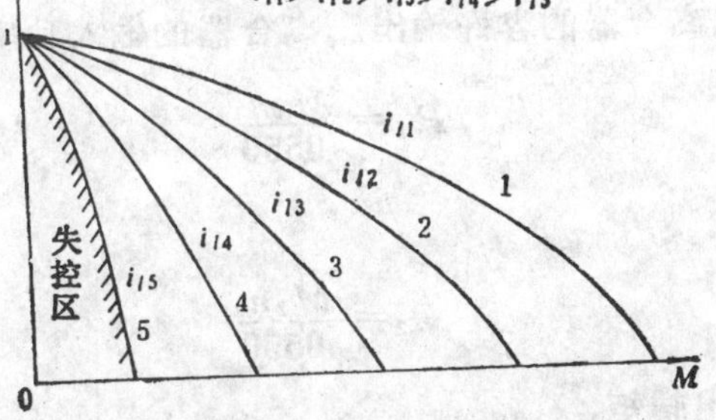

图 4-14　电磁转差离合器机械特性

转动后，n_2增加，转速差Δn减小，M减小，直到$n_2=n_1$，$\Delta n=0$，$M=0$，如特性 1 所示。所以，它的理想空载转速就是异步电动机的转速n_1。

改变励磁电流的大小，就改变了磁场的强弱。这实质上和异步电动机改变定子电压的

作用相同。所以，改变励磁电流大小，得到的机械特性相当于异步电动机改变定子电压的人为特性。用可控硅供电电源供给直流励磁，通过连续改变可控硅的控制角，可以得到很多条人为特性。如果励磁电流太小，磁场太弱，产生的转矩太小，从动轴转动不起来，就会失控，特性5以左为其失控区。另外，在一定的磁场下，负载过大，从动轴转速太低，也会形成从动部分跟不上主动部分，所以运行速度不能太低。

由机械特性看出，此系统开环特性很软，调速范围不大。因此，在工程实践中是采用带转速负反馈的闭环调速系统，如图4-15 *a* 所示。系统的工作原理从略。其机械特性如图4-15 *b* 中特性6、7、8、9所示。此时调速范围可达10：1以上。

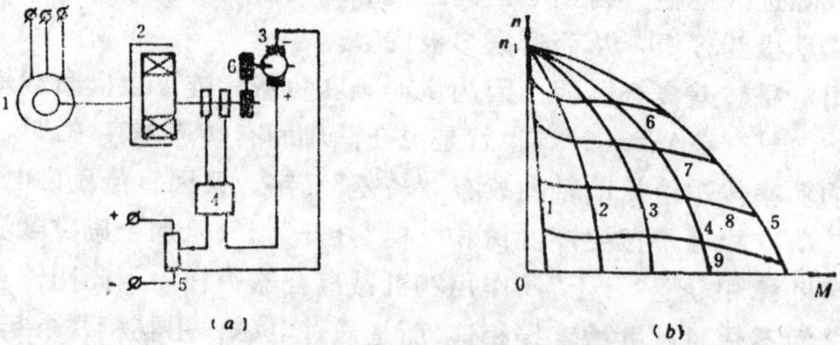

图 4-15　带转速负反馈的电磁转差离合器调速系统

a—原理图；*b*—机械特性

1—异步电动机；2—电磁转差离合器；3—测速发电机；4—放大器；5—电压给定器；6—皮带轮升速装置

4.3.3　调速性能

由上所述可知，滑差电机调速的闭环控制系统的机械特性较硬，因而调速范围较大；用可控硅整流器供给直流励磁时，调速的平滑性也比较好。下面分析调速过程中的容许输出和经济性。

容许输出　从第二章对调速指标的研究可知，我们是在电动机被充分利用的条件下，来研究电动机的容许输出的。而电磁转差离合器的充分利用，决定于它的发热程度。因为发热太多，温升过高，会引起电枢变形，影响正常运转。所以，要在调速时损耗不超过其额定损耗的条件下，研究离合器的容许输出。离合器的输入功率为

$$P_1=\frac{M_1n_1}{9550} \tag{4-8}$$

其输出功率P_2为

$$P_2=\frac{M_2n_2}{9550} \tag{4-9}$$

式中　M_1——主动轴输出转矩；

　　M_2——从动轴输出转矩。

M_1与M_2大小相等方向相反，即$M_1=M_2=M$，M为离合器的转矩。则其损耗功率ΔP为

$$\Delta P=\frac{M(n_1-n_2)}{9550} \tag{4-10}$$

将式4-10两边同除以n_1，并整理后得

$$M=9550\frac{\Delta P}{n_1}\frac{1}{s} \tag{4-11}$$

式中　s——离合器的转差率，$s=\frac{n_1-n_2}{n_1}$。

因要求调速时ΔP=常数，所以$M\propto 1/s$。可见在损耗为定值，即温升为允许值时，这种调速方法的容许输出转矩随转速的降低而减小，既不是恒转矩调速又不是恒功率调速，适用于风机类型的负载。如果拖动恒转矩负载，在低速运行时，只能欠载运行。对恒功率负载显然最不适用。

经济性　从式4-8知$M_1=9550P_1/n_1$，又因$M_2=M_1=M$，所以$P_2=P_1n_2/n_1$，于是有

$$\Delta P=P_1-P_2=P_1\left(1-\frac{n_2}{n_1}\right)=P_1\frac{n_1-n_2}{n_1}=sP_1 \tag{4-12}$$

由式4-12看出，损耗功率ΔP随转速的降低而增加，因此低速运行时损耗大。

综上所述，滑差电机调速的主要优点是：结构简单，运行可靠，能平滑调速。因此广泛地应用于纺织、印染、造纸等工业部门的一般设备上。但是，由于它低速时损耗大，所以特别适用于要求有一定的调速范围又经常运行于高速状态的设备上。另外，离合器的电枢易发热变形，也是这种装置的缺点。

目前我国已生产JZT系列与TZT系列成套产品。

4.4　转子串电阻调速

转子串电阻调速的特性如图4-16所示。从图中可见，在一定的负载转矩下，可以得到几级不同的转速。下面分析一下调速性能。

（1）调速范围　调速范围比较小。而且只适用于带负载调速，因为轻载时调速范围更小；

（2）平滑性　属于有级调速，平滑性差；

（3）稳定性　低速运行时，稳定性差。因为转速越低，特性越软。负载转矩波动时，引起的转速变化越大。使运行稳定性差。即低速时静差率大；

（4）容许输出　已知电磁转矩$M=C_M\Phi_m I_2'\cos\varphi_2$，在转子回路串电阻调速过程中，定子电压不变，所以$\Phi_m$=常数；$I_2=I_{2e}$=常数；同时很容易证明$\cos\varphi_2$也为常数。因此，当保持转子电流为额定值时，调速前后转矩M不变。属于恒转矩调速，适用于恒转矩负载；

（5）经济性　这种调速方法线路简单，初投资少。但是和其他改变转差率调速方法一样，经济性差。因为$P_{dc}=P_j+p_{Cu_2}$，$P_j=(1-s)P_{dc}$，$p_{Cu_2}=sP_{dc}$，调速过程中它们的比例关系为

$$P_{dc}:P_j:p_{Cu_2}=1:(1-s):s$$

P_{dc}不变，在调速时只改变了P_{dc}在P_j和p_{Cu_2}之间的分配。转速越低，s越大，输出的机械功率越少，转子的铜耗越大。再从转子的效率看，因为转子的效率η_z为

$$\eta_z=\frac{P_j}{P_j+p_{Cu_2}}100\%=\frac{(1-s)P_{dc}}{(1-s)P_{dc}+sP_{dc}}100\%=(1-s)100\% \tag{4-13}$$

可以看出，转速越低，s越大，转子的效率η_z越低。这也是不改变同步转速n_0，只改变转差率s调速方法（除串级调速外）的共同问题，因此，也把它们叫做耗能调速。

由于转子串电阻调速线路简单，所用设备少，在对调速性能要求不高的生产机械，例如吊车提升机构上仍在使用。

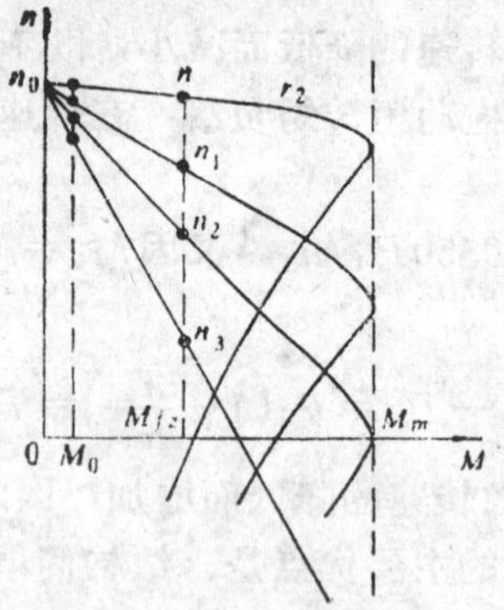

图 4-16　绕线电机转子串电阻调速的机械特性

4.5　串级调速

转子串电阻调速的调速性能很差，而且损耗大，不经济。转速越低，损耗越大，输出的机械功率越小，这是个很大的浪费。能否找一种方法，既将消耗在电阻上的功率利用起来，又能提高调速性能呢？串级调速就是在这种思想指导下，设计出来的。

4.5.1　串级调速的一般原理

绕线异步电动机转子串入电阻时的等值电路，如图4-17a所示。转子电流I_2为

$$I_2=\frac{sE_2}{\sqrt{(r_2+R_\Omega)^2+(sx_2)^2}} \tag{4-14}$$

转矩M为

$$M=\frac{P_{dc}}{\Omega_0}=\frac{m_2}{\Omega_0}\ I_2^2\ \frac{r_2+R_\Omega}{s} \tag{4-15}$$

从式4-14和式4-15看出，在转子串入电阻调速瞬间，转速n来不及变化。s不变，I_2减小，转矩M减小，使$M<M_{fz}$，系统减速。n减小，s增加，sE_2增加，I_2又增大，M又增大。当转速减小到某一值时，使$M=M_{fz}$，以较低的转速运行。各量的变化为：串入$R_\Omega\to I_2\downarrow\to M\downarrow\to n\downarrow\to s\uparrow\to sE_2\uparrow\to I_2\uparrow\to M\uparrow\cdots\cdots M=M_{fz}$，重新稳定运行于较低转速。可见串入$R_\Omega$，在过渡过程中引起$I_2$变化，迫使转速$n$降低。由图4-17$a$看出，在串入$R_\Omega$瞬间，$R_\Omega$上产生压降，$sE_2$不变，$r_2$上的电压降低，回路电流$I_2$下降。如果不串$R_\Omega$而串入一个和$sE_2$频率相同、相位相反的电势$E_f$，如图4-17$b$所示，$E_f$的作用恰好和$R_\Omega$上的电压降作用相当。由图4-17$b$可列出

$$I_2=\frac{sE_2-E_f}{\sqrt{r_2^2+(sx_2)^2}} \tag{4-16}$$

在式4-16中，考虑到电动机在正常运行时s很小，$r_2\gg sx_2$，忽略式中的sx_2，则在负载

不变时，可得

$$sE_2 - E_f \approx \text{常数}$$

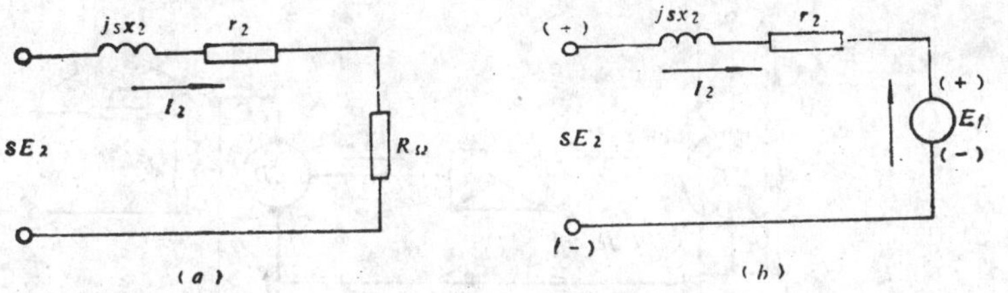

图 4-17　绕线电机转子电路

a—串电阻；b—串电势（+、−表示某一瞬时的极性）

E_2是取决于电动机的一个常数。在其他条件不变的情况下，改变外加电势E_f，就可以改变转差率s，从而达到调速的目的。M_{f2}不变时各量的变化过程为：串入$E_f \to I_2\downarrow \to M\downarrow \to n\downarrow \to s\uparrow \to sE_2\uparrow \to I_2\uparrow \to M\uparrow \cdots\cdots M = M_{f2}$，重新运行于较低的转速下。可见各量变化过程和转子串电阻调速是相同的。但是从能量关系看，有很大不同。串入R_Ω，将电能变为热能消耗掉。而从图b看出，电势$\dot{E}_f$与$\dot{I}_2$反相位，提供$\dot{E}_f$的装置吸收电功率。若能够将吸收的电功率利用起来，就解决了转子串电阻调速耗能大的问题。

如果串入一个与转子电势频率相同，相位也相同的外加电势E_f，则

$$I_2 = \frac{sE_2 + E_f}{\sqrt{r_2^2 + (sx_2)^2}} \tag{4-17}$$

这样，串入E_f瞬间，I_2立即增大。各量的变化为：串入$E_f \to I_2\uparrow \to M\uparrow \to n\uparrow \to s\downarrow \to sE_2\downarrow \to I_2\downarrow \to M\downarrow \cdots\cdots$直到转速上升至某一值时，使$M = M_{f2}$。随着外串电势$E_f$的增加，$sE_2$将相应地减小，以维持稳态时的电流$I_2$不变，使转矩$M$仍与负载转矩相平衡。当$E_f$增大到$E_f = sE_2$时，为保持在稳态时$I_2$不变，要求$sE_2 = 0$，即$s = 0$，转速$n = n_0$，电机以同步转速$n_0$运行。如果再增大$E_f$，使$E_f > sE_2$，为保持在稳态时$I_2$不变，则$sE_2$必须小于零，即$s < 0$，$n > n_0$。电机在高于同步转速下运行。

这样电机既可以在低于同步转速下调速，又可以在高于同步转速下调速，可获得较好的调速性能。然而问题并没那么简单。串入的E_f要与sE_2同频率，而sE_2的频率为$f_2 = sf_1$，是随转速n（或s）变化而变化的。所以，E_f的频率也必须随转速n的变化而变化。要寻求一个装置，使它产生的E_f之频率随转速变化而变化，这在工程上是比较复杂的。过去人们想过一些办法，如在转子回路中串入辅助电机。但是辅助电机的结构复杂，而且电动机的调速范围小，使串级调速的应用受到限制。近年来，由于大功率整流元件和可控硅元件的出现，人们想出了在绕线异步电动机转子回路中采用变频器，来引入交流附加电势E_f的办法。变频器可以用交-交型变频电路和交-直-交变频电路两种方案。这种控制方式可以实现高于同步转速下的调速，所以叫超同步串级调速系统。但是它的主回路和控制回路都较复杂，投资费用高，国内还处于研究过程中。目前广泛应用的串级调速系统，是采用把转子电势通过整流装置变成直流电势，再用一个可控的直流电势和它相作用的办法。这就避免了电势的变频问题，使线路简单化，因此易于推广应用。串级调速的分类方法很多，我们只按照回馈转差功率sP_{dc}方式的不同，把它分为机械回馈式和电气回馈式串级调速两种。

4.5.2 机械回馈式串级调速系统（电机回馈式串级调速）

图4-18为机械回馈式串级调速系统的原理图。异步电动机YD的转子电势经整流后，

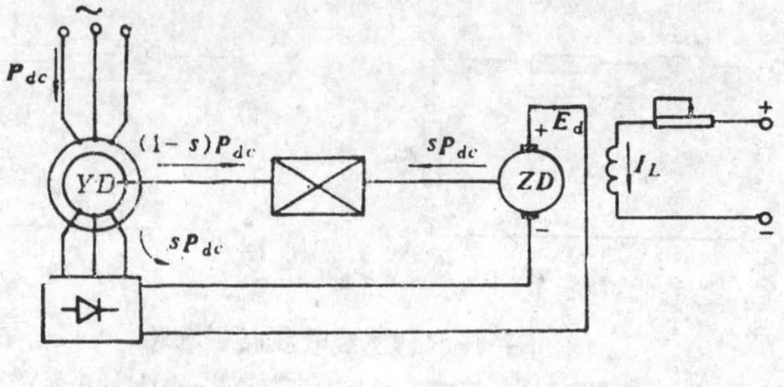

图 4-18 电机回馈式串级调速系统

接在直流电动机ZD的电枢两端，使ZD产生转矩，输出机械能。ZD的感应电势E_d与整流后的转子电势相作用。这里E_d起着外加电势E_f的作用。当ZD的励磁电流I_L为零时，$E_d=0$。如果忽略ZD的电枢电阻，则YD运行在固有特性上。只要$I_L\neq 0$，就有E_d串入异步机的转子回路。E_d越大，YD的转速越低，从而达到调速的目的。

再从能量关系看，直流电动机ZD与异步电动机YD同轴，以相同的转速拖动共同的负载。忽略内部的各种损耗。异步电动机YD的电磁功率P_{dc}分为两部分，一部分为机械功率$P_j=(1-s)P_{dc}$，送给负载；另一部分为转差功率sP_{dc}，进入转子电路，由转子电路输送给直流电动机ZD。ZD又将sP_{dc}变为机械功率，传送给负载。转速高时，YD输出的机械功率$(1-s)P_{dc}$多，ZD输出的机械功率sP_{dc}少；转速越低时，YD输出的功率$(1-s)P_{dc}$越少，ZD输出的功率sP_{dc}越多。但是总的输出功率近似保持不变。因此在整个调速过程中，负载得到的功率近似等于P_{dc}，从而大大提高了系统的效率。这种调速方式属于恒功率调速。在低速时，电机能产生大转矩。因此适用于低速时需要大负载转矩的生产机械。

ZD在功率传送过程中，好象起了一个接力赛运动员的作用，把异步电动机YD本身发挥不出来的转差功率接过来，再送给负载。一级串一级，所以叫串级调速。

在此系统中，转差功率sP_{dc}通过直流电动机ZD转变为有效的功率。从节能的角度看，有很大的优越性。但是需要一台直流电动机。因为直流机结构复杂、维修不便，由于换向问题限制了直流机向大容量、高转速方向的发展，所以尽量用交流机代替直流机。如果要求调速范围广，低速时s接近于1，转差功率sP_{dc}接近于P_{dc}，那么直流机的容量就和异步机的容量一样大了。这种调速方法就毫无实际意义。由上分析可知，这种调速系统要在一定的条件下，才显示出它的优越性。例如要求调速范围$D=2$，则$s\approx 0.5$；$sP_{dc}=0.5P_{dc}=P_{ZD}$。所用的直流机容量是异步机容量的一半。$D=3$时，$s\approx 0.67$，$sP_{dc}=0.67P_{dc}=P_{ZD}$。由此看出，调速范围越小，异步机容量越大时，所用的直流机容量相对于异步机来说越小。所以，这种调速系统多用于大功率、低调速范围的场合。否则，就不如直接用直流机调速了。

4.5.3 电气回馈式串级调速系统

机械回馈式串级调速系统是由直流电动机把转差功率sP_{dc}变为机械能回馈到异步电动机轴上。电气回馈式串级调速则是把转差功率通过电能变换回馈到交流电网中去。

人们最初是把异步电动机YD的转子电势经整流后，接到直流电动机ZD的电枢两端。ZD感应电势E_d起外加电势E_f的作用。它与机械回馈式串级调速的区别在于ZD不与YD

同轴，而是拖动一台异步发电机YF，由它发出三相交流电，把转差功率sP_{dc}回馈给交流电网。这个系统的原理图如图4-19所示。和机械回馈式串级调速一样，系统的机组庞大，噪音大。这种系统所用电机比机械回馈式串级调速系统还多，因此目前已很少采用。

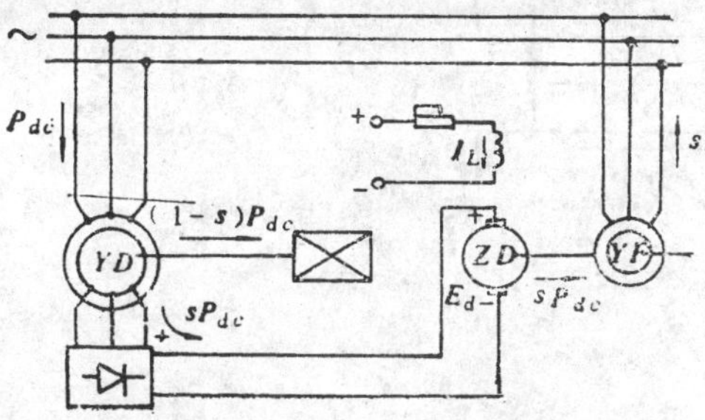

图 4-19　电气回馈式串级调速系统

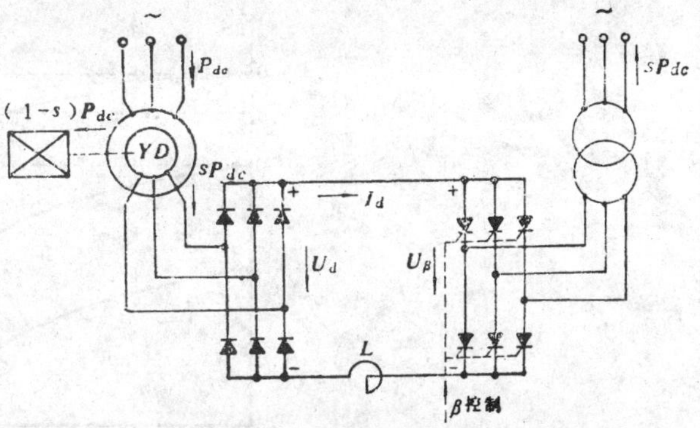

图 4-20　低同步可控硅串级调速系统主回路典型接线图

因为ZD和YF只起着将直流电变成交流电的作用，所以完全可以用静止的可控硅有源逆变器来代替。这样就形成图4-20所示的可控硅串级调速系统。系统中转子整流器电路和产生附加直流反电势E_f的可控硅有源逆变器电路常用三相桥式接线方式。整流器将异步机转子交流电势变为直流电压U_d，可控硅有源逆变器将直流电压变为交流电压。当$U_d>U_\beta$时，直流回路有电流I_d，整流器输出电功率，逆变器吸收电功率，再经过逆变变压器，把转差功率sP_{dc}回馈给交流电网。改变逆变器中可控硅的逆变角β，就可以改变U_β大小。只要连续改变β角，就能实现平滑调速。

这种系统只能把转差功率sP_{dc}引出，送回电网。外加电势$E_f(U_\beta)$与转子电势整流后的直流电压U_d极性相反，因此，引入外加电势只能使电动机的转速降低，只能在同步转速以下调节电动机的转速。所以称为低同步串级调速系统。

如果将图4-20中的二极管整流电路也换成可控硅电路，电机还可以在高于同步转速的电动状态下和低于同步转速的回馈制动状态下运行。称为超同步串级调速系统。

4.5.4　机械特性

无论是机械回馈式串级调速还是电气回馈式串级调速，其机械特性的形状都是一样的。由于在串级调速时转子电路中整流器的作用，转子电流已经不是正弦波了，因此不能按电机正常接线时求转矩的方法，求机械特性方程式。它的推导过程比较复杂，而且要用到后续课程的知识，所以这里不进行理论推导。由参考资料知，经理论推导和实验证实，其机械特性如图4-21所示。电机的过载能力减小17%左右，特性硬度减小，即$\Delta s_m'>\Delta s_m$。而且转速越低，$\Delta s_m'$越大，特性越软。至于理想空载转速的变化，可以这样来理解，转子电流为

$$I_2=\frac{sE_2-E_f}{\sqrt{r_2^2+(sx_2)^2}} \tag{4-18}$$

若$E_f=sE_2$，则$I_2=0$，$M=0$，为理想空载状态。令此时的转差率为s_0，则

$$s_0=\frac{E_f}{E_2} \tag{4-19}$$

由式4-19看出，改变E_f的大小，即可改变s_0的数值。E_f越大，s_0越大，特性越向下移

动（注意，异步电动机的同步转速n_0仍保持不变）。对调速性能要求较高的场合，还可以采用带有速度外环和电流内环的双环控制系统，可以大大提高机械特性的硬度。

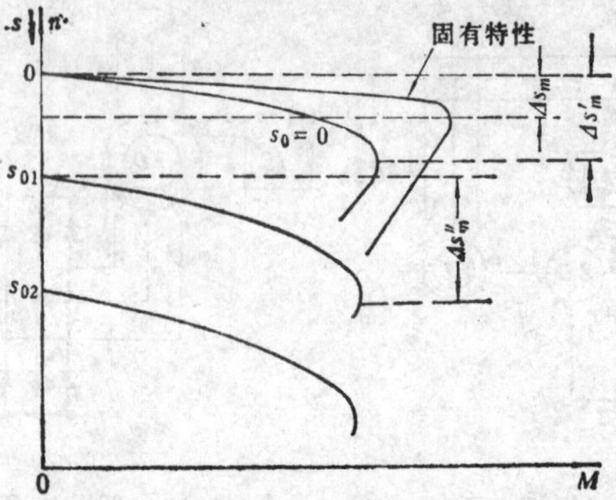

图 4-21 串级调速时的机械特性

综上所述，串级调速最突出的优点是，无论转速高低，总效率都高，有明显的节能效果。大容量串级调速系统的总效率可达90%以上。主要缺点是整个调速装置总功率因数$\cos\varphi$较低。这主要是由可控硅逆变器需要从电网吸收无功功率及串入滤波电抗器而造成的。对此可用加电力电容器的办法予以补偿。

目前，串级调速系统在水泵、风机的节能调速、不可逆轧钢机等设备上，已得到日益广泛的应用。

4.6 变频调速

由$n_0=60f_1/p$知，当极对数p不变时，同步转速n_0和电源频率f_1成正比。因此连续地改变供电电源的频率，就可以平滑地调节电动机的转速。这样的调速方法叫变频调速。变频调速具有较好的调速性能，是交流调速方法中，具有重要意义的一种调速方法。在国内外都已得到推广和应用。目前国外生产的变频装置容量已达一万千瓦以上，价格和性能都可以与直流系统相媲美。国内也有少量产品问世。但是，由于元件制造水平低、价格贵，加上技术上要求复杂，所以限制了它的推广应用。随着生产与技术水平的提高，变频调速系统必将得到更大的发展，以致在某些领域逐步代替直流调速系统。

4.6.1 变频调速的控制方式

改变电动机供电频率时，可以调节电动机的转速，但是频率的改变也必然会引起电动机其他参数的变化。电动机的电抗就和频率有关。电动机参数的变化又会影响电动机的性能，所以，只改变电源频率还不能得到满意的调速特性。那么为了得到满意的调速特性，应该按什么控制方式进行变频调速呢？

一般生产机械的负载多为恒转矩负载。对恒转矩负载，我们希望在调速过程中保持最大转矩M_m不变，即电动机的过载能力不变，过载倍数λ_M不变。在电动机的参数中，一般$r_1 \ll (x_1+x'_2)$，忽略r_1并考虑到$x_1+x'_2=2\pi f_1(L_1+L'_2)$，则由式3-3可得

$$M_m = C\frac{U_1^2}{f_1^2} \tag{4-20}$$

其中　$C=\frac{m_1 p}{8\pi^2(L_1+L_2')}$为常数。

由式4-20可见，在改变频率的同时，要相应地改变定子电压，使U_1/f_1=常数，才能保持最大转矩M_m不变。按U_1/f_1=常数的控制方式进行的变频调速叫恒磁通变频调速。这点可做如下解释，异步机定子电压平衡方程式为

$$\dot{U}_1=-\dot{E}_1+\dot{I}_1 z_1$$

正常运行时，定子漏阻抗压降很小，可以忽略不计，认为$\dot{U}_1\approx\dot{E}_1$，于是有

$$\frac{U_1}{f_1}=4.44W_1 k_{W1}\Phi_m$$

式中　k_{W1}——定子绕组基波系数。

若U_1/f_1=常数，则Φ_m=常数。所以，按U_1/f_1=常数控制方式进行的变频调速叫恒磁通变频调速。如果U_1/f_1不为常数，对电动机有什么影响呢？

假如降低电源频率，而不相应地降低电源电压，则必使Φ_m增加。但在制造电机时，为节省铁磁材料，已使电动机的磁路接近饱和。Φ_m的增加，势必使电动机的磁路过分饱和，电机工作在磁化曲线的曲线段，很小的磁通增量，就需要极大地增加励磁电流。这就导致功率因数$\cos\varphi_1$降低，铁损急剧增加（铁损近似与Φ_m^2成正比）。所以，只有在变频调速过程中，相应地调节电源电压，保持U_1/f_1=常数，才能保持电动机的原有性能不变，过载能力不变。因此，在基频f_e以下降低电源频率调速时，可按U_1/f_1=常数的控制方式进行，为恒转矩调速。基频以上如果仍保持U_1/f_1=常数，升高频率调速时，则使$U_1>U_{1e}$，这是不允许的。因此，基频以上要在增加f_1的同时，保持$U_1=U_{1e}$不变。这样必然使Φ_m减小，转矩M减小。而增加f_1使转速上升，功率$P=M\Omega$保持不变。所以基频以上的升频调速为恒功率调速。

按照以上控制方式调速，在基频以下为恒磁通调压调频，在基频以上为弱磁恒压调频。这种情况与直流电动机基速以下恒磁通调压调速，基速以上弱磁调速很相似。因此，调速性能也有相似之处。

另外，还有转差频率控制方式。什么叫转差频率控制方式呢？从物理概念上看，只要保持Φ_m不变，不论频率如何变化，转矩的大小总与相对切割速度Δn成正比。如果在保持磁通不变的条件下控制Δn，即可控制电动机的转矩。这种控制方式叫转差频率控制。其工作原理请阅《近代交流调速》。

4.6.2　机械特性

由$n_0=60f_1/p$知，改变电源频率f_1，就有不同的n_0，从而得到不同的机械特性。若再得知最大转矩M_m的变化规律和运行段机械特性的斜率，即可大致画出变频调速的机械特性。

（1）最大转矩M_m　当$f_1<50$Hz，但它的数值较高时，$r_1\ll(x_1+x_2')$，可以忽略r_1。由式4-20知，$M_m\propto U_1/f_1$。所以，按U_1/f_1=常数的控制方式调速，M_m基本上保持

不变。当$f_1<50$Hz，但它的数值较低时，r_1与(x_1+x_2')相比，已变得不可忽略了。由于在r_1上产生的压降使得定子电势E_1进一步降低，气隙磁通Φ_m减小，所以,即使保持$U_1/f_1=$常数，也不能保持Φ_m不变。致使最大转矩M_m减小。f_1下降越多，r_1的影响越大，M_m减小越多。为了能使低速时的M_m不过小，必须在低速时适当地提高U_1,采用$E_1/f_1=$常数的控制方式。当$f_1>50$Hz时，$U_1=U_{1e}$保持不变，f_1增加，Φ_m减小，M_m随之减小。

（2）运行段的斜率　在f_1较高时，忽略r_1，并用$x_1+x_2'=2\pi f_1(L_1+L_2')$代入式3-2，得

$$s_m=\frac{r_2'}{2\pi f_1(L_1+L_2')}$$

又因为转速$n=n_0(1-s)$，所以对应于最大转矩时的转速降Δn_m为

$$\Delta n_m=s_m n_0=\frac{r_2'}{2\pi f_1(L_1+L_2')}\times\frac{60f_1}{p}=\frac{30r_2'}{\pi p(L_1+L_2')}=\text{常数}$$

可见Δn_m与频率f_1无关。因此，无论在基频以下还是在基频以上调速时，Δn_m都基本上保持不变。所以，调速时的机械特性是平行上下移动的。但到频率f_1很低时，r_1不可以忽略，Δn_m减小，机械特性更硬些。

根据以上分析，可以定性地画出如图4-22a所示的机械特性。

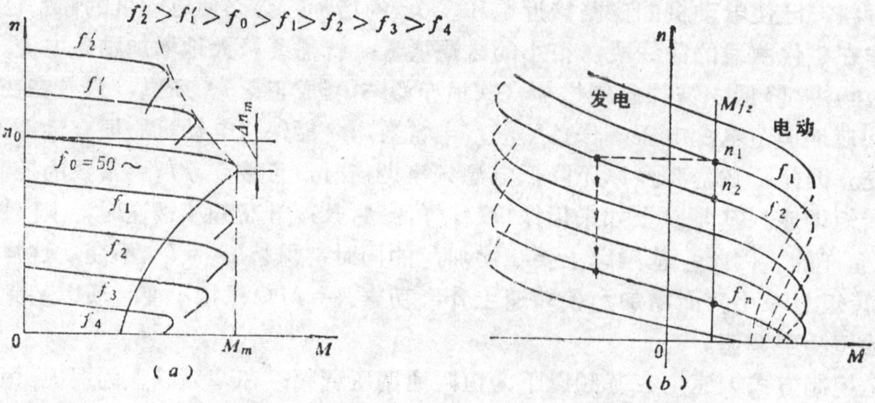

图 4-22　异步电动机变频调速时的机械特性

a—电动状态；b—发电状态

当异步电动机在某一频率下运行时，如果将频率迅速降低，n_0降的幅度较大，使转差率s变负，则可以使电动机过渡到回馈制动状态。此时电机运行于第二象限。和直流机一样，这时电机可以向电网回馈能量。在减速过程中，如果始终保持频率比电机转速下降得快，即n_0比n下降得快，那么电动机可以一直在回馈制动状态下运行，如图4-22b所示。

4.6.3　变频电源

为了实现异步电动机的变频调速，必须有单独的频率可调的变频电源，给被调速的异步电动机供电。这是变频调速的关键环节。过去多半采用变频机组，例如用变频机组给轧钢车间中轧钢机前后的输送辊道供电，每个辊道用一台小鼠笼异步电动机拖动。改变电源频率，可以使一组辊道电机同时调速。其原理如图4-23所示。变频机组由直流电动机和同

步发电机组成。直流电动机作为同步发电机的原动机。同步发电机的磁场不变，调节直流电动机的转速，就能改变同步发电机的频率。因为同步发电机的频率$f_1 = pn/60$，转速n改变，f_1就随之而改变。这样就使一组辊道异步电动机的同步转速同时改变，达到变频调速的目的。变频机组虽然能够达到调速的目的，但是这种装置占地面积大，笨重，旋转装置又不易维护，使得变频调速的推广受到限制。现在已经应用静止的变频装置代替了旋转的变频机组。这种静止的变频装置多由可控硅元件组成，分为交-直-交变频器和交-交变频器两大类。图4-24为交-直-交变频系统的示意图。先由可控硅整流器将交流50Hz电源的交流电整流成幅值可调的直流电。逆变器和整流器相反，将直流电变成频率可调的交流电。所以叫间接变频器。

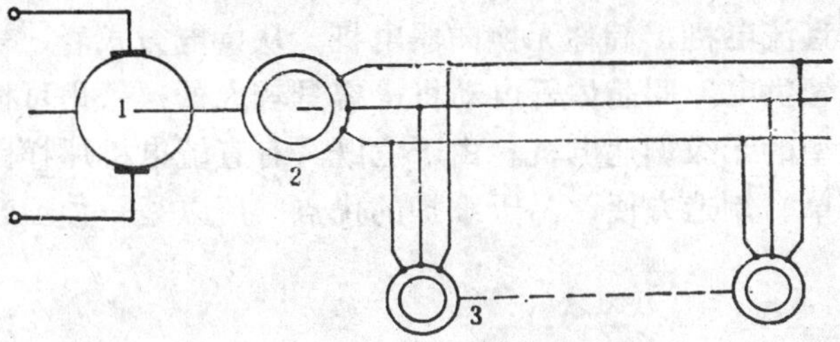

图 4-23　变频机组原理图

1—直流电动机；2—同步发电机；3—辊道电动机

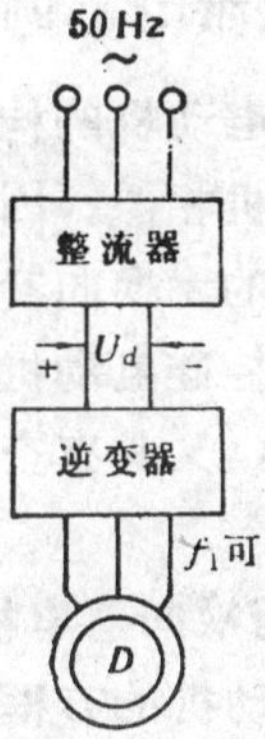

图 4-24　交-直-交静止变频系统

下面从单相逆变电路看一下频率可调的基本原理。图4-25a所示的单相逆变电路。直流电压U_d经过由四个可控硅元件组成的桥式电路，接在负载上（即交流机的某一相上）。可控硅元件1、4和2、3按一定频率轮流导通时，在负载上即可得到该频率下的方波交流电压。波形如图4-25b所示。电路里串入电感可使负载端电压近似成为正弦波。控制可控硅导通和关断的时间，即可得到不同频率的交流电压，达到变频调速的目的。

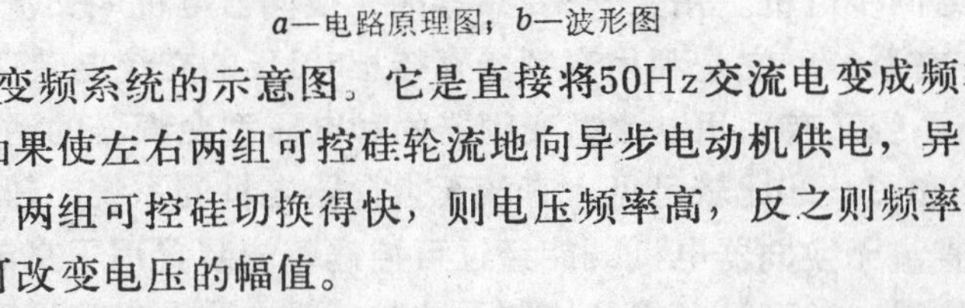

图 4-25　单相逆变电路及其输出波形

a—电路原理图；b—波形图

图4-26为交-交变频系统的示意图。它是直接将50Hz交流电变成频率可调的交流电。所以叫直接变频。如果使左右两组可控硅轮流地向异步电动机供电，异步电动机的定子上即可得到交流电压。两组可控硅切换得快，则电压频率高，反之则频率低。通过改变各组可控硅的控制角即可改变电压的幅值。

关于变频器的详细原理及变频调速的具体线路，将在后续课中介绍。这里只了解简单的变频原理及其特性，为深入学习变频调速打下基础。

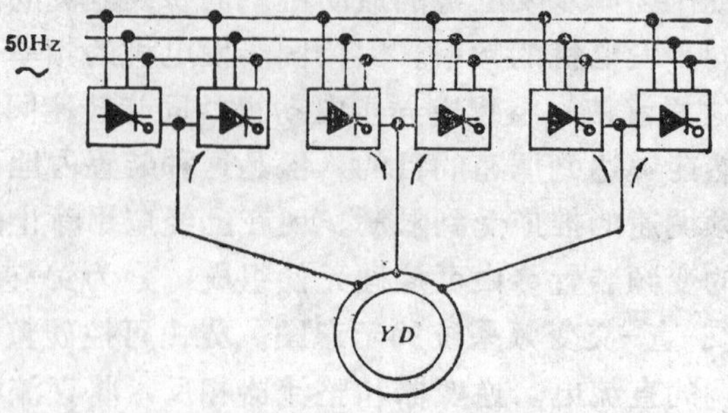

图 4-26　三相交-交变频系统原理图

4.7　无换向器电机调速

无换向器电动机的构造和交流同步电机相同，没有换向器。而工作原理、特性及调速方式都与直流机相似。因此叫无换向器直流电机，简称无换向器电机。从供电方式看，一般低压小容量的无换向器电机采用晶体管供电，叫晶体管电动机；容量较大的，采用可控硅供电，叫可控硅电动机。这是一种新型的无级调速电机。由于它既具有直流电机那样良好的调速性能，又具有交流电机结构简单、制造方便、易于维护的优点，所以是一种理想的变速电机。

4.7.1　无换向器电机的组成

可控硅电动机的方框图如图4-27所示。它由同步电机、可控硅逆变器和位置检测器组成。

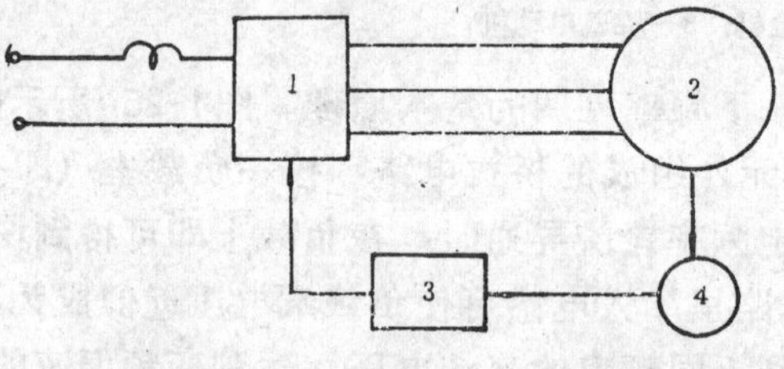

图 4-27　可控硅电动机的方框图

1—可控硅逆变器；2—同步电动机；3—控制回路；4—位置检测器

（1）电机　此处电机是一台普通同步电动机，有旋转电枢式和旋转磁极式两种。一般多用旋转磁极式。磁极上的绕组由直流励磁。

（2）逆变器　相当于直流机中的换向片。有交-直-交方式和交-交方式两种。采用交-直-交变频器的无换向器电机叫直流无换向器电机，也叫无换向器电机交-直-交系统。如图4-28所示，它是把50Hz的交流电经可控硅整流变成直流电，再由逆变器转变成频率可调的交流电，供给同步电机。用交-交变频器的无换向器电机叫交流无换向器电机，也叫无换向器电机交-交系统。它是利用变频器直接把50Hz的交流电转变成频率可调的交流电供给电机。交-交系统又有采用电流型变频器的和电压型变频器的两种，分别如图4-29*a*和*b*所示。从图4-28和图4-29比较可见，直流无换向器电机的系统比较简单，所用的可控硅元件较少。而且直流无换向器电机既能经过可控硅整流装置用于交流电源，又能直接用于直流电源。同时从图4-28可见，它的控制系统和一般直流电机的调压调速系统基本相同，这给系统设计、使用、维护检修带来很大方便。所以，近年来国外无换向器电机应用中，特别在大型电机中，广泛应用了交-直-交系统。

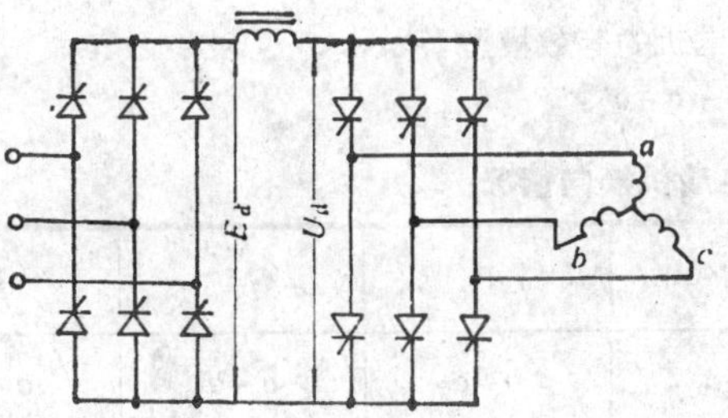

图 4-28 无换向器电机交-直-交系统

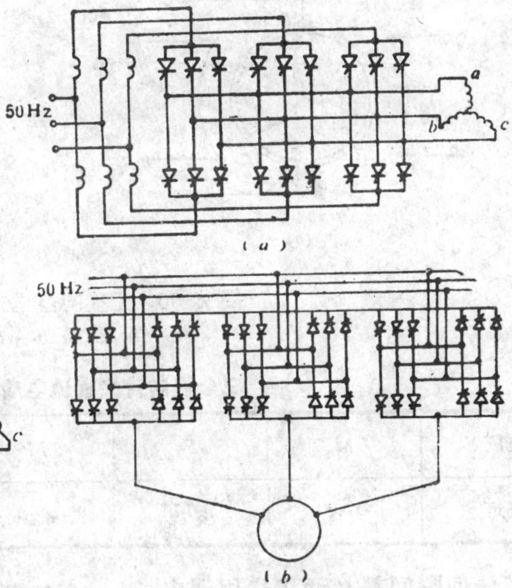

图 4-29 无换向器电机交-交系统

a—电流型；b—电压型

这里的变频器和一般变频调速系统中的变频器不同，它的输出频率不是独立调节的，而是决定于各可控硅的控制信号，即受安装在同步电动机轴上的位置检测器PS所控制。如果电机转速低，PS的输出信号频率也低，变频器输出频率也低，所以叫“自控式变频器”。

（3）位置检测器和控制回路　相当于直流机中的电刷。

为什么一台同步电机加了一组逆变器和转子位置检测器以后，就变得和一台直流机一样呢？研究一下无换向器电机的工作原理，这个问题也就解决了。

4.7.2　无换向器电机的工作原理

目前常用的无换向器电机一般是由三相同步电机加一套逆变器组成。这相当于一台只有三个线圈、三个换向片的直流电机。这里的基本想法是，用逆变器代替换向片，用位置检测器和控制回路代替电刷。这样就取代了直流电机的换向装置。所以，搞清无换向器电机工作原理的关键，在于搞清二者在换向作用上是如何等效的。

4.7.2.1　三个换向片式直流电动机的换向

与三相电机组成的无换向器电机等效的直流电机模型如图4-30所示。实际的直流机有很多换向片。这是一台最简单的两极、三个换向片的直流电机结构简图。下面分析它的换向过程。在图4-30a所示的情况下，电刷M将换向片b和c短接，b、c两相绕组短路，处在b相到c相的换向过程中，表示为$(b-c)_M$，即表示在电刷M下由b相到c相换向。在电机转过60°以后，如图4-30b所示，电刷P将换向片a和b短接，a、b两相绕组短路，处在a相到b相的换向过程中。表示为$(a-b)_P$。可见每间隔60°进行一次换向。换向情况如表4-1所示。在转速n一定时，换向的时间决定于电刷的宽度。如果不考虑电刷的宽度，即忽略换向间隙，则三个换向片式直流电动机换向具有如下三个特点：

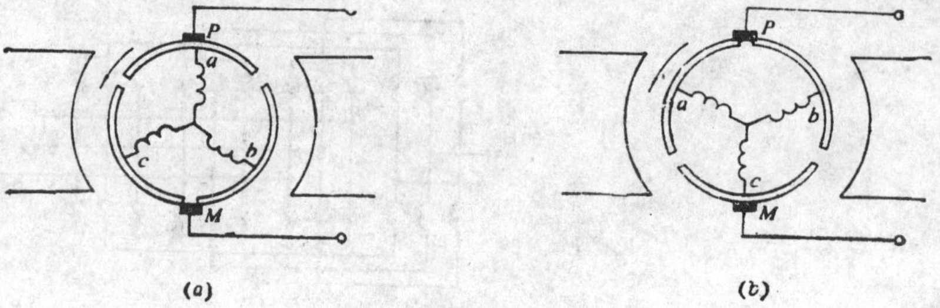

图 4-30　无换向器电机的等效模型

a—$(b-c)_M$；b—$(a-b)_P$

表 4-1　　**三个换向片式直流电动机换向情况**

换向电刷	M	P	M	P	M	P
换向绕组	$b-c$	$a-b$	$c-a$	$b-c$	$a-b$	$c-a$

1）任何瞬间都是两相绕组通电；

2）每一相绕组正向通电时，工作区间为120°；

3）每隔60°有两相绕组换流。

这三个特点也是用可控硅取代换向片的基本依据。

4.7.2.2　无换向器电机的换向

在直流电动机中，电枢旋转，磁场是静止的。而无换向器电机一般多为旋转磁极式，即电枢绕组及逆变器是静止的，磁极是旋转的。为使两者便于对比起见，根据运动的相对性，在直流机模型中，我们也可以认为电枢和换向片空间位置不动，磁极和电刷向相反方向转动。这样电枢中各导体的电流不会发生变化。下面进一步将机械的换向器用可控硅“开关”来代替。考虑到电机绕组中的电枢电流一般都沿着正反两个方向流动，而作为半导体元件的可控硅管，只允许电流单方向流动，所以要用正反向两个可控硅管代替一个换向片。其接法如图4-31所示。这是无换向器电机交-直-交系统的常用接法。

在三个换向片式直流电机中，换向是靠换向片和电刷间接触情况的改变来完成的。而在无换向器电机中，是通过可控硅管的换流来实现的。在图4-31 a 中，可控硅SCR_A和

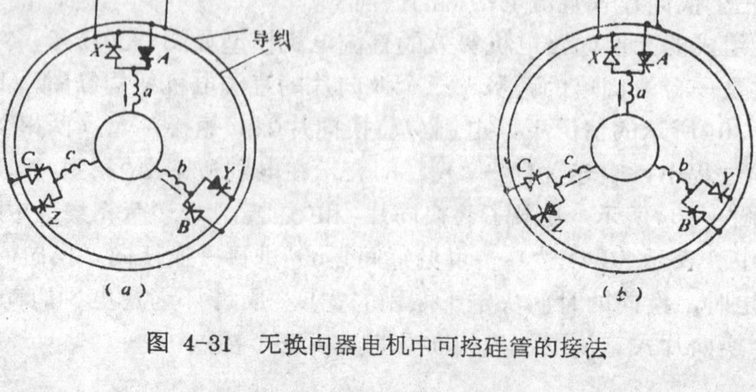

图 4-31　无换向器电机中可控硅管的接法

SCR_Y导通，电流从电源正端经SCR_A流向a相绕组，然后经b相绕组和SCR_Y回到电源的负端。其路径为：$+\rightarrow SCR_A\rightarrow a$相绕组$\rightarrow b$相绕组$\rightarrow SCR_Y\rightarrow -$。现在使$SCR_Z$触发导通，$SCR_Y$关断，如图4-31$b$所示，则电流路径为：$+\rightarrow SCR_A\rightarrow a$相绕组$\rightarrow c$相绕组$\rightarrow SCR_Z\rightarrow -$。其间，在$b$相绕组和$c$相绕组间进行了换流。

由此看出，在三个换向片式直流电机中，每当电机转过60°电角度时，出现一次换向过程。同样，在无换向器电机中，电机每转过60°电角度，可控硅管也进行一次换流。可能出现的六种可控硅管导通情况如图4-32所示。这样正转时电流方向及可控硅管导通顺序如表4-2所示。

表 4-2　　正转时电流方向及可控硅管导通顺序

时间（电角度）	0°		120°		240°	360°
电枢绕组电流方向	a→b	a→c	b→c	b→a	c→a	c→b
（+）侧导通的SCR	A		B		C	
（−）侧导通的SCR	Y	Z		X		Y

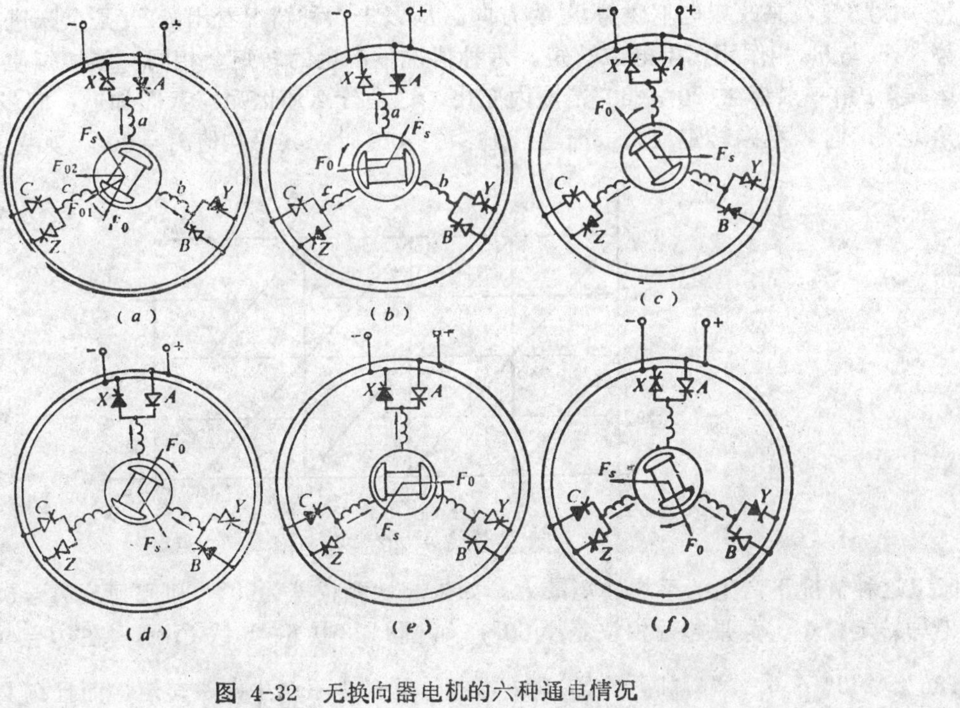

图 4-32　无换向器电机的六种通电情况

可控硅管的轮流导通，相当于直流电机中的磁极和电刷在旋转。在直流电机模型中，换向时间决定于电刷的宽度；而在无换向器电机中，换向时间决定于重叠角的大小。如果不计重叠角的大小，电机各绕组间换流情况同样符合前述的换向所具有之三个特点。因此，可控硅逆变器代替了直流机中的三个换向片。

4.7.2.3　无换向器电机的运转情况

在图4-32a中，SCR_A和SCR_Y导通，电流流过a相和b相绕组，此时电枢磁势$\dot{F}_s$垂直于c相绕组的轴线。假设这时磁极位置如图a所示，则励磁磁势$\dot{F}_0$与电枢磁势$\dot{F}_s$空间位置差为120°电角度。在可控硅管SCR_A和SCR_Y继续导通的时间内，流经绕组a和绕组b的电流也将维持一段时间，因此电枢磁势$\dot{F}_s$的方向在这段时间内保持不变。但是磁极是连续转动的，其磁势$\dot{F}_0$也随之连续旋转。当$\dot{F}_0$转到$\dot{F}_{01}$位置时，$\dot{F}_{01}$与$\dot{F}_s$空间位置差为90°，电机产生的转矩最大，磁极转到$\dot{F}_{02}$位置时，$\dot{F}_{02}$与$\dot{F}_s$的空间位置差为60°。由于距a相绕组开始通电的瞬间已有60°电角度，可控硅管将在控制电路中控制信号的作用下，进行换流。即SCR_Y关断，SCR_Z导通，如图b所示。此时a、c两相绕组通电，电枢磁势$\dot{F}_s$从图a的位置跃变到与b相绕组轴线垂直的方向，也就是跳跃式地步进了60°电角度。电枢磁势$\dot{F}_s$与励磁磁势$\dot{F}_0$之间的空间位置差又恢复到120°。所以，电枢磁势$\dot{F}_s$产生后，在空间停留60°电角度后，前进60°电角度。如此重复下去，就得到图4-32中的六种状态。每种状态下，$\dot{F}_s$与$\dot{F}_0$的相位差θ始终在120°～60°的范围内。换言之，就是每当磁极转过60°，就对电动机定子绕组进行一次切换，来改变电枢磁势$\dot{F}_s$的方向。从以上六种情况看出，$\dot{F}_s$是个跃进式的旋转磁势，F_s与F_0相作用产生电磁转矩。六种情况下产生的转矩全相同，该转矩使电动机连续运转。θ角一般都在120°～60°范围内变化，这是什么原因呢？我们知道，同步电动机当功角$\theta=90°$时，电磁转矩最大，而当$120° \geqslant \theta \geqslant 60°$时，其平均值$\theta_P=90°$，如图4-33所示。

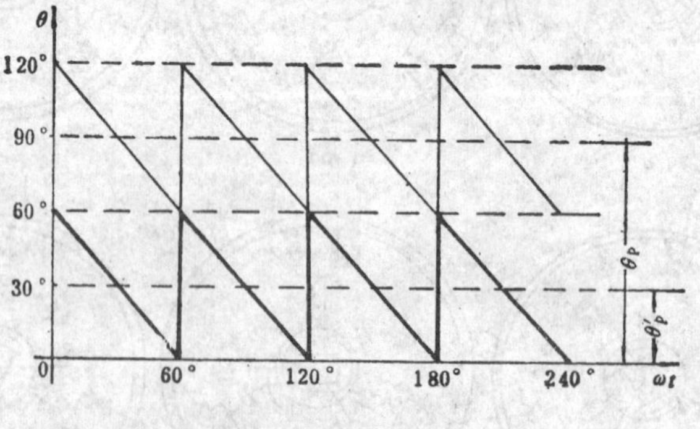

图 4-33　θ 角的变化范围

所以这种情况下产生的平均转矩最大。如果起始相位差为90°，则可画出$\theta_P=60°$，产生的平均转矩减小。如果起始相位差为60°，如图4-33中粗实线所示，在$\omega t=60°$、120°、180°、240°……一些瞬间$\theta=0°$，即$\dot{F}_s$与$\dot{F}_0$重合，不产生电磁转矩，而且θ'_P只有30°，产生的平均转矩更小。若起始相位差进一步减小，则将使电机无法正常运行。由以上分析可以看出，θ角在120°～60°间变化为最佳状态。

由于无换向器电机的电枢磁势F_s是一个跳跃式的步进磁势，尽管转子磁势F_0是随着转子连续旋转的，但它们相互作用所产生的转矩却都是脉动的。当电机高速运转时，由于转动部分的惯性作用，这种转矩的脉动往往反映不出来。但是，在低速运行时影响较大，要尽量减小其脉动成分。

4.7.3 位置检测器

在对无换向器电机工作原理的分析中，我们看出逆变器各可控硅管间换流时间取决于磁极和电枢绕组的相对位置。检测二者相对位置的任务由位置检测器来完成。装在同步电动机轴上的转子位置检测器，根据转子位置产生相应的信号，经过控制回路去触发控制逆变器，使可控硅管间换流，电动机定子绕组中的电流换向。由此看出位置检测器和控制回路起了直流机中电刷的作用。根据结构和原理的不同，位置检测器有很多种型式，应用较广的有：

1）磁敏式位置检测器；

2）光电式位置检测器；

3）接近开关式位置检测器；

4）差动变压器式位置检测器；

5）霍尔元件式位置检测器。

其中，磁敏式和霍尔元件式位置检测器多用于小型晶体管电动机上。在容量较大的电机中，国外多用光电式和接近开关式位置检测器。因为它们的灵敏度高。但是从国内实践看，以差动变压器式结构比较简单，工作最为可靠，目前应用较多。其简单原理如下：它的转子是切成扇形的圆盘，其扇形部分的圆周为360°/2p。对四极即$p=2$的电动机，其具体结构如图4-34a所示。定子由三只开口的E字形变压器做检测元件。这三只变压器在空间

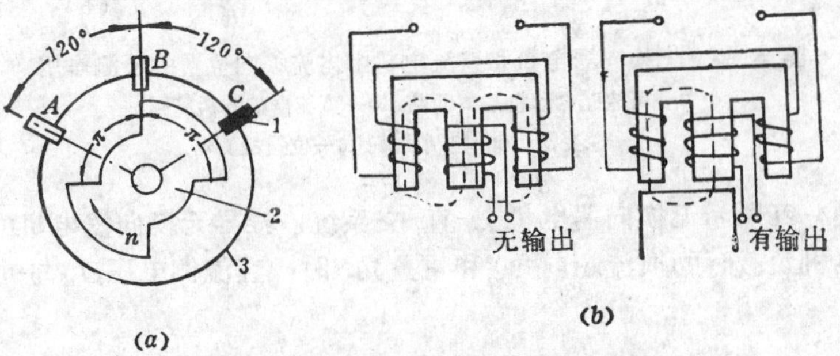

图 4-34 差动变压器式位置检测器

a—结构图；b—工作原理图

1—检测元件；2—转动圆盘；3—支架

互相间隔120°电角度，空间位置差机械角为120°/p，此时相差机械角为60°，如图a中的A、B、C所示。变压器的具体结构示于图b中。E字形变压器铁心的两边两条腿上绕有两个相互串联的原绕组，副绕组绕在中间腿上。原绕组中通入1～5kHz的方波交流电。当圆盘缺口处于变压器铁芯边缘时，三芯柱气隙相同，中间腿合成磁通为零，副边无感应电势，没有输出信号。反之，当圆盘凸出部分转到变压器铁芯边缘时，由于两侧磁路不对

称，则副绕组中有感应电势，而发出信号。电机旋转时，位置检测器圆盘凸出部分依次扫过变压器A、B、C，于是三个检测元件分别得到相位差120°电角度的高频信号，再经整形后，输出矩形波。

4.7.4 无换向器电机的基本性能

上面分析了无换向器电机中电机的运行原理和位置检测器的原理。在此基础上，我们再将无换向器电机和直流机对比，加深对其基本性能的理解。可控硅电动机的基本回路如图4-35a所示。直流电机绕组中的感应电势和实际通过的电流是交变的。从电枢绕组和定子磁场之间的相互作用看，它实际上是一台同步电动机。这个同步电动机和直流电源之间是通过换向器和电刷联系起来的。在电动机情况下，换向器起着图4-35a中逆变器的作用，把电源的直流电逆变成交流电，送入电枢绕组。在这里，电刷不仅起引导电流的作用，而且由于电枢导体在经过电刷所在的位置时，其中的电流要改变方向，所以电刷的位置决定着电机中的换流地点。也就是说，直流电动机的电刷起着电流换向位置的检测作用，即相当于图4-35a中位置检测器的作用。电刷的位置检测作用如图4-35b所示。通过对比，我们更清楚地看到，无换向器电机和一般直流电机具有基本相同的调速特性。这点是不难理解的。

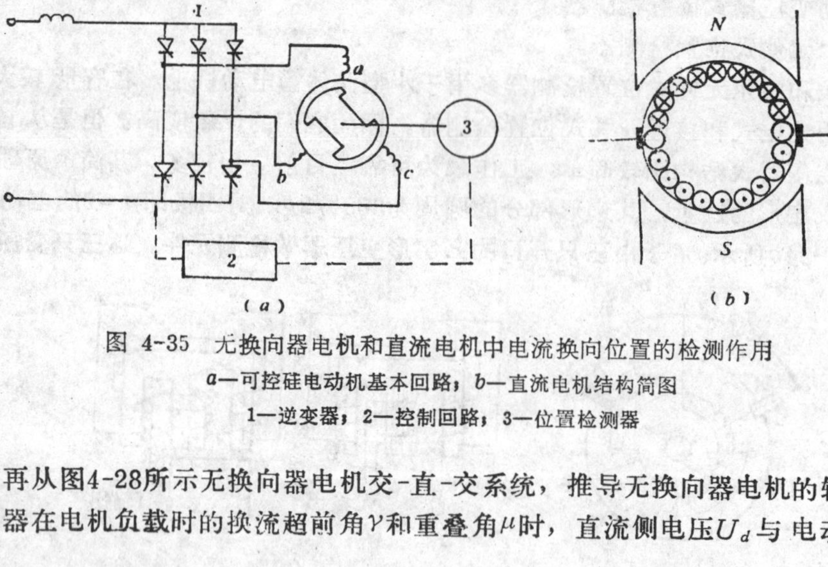

图 4-35 无换向器电机和直流电机中电流换向位置的检测作用

a—可控硅电动机基本回路；b—直流电机结构简图

1—逆变器；2—控制回路；3—位置检测器

下面再从图4-28所示无换向器电机交-直-交系统，推导无换向器电机的转速公式。当考虑逆变器在电机负载时的换流超前角γ和重叠角μ时，直流侧电压U_d与电动机电压U间的关系为

$$U_d=2.34U\cos\left(\gamma-\frac{\mu}{2}\right)\cos\frac{\mu}{2} \qquad (4\text{-}21)$$

由电机学知，电动机电枢每相绕组的电势E与转速n及磁通Φ之间的关系为

$$E=4.44f_1W_1k_{w_1}\Phi=4.44\frac{pn}{60}W_1k_{w_1}\Phi$$

在忽略电动机定子内部压降（已归入R_Σ中）时，$U\approx E$，因此

$$U=E=4.44\frac{pn}{60}W_1k_{w_1}\Phi \qquad (4\text{-}22)$$

将式4-22代入式4-21中，得

$$U_d=\frac{2.34\times4.44}{60}pnW_1k_{w_1}\Phi\cos\left(\gamma-\frac{\mu}{2}\right)\cos\frac{\mu}{2}$$

令　$K_E=2.34\times4.44pW_1k_{w_1}/60$，则

$$U_d=K_E\Phi n\cos\left(\gamma-\frac{\mu}{2}\right)\cos\frac{\mu}{2} \tag{4-23}$$

在图4-28中，整流桥输出的空载端电压E_d与逆变桥电压（电动机一相绕组的电势）U_d间的关系为

$$U_d=E_d-I_dR_\Sigma \tag{4-24}$$

式中　R_Σ——直流回路的等效电阻。包括平波电抗器电阻R_p、可控硅损耗的等效电阻R_{SCR}及电枢相绕组的电组R_s，即$R_\Sigma=R_p+2R_{SCR}+2R_s$。

从式4-23和式4-24可以求出转速和整流桥输出直流电流I_d的关系为

$$n=\frac{E_d-I_dR_\Sigma}{K_E\Phi\cos\left(\gamma-\frac{\mu}{2}\right)\cos\frac{\mu}{2}} \tag{4-25}$$

式4-25即为直流无换向器电机的转速公式。将它与直流电动机的转速公式比较，可以看出二者是非常相似的。

从式4-25看出，分别改变无换向器电机的直流电压U_d、磁通Φ、换向超前角γ，都可以改变无换向器电机的转速n。但是，由于改变U_d可以获得较好的调速性能，所以实际上多采用改变直流电压U_d的调速方法。

如果将逆变器的触发顺序变更一下，电动机即可反转。这比直流电动机可逆运转时要用两组整流桥改变电枢电压极性，更为简单方便。

综上所述，无换向器电机具有和直流机相似的调速性能。而且由于无换向器电机用逆变器代替了直流机中的换向器，用位置检测器代替了直流机中的电刷，避免了直流机换向时产生火花的问题。采用密闭防爆等结构，可以用于化工厂、水泥厂、纺织厂、矿山等环境比较恶劣的地方。由于它不需要经常维修，所以特别适合于安装在人不可及的设备上，例如原子能工业、高空飞行器、深海潜水艇等。由于它没有换向器这个薄弱环节，还可以向大容量、高电压、高转速方向发展，使电机体积有效地减小。例如、石油、天然气、矿山等工业环境都需要数千千瓦，6000～9000r/min的高速大容量机组。这样的机组若采用增速齿轮传动，价格昂贵。而采用无换向器电机则是比较经济的。目前日本500kW以下的无换向器电机早已有系列产品，容量更大的机组也在不断出现。例如日本富士电机公司已制成3kV-5000kW机组和13.8kV-22.5MW的扬水发电机起动装置。无换向器电机的控制也很方便。特别当电动机进行四象限运行时，只要改变可控硅管的触发顺序即可实现，不必采用两个整流桥反并联方式，使控制系统大为简化。因此，无换向器电机调速系统是交流调速中很有发展前途的调速方法。我国很多单位在无换向器电机的理论研究和产品试制方面也做了大量的工作。

4.8　矢量变换控制

从直流机过渡过程的分析中我们知道，如果要加快过渡过程，获得最大的恒加（减）速度，根据运动方程式，就要使电磁转矩在整个过渡过程中保持不变。这点在直流拖动控

制系统中很容易办到。异步机拖动系统同样服从于运动方程式，为了得到最佳的动态性能，也要控制电磁转矩使之恒定。但是，要在动态中准确地控制异步机的转矩是比较困难的。因此，人们就想能否在异步机上设法模拟直流机控制转矩的规律呢？从这点出发，1971年联邦德国首先提出矢量变换控制；72年日本也研究出矢量变换控制系统。这种控制系统能得到和直流机一样的调速特性，是一种新的控制结构，是交流机理想的调速方法，在国内外引起人们极大的重视。我国已引进矢量控制系统，同时很多单位都在研究这种系统。这里只简单介绍这种方法的基本思想和基本工作原理。

4.8.1 直流机和异步机转矩控制的差异

直流机的结构简图如图4-36a所示，磁场和电枢电流相互作用，产生电磁转矩$M=C_m\Phi I_s$，磁通Φ与电枢电流I_s互相垂直，如图4-36b所示。而且Φ与I_s是两个互不相关的独立变量。同时，由于磁通Φ与励磁电流I_L成正比，分别调节I_L和I_s即可方便地控制直流机的转矩。所以，直流机有很好的调速性能。

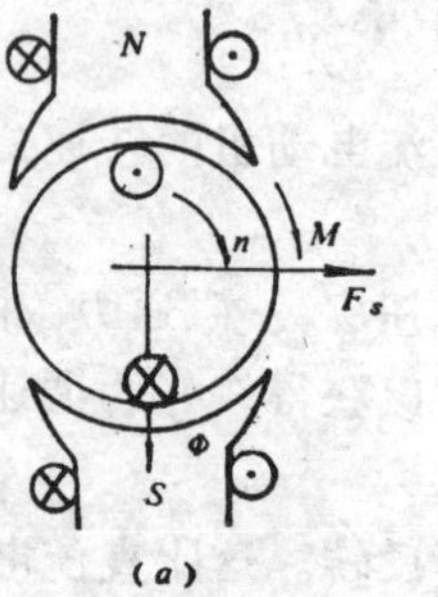

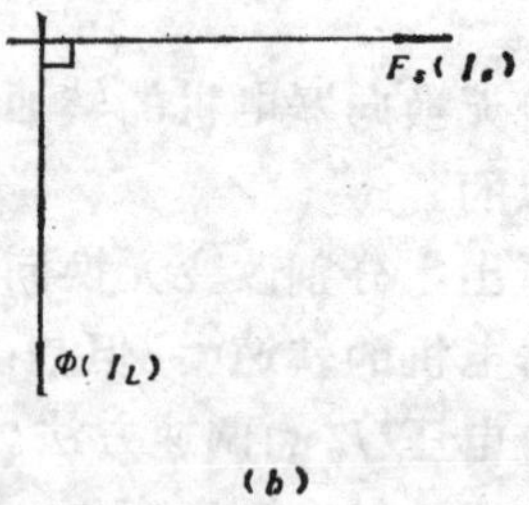

图 4-36 直流机结构简图及其I_L与I_s的关系

a—结构简图；b—I_L与I_s的关系

异步机则不然。三相异步机的转矩与转子电流的关系为

$$M=C_M\Phi_m I_2'\cos\varphi_2$$

其中气隙磁通Φ_m、转子电流I_2'、转子功率因数$\cos\varphi_2$都是转差率s的函数，而且都难以直接控制。比较容易直接控制的是定子电流I_1，而I_1又是I_2的折合值I_2'与励磁电流I_0的矢量和。因此，要在动态中准确地控制异步机的转矩，显然是比较困难的。综上所述，异步机转矩不易控制的原因是：

1）气隙磁通Φ_m是由定子磁势与转子磁势合成产生的，并在空间以同步转速旋转；

2）异步机转矩不仅与Φ_m和I_2有关，而且与转子功率因数$\cos\varphi_2$有关。同时$\cos\varphi_2$又与转速有关；

3）Φ_m与I_2不是独立变量，而且转子电流也不能直接控制

4.8.2 矢量变换控制的基本思路

异步机转矩难以控制。如果从电机的统一理论出发，能找到异步机和直流机电磁转矩之间的共同基础和内在关系，就可以模拟直流机来控制异步机转矩了。

无论什么电机，首先必须有磁场。磁场之间能否等效呢？在异步机中，是三相对称绕组通入三相对称交流电i_a、i_b、i_c，即产生以同步速Ω_0旋转的磁场，如图4-37a 所示。同样，在两相对称绕组α、β（两相绕组匝数相等且互相垂直，即在空间相差90°）中，通入

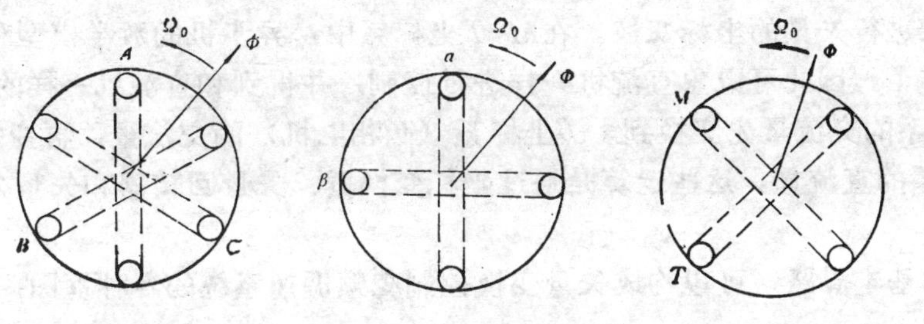

(a)　　(b)　　(c)

图 4-37　等效的交流机绕组与直流机绕组

a—三相电机；*b*—两相交流机；*c*—直流机模型

两相对称电流i_α和i_β（电流幅值相等，时间上互差90°）时，也产生以Ω_0速度旋转的磁场，如图4-37 *b* 所示。如果此旋转磁场和三相电机中的磁场大小相等，转速相同，则两套绕组等效。而在图4-37*c*中，有两个对称绕组M和T，分别通入直流电i_M和i_T，则产生位置固定的磁场。如果使两个绕组同时以Ω_0速度旋转，磁通Φ也跟着旋转，在磁场强度相等的条件下，图*c* 也可以和图*a*及图*b*中的绕组等效。也就是说，三相异步机可以等效成定子绕组旋转，而绕组中通入直流电，产生固定磁场的直流机模型。这样以产生同样的旋转磁场为准则，图*a*、*b*、*c*三套绕组等效，则i_a、i_b、i_c和i_α、i_β及i_M、i_T之间就存在着确定的关系，即矢量变换关系。要保证i_M和i_T为某一定值，则i_a、i_b、i_c必须按一定规律变化。只要按照这个规律去控制三相电流i_a、i_b、i_c，就可以等效地控制i_M、i_T。这是一种人为的辅助想法。

异步机的相量图如图4-38所示。如果将Φ_m与$\cos\varphi_2$的乘积组成一个新的变量Φ_2，称

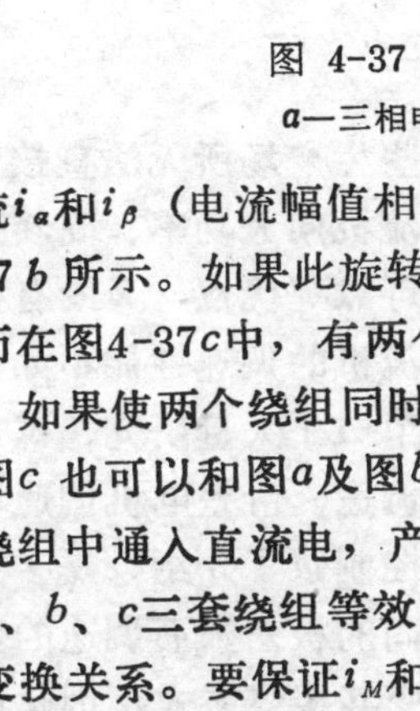

图 4-38　异步机的相量图

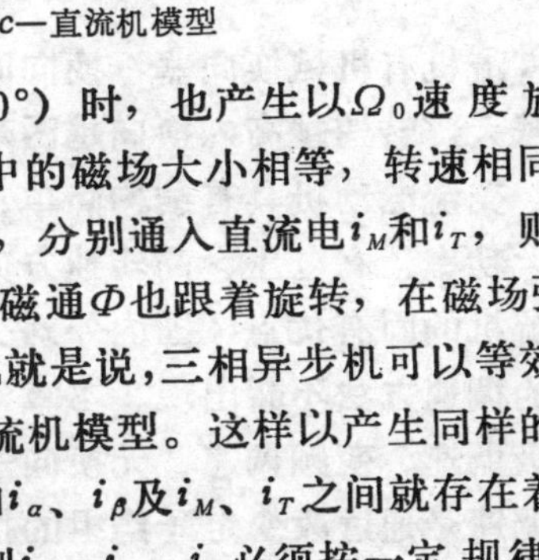

图 4-39　*M-T*坐标系

Φ_2为转子磁通，$\Phi_2=\Phi_m\cos\varphi_2$，则$M=C_M\Phi_2 I'_2$。若以$\Phi_2$为$M$轴，和$\Phi_2$垂直的方向为$T$轴，则可以组成$M$-$T$新坐标系。又由于转子漏电抗$x_2$很小，$\varphi_2$很小，实际上为了方便，常以$\Phi_m$方向取作磁场定向新坐标系的$M$轴。定子电流就可以分解为磁场电流分量$I_{1M}$和转矩电流分量$I_{1T}$，如图4-39所示。这样二者互相垂直，又彼此独立，能分别进行调节，就相当于直流机中的励磁电流和电枢电流了。

从数学上讲，就是把用a、b、c坐标系表示的电机矢量，变换成按Φ_m定向的M-T坐标系，也就是进行矢量的坐标变换。在M-T坐标系中，异步机的数学模型和直流机的数学模型就一样了。因此可以象直流机一样进行控制，并得到和直流机一样的特性。通常从a、b、c坐标系的交流量先变换到α-β坐标系（两相电机）的交流量，再变换到磁场定向的M-T坐标系的直流量。这些运算是通过坐标变换器、矢量回转器和矢量分析器等来完成的。

按以上的基本思路，可以构成矢量变换控制变频调速系统的各种框图，请见《近代交流调速》一书。

小　结

由于直流机有机械换向器，换向时易产生火花，有些生产场所无法直接使用。而且直流机容量越大，转速越高，换向越困难，所以限制了直流机向大功率、高转速、高电压方向的发展。交流电动机具有结构简单、价格便宜、工作可靠等优点，又没有换向部分，所以可以向大功率、高电压、高转速方向发展。但是，交流机的调速性能不如直流电机。为了发挥交流机的固有优点，国内外对交流电机的转速调节做了大量研究、试制和推广工作，使新的调速方法不断出现。本章对变极调速、调压调速、滑差电机调速、转子串电阻调速、串级调速、变频调速、无换向器电机及矢量变换控制做了介绍。

变极调速是通过改变定子绕组的接线方式来得到不同的极对数而调速的。这种电机叫变速电机。一般备有两套极对数不同的定子绕组，再改变其接线方式，因此最多可以得到四级转速。适用于要求有级调速的场合。定子绕组Y-YY变换时，可以实现恒转矩调速；△-YY变换时，可以实现恒功率调速。因为要同时改变定、转子的极对数，所以这种调速电机适于采用鼠笼转子。特别要注意的是，在改变定子绕组连接方式的同时，要改变定子绕组通电的相序，才能维持调速前后电动机的转向不变。

调压调速的开环调速性能不佳，没有实用价值，只有使用闭环控制系统。在闭环系统中，改变给定电压U_{gd}，可以实现平滑调速。调压调速既不是恒转矩调速又不是恒功率调速，电磁转矩$M\propto 1/s$，最适用于风机类型的负载。由于这种调速方法转速越低损耗越大，因此，拖动恒转矩负载时，不宜长期低速运行。同时也正因为低速时转差功率损耗大，所以适用于绕线异步机，在转子回路中串入电阻或频敏变阻器，以减轻电机内部的发热程度。

滑差电机调速的主要优点是结构简单、运行可靠。其开环调速特性不佳，因此在工程实践中多采用带转速反馈的闭环调速系统。电磁转矩M正比于$1/s$，最适用于风机类型的负载，或者用于要求有一定调速范围又经常运行于高速状态的设备上。

转子串电阻调速的调速指标不高，但由于这种方法的线路简单、初投资少，一些对调速性能要求不高的场合还在应用。如起重机上应用较多。

串级调速是在转子串电阻调速的基础上发展出来的一种较新的调速方法。在转子回路中不串电阻，而串入电势，将转差功率利用起来，因此调速效率高，经济性好。由于回馈转差功率的方式不同，分为机械回馈式串级调速和电气回馈式串级调速。它们的调速特性都相同。这些串级调速方式在工程实践中都在应用，但其中以可控硅串级调速的优点更为突出，因此也就更有发展前途。

变频调速是借助于改变定子供电电源频率而改变电动机转速的调速方法。调速过程中按U_1/f_1=常数的控制方式进行控制，可以实现恒转矩调速。基频以上保持$U=U_e$，提高频率可以实现恒功率调速。因此这种方法的调速性能优异，特别是调速范围大、平滑性好。其缺点是低速时过载能力低，需要专用的变频电源。

无换向器电机调速系统在电机构造上和同步电机相同。它用逆变器代替了直流机中的换向片；用转子位置检测器和控制回路代替了电刷；而工作原理、特性及调速方式又与直流机相似。因此，它既具有交流机结构简单、工作可靠、价格便宜的优点，又可以得到和直流机相似的调速特性，是一种理想的变速电机。

矢量变换控制是在三相异步机上模拟直流电机控制转矩规律的一种新型调速系统。它可以得到和直流机一样的调速特性，是交流机理想的调速方式。

总之，在大功率三相交流机上，可控硅串级调速、变频调速、无换向器电机调速及矢量变换控制是很有发展前途的调速方法。

思考题及习题

4-1 变极调速时，改变定子绕组接线方式的方法很多，其共同点是什么？

4-2 Y-YY变换的变极调速为什么能实现恒转矩调速？ △-YY变换的变极调速为什么能实现恒功率调速？

4-3 变极调速时，若定子绕组通电相序不变，将发生什么现象？为什么？

4-4 变极调速降速过程中，电机必须经过什么运转状态？为什么？

4-5 试述“滑差电机调速”的名称由来。

4-6 在滑差电机调速闭环控制系统中，是如何调节异步机转速的？

4-7 在滑差电机调速系统中，如何使被调异步机反转？

4-8 试分析串电阻调速的各项调速指标。

4-9 什么是串级调速？为什么在电动机转子回路串入电势可以调节异步电机的转速？

4-10 在串级调速系统中，按照回馈转差功率的方式不同，可以将串级调速分为哪几类？ 它们之间有何异同点？

4-11 变频调速时，按U_1/f_1=常数的方式进行控制，有何优缺点？如降低f_1调速时，不保持U_1/f_1=常数，有什么问题？

4-12 为什么基频以上升频调速时，属恒功率调速？

4-13 试分析变频调速的各项调速指标？

4-14 三相异步电动机带恒转矩负载时，若保持电源电压不变，要将频率升高到额定频率的1.5倍来实现高速运行（如果机械强度允许的话），可行吗？为什么？若带恒功率负载，采用同样的办法调速，可行吗？为什么？

4-15 在无换向器电机中，如何解决换向问题？

4-16 为什么无换向器电机既具有交流机的优点，又可以得到和直流机相似的调速特性？

4-17 矢量变换控制的基本思想是什么？为什么交流机的转矩比直流机的转矩难于控制？

4-18 试分别画出变极、调压、变频、可控硅串级调速、转子串电阻调速和滑差电机调速控制系统的机械特性。

5 电动机的容量选择

5.1 概 述

5.1.1 为什么要正确选择电动机的容量

实践证明，只有为电力拖动系统正确地选择电动机，才能使电力拖动系统可靠而经济地运行。

一般情况下，为了“安全”和“保险”，人们往往愿意选用容量偏大的电动机。这样会造成设备投资大，运行费用高，是很大的浪费。因为电动机越大，电机本身越贵，同时与之配合的控制设备投资也相应增加。由电机学知识我们知道，从电动机运行费用看，电动机的输出功率在额定值左右时，运行效率最高，轻载运行时效率很低。对异步电动机轻载运行时，不但效率低，而且功率因数也低，要由电网供给更多的无功功率。因此，选用容量偏大的电动机会使电动机的运行费用增加。

选用偏大的电动机极不经济。那么，如果选用的电机偏小又有什么问题呢？选用偏小的电机使电动机的过载能力低，而且还会降低电机的使用寿命。因为电动机的带负载能力决定于电机的过载倍数λ_M和额定转矩M_e的乘积。对同一系列的电机，λ_M是常数。所以额定转矩越小，电动机的带负载能力就越低。在运行中，电动机经常过载。一旦出现最大负载转矩$M_{fzm}>\lambda_M M_e$时，就无法正常工作。同时，在拖动同样大小的负载时，发热量相同，容量小的电机容易过热，电机的温升高（电机的温升为电动机本身温度与环境温度之差）。当电机温升不超过绝缘材料允许的温升时，电动机的使用寿命可达二十年以上。如果实际温升超过允许温升，则会缩短电机的使用寿命。工作温度从最大允许温度每升高8℃，绝缘寿命缩短一半。例如对A级绝缘材料的试验结果表明，工作温度保持95℃时，电机使用寿命为16、7年；在103℃时，只使用8年多；111℃时，使用4年多；以此类推，当工作温度达到170℃时，电机使用几天就坏了。这相当于用小马拉大车，超过它的能力，很快就累死了。同样，在选用容量偏小的电机时，也不能充分发挥生产机械的生产能力。可见选用偏小的电动机同样也是很大的浪费。因此，必须为电力拖动系统选择容量合适的电动机，才能保证电力拖动系统安全可靠、经济地运行。故此本章所述内容是很有实用价值的。那么，正确选择电动机容量的原则是什么呢？

5.1.2 正确选择电动机的原则

正确选择电动机的原则应该是：在电动机能够胜任生产机械负载要求的前提下，最经济最合理地决定电动机的功率。也就是说，应该完全满足生产机械对电动机提出的功率、转矩、转速及起动．调速、制动和过载的要求，电动机在运行中能够被充分利用，而且其温升不超过而是接近国家标准规定的温升。

电动机的选择就是要确定电机的电流种类、型式、额定电压和额定转速，而最重要的是电动机功率的选择。

电动机电流种类的选择　电流种类的选择应该满足生产机械对电动机起动、调速、制动的要求。在此前提下考虑经济性。交流电动机比直流电动机结构简单、运转可靠、维护方便、价格便宜。在满足工艺要求的前提下，应尽量选用交流电动机。但从我国目前情况看，在对调速性能要求高，且要求快速、平滑起、制动时，只好选用直流机。从今后发展方向看，交流机有可能代替直流机。

电动机转速的选择　在第一章中已指出，额定功率相同的电动机，额定转速越高则电机的尺寸、重量和成本越小，因此选用高速电动机较为经济。但是，由于生产机械要求的速度一定，电动机转速越高，传动机构的传动比越大，使传动机构复杂，价格高。因此，必须综合考虑电机与传动机构两方面的因素，来选择电动机的额定转速。

电动机额定容量的选择　决定电动机的功率时，要考虑电动机的发热和允许过载能力。对鼠笼异步电动机，还要考虑起动能力。而其中最重要的是发热问题。也就是说，在"不超过国家标准规定的温升"条件下，使电动机"完全满足生产机械对电动机提出的功率、转矩的要求"。电动机作为一个能量转换的部件，在能量变换过程中，电机内部产生损耗并变成热量，使电机的温度升高。因此，电动机的温升τ取决于运行中的损耗功率ΔP，而损耗又决定于电枢电流I_s，I_s决定于输出转矩M的大小。在转速一定时，输出转矩和输出功率成正比。所以，只要保证电动机的输出功率P_{sc}等于或小于所预选电动机的额定功率P_e，或保证电动机的输出转矩M_{sc}等于或小于所预选电动机的额定转矩M_e，即

$$P_{sc} \leqslant P_e \text{或} M_{sc} \leqslant M_e$$

就可以保证电动机在运行中的温升τ不超过允许最高温升τ_{ym}，即

$$\tau \leqslant \tau_{ym}$$

τ_{ym}为电机绝缘材料允许的最高温升。因为电机中耐热最差的是绝缘材料。电机工作时有损耗，损耗在电机里发热，使温度升高。当温度超过绝缘材料允许的限度时，就使绝缘材料变质，发出焦味，严重时使绝缘被破坏，电机冒烟而损坏。不同的绝缘材料有不同的允许温升。所以，τ_{ym}是一台电机带负载的限度，而电机的额定功率就是代表这一限度的。

电机中常用的绝缘材料有五级。

1）A级绝缘材料　包括经过绝缘处理的棉纱、丝、纸等和普通漆包线的绝缘漆。最高允许温度是105℃。电机中广泛采用。

2）E级绝缘材料　包括高强度漆包线的绝缘漆；环氧树脂；三醋酸纤维薄膜、聚脂薄膜及青壳纸；纤维填料塑料等。最高允许温度为120℃。电机中大量采用。

3）B级绝缘材料　包括以有机胶做粘合剂的云母、石棉、玻璃丝制品，如云母带、云母纸、玻璃丝漆布、石棉板等。最高允许温度为130℃。电机中也大量采用。

4）F级绝缘材料　包括与B级绝缘相同的材料，和以合成胶做粘合剂的绝缘材料。最高允许温度为155℃。大型电机中采用。

5）H级绝缘材料　包括用耐温180℃的硅有机树脂粘合或浸渍的B级绝缘材料；硅有机橡胶；无机填料塑料等新材料。最高允许温度为180℃。轧钢厂辊道用的电机中采用。

目前的趋势是日益广泛地使用高允许温度等级的绝缘材料，如F级、H级绝缘材料。这样可以在一定的输出功率下，使电机的重量与体积大大减小。

选择电动机时，除考虑发热外，还要考虑电动机的过载能力。直流机的过载能力受换向条件允许的最大电流及绕组机械强度的限制；异步机的过载能力则受其最大转矩M_m的

限制。无论是直流机还是异步机，都要使它所拖动的最大负载转矩M_{fzm}满足如下关系，即

$$M_{fzm} \leqslant \lambda_M M_e$$

在电流种类、额定转速、额定容量等项中，最重要的是容量的选择，所以本章着重讨论电动机容量的选择。又从以上分析看出，发热和温升是决定电机容量的主要因素。既然我们是按照电动机允许温升来选择电动机容量的，那么怎样才能使电动机的温度既不超过也不太小于其允许温度呢？这就要研究电动机的发热和冷却问题。

5.2 电动机的发热和冷却

一台电机由各种金属如铜、铁、硅钢片、铝等和绝缘材料组成，它们的热容量不同。而且电机中有些部件如绕组、铁心等产生热量，有些部分如机座、轴、绝缘材料等则不产生热量。它们的传热系数不同，各部件的热量传到周围介质中去的方式和路径也不同。情况比较复杂，研究起来非常困难。为了使问题简化，在研究电机的发热和冷却问题时，忽略次要因素，做如下假设：

1）电机是一个温度的均匀体，各部分的热容量和温度都相同，散热系数相同，而且二者均为常数；

2）周围介质温度不变。

5.2.1 电机的热平衡方程式

根据能量守恒定律，在任何时间内电机产生的热量，应该与电机本身温度升高所需要的热量和散到周围介质中去的热量之和相等。如果用Qdt表示dt时间内电机产生的总热量；$Cd\tau$表示在dt时间内，电机温升$d\tau$所需的热量；$A\tau dt$表示在同一时间内，电机散到周围介质中去的热量。则可以表示为

$$Qdt = Cd\tau + A\tau dt \tag{5-1}$$

式中 Q——电机在单位时间内产生的热量；

C——电机的热容量，即电机温度升高1℃时所需的热量；

A——电机的散热系数，它表示电机温度比周围环境温度高1℃时，单位时间内散到周围介质中的热量；

τ——电机的温升，即电动机与周围介质温度之差；

$d\tau$——在dt时间内温升的增量。

式5-1即为电机的热平衡方程式。它是研究电机发热和冷却的基础。

5.2.2 电机的发热

将式5-1等号两边同时除以Adt，得

$$\frac{Q}{A} = \tau + \frac{C}{A}\frac{d\tau}{dt}$$

令 $\frac{Q}{A} = \tau_w$——稳态温升，$\frac{C}{A} = T$——发热时间常数，则热平衡方程式变为

$$T\frac{d\tau}{dt} + \tau = \tau_w \tag{5-2}$$

式5-2是一个标准的一阶微分方程式，其解为

$$\tau=\tau_{qs}e^{-t/T}+\tau_w(1-e^{-t/T}) \tag{5-3}$$

式中 τ_{qs}——起始温升，即$t=0$时的温升。

如果$t=0$时，$\tau_{qs}=0$，则有

$$\tau=\tau_w(1-e^{-t/T}) \tag{5-4}$$

由式5-3和式5-4可以绘出电机的温升曲线，如图5-1所示。可见电机的温升是按指数曲线变化的。下面对式中两个主要物理量T和τ_w进行分析。

（1）电机的发热时间常数T 从式5-4看，当$t\to\infty$时，温升τ才达到稳态值τ_w。但实际上当$t=4T$时，$\tau=0.98\tau_w$，此时误差只有2%，可以认为电机已达到稳定温升。所以，从电机发热的角度看，发热时间常数T是个重要的物理量。它表示电机温度升高的快慢程度，反映了热惯性对温度变化过程的影响。其物理意义可以从两方面来理解。一方面从式5-4看出，T是电机温升从零上升到$0.632\tau_w$所需要的时间。从另一方面看

$$T=\frac{C}{A}=\frac{C\tau_w}{A\tau_w}=\frac{C\tau_w}{Q} \tag{5-5}$$

式中$C\tau_w$是电机温度升高到τ_w，所需的热量；Q是电机在单位时间内产生的热量，因此T可以理解为：电机发出的热量全部用来提高电机温度，使电机温升从零上升到τ_w所需要的时间。由$T=C/A$看出，电机的发热时间常数决定于热容量C和散热系数A。C是电机温度升高1℃时所需要的热量。显然电机的体积越大，热容量C越大，发热时间常数T也就越大。因此，容量小的电机T小，容量大的电机T大。一般来说，小容量封闭式电机的发热时间常数$T=10\sim20$分钟；大容量电机的发热时间常数可达数小时。

（2）稳定温升τ_w 当发热过程终了时，电机的温升不再升高，而趋于稳态值τ_w，此时$d\tau=0$。由式5-1热平衡方程式知，此时

$$Qdt=A\tau_w dt$$

显然此时电机发出的热量全部散到周围介质中去，电机不再吸收热量，自然其温升也就不再升高了。因此，只要将稳定温升τ_w控制在绝缘材料允许的最高温升τ_{ym}以内，电机连续工作也不会过热。

由$\tau_w=Q/A$看出，稳定温升τ_w大小决定于电机的发热量Q和散热系数A。在散热系数A不变时，加大负载或损耗增加时，电机的稳定温升τ_w升高。如果设法改善电机的散热条件，即加大散热系数A，则τ_w可以降低。

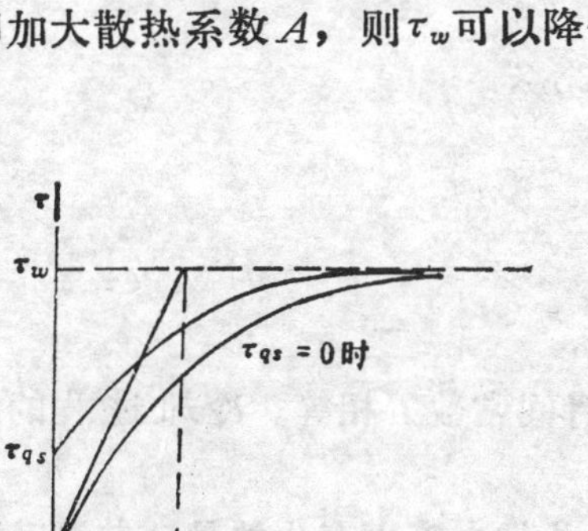

图 5-1 电机的温升曲线

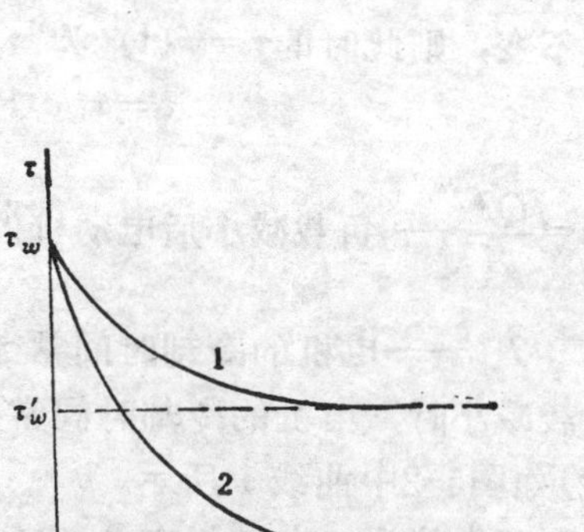

图 5-2 电机的冷却曲线$\tau=f(t)$

而电机的最高允许温升τ_{ym}为

$$\tau_{ym}=\frac{Q_e}{A}=\frac{0.24p_e}{A}$$

式中 0.24——电功率换算到热功率的热功当量；

p_e——电机的额定损耗功率。

$$p_e=P_{sre}-P_{sce}=\frac{P_{sce}}{\eta_e}-P_{sce}=P_{sce}\left(\frac{1-\eta_e}{\eta_e}\right)$$

式中 η_e——电机的额定效率；

P_{sre}——电机的额定输入功率；

P_{sce}——电机的额定输出功率，即为电动机铭牌上的P_e。

于是

$$\tau_{ym}=\frac{0.24P_e}{A}\left(\frac{1-\eta_e}{\eta_e}\right)$$

$$\therefore\ P_e=\frac{A\tau_{ym}\eta_e}{0.24(1-\eta_e)} \tag{5-6}$$

由式5-6看出，当电机尺寸不变时，想使其额定功率P_e提高，有三个途径：

1）提高散热系数A 用加大空气流通速度和散热面积的办法可以提高散热系数A。因此，电机广泛采用风扇（自带风扇的自冷式或另外设通风机的他冷式）和带散热筋的机壳。大电机有的用水冷。

2）提高绝缘材料允许的最高温升τ_{ym} 即在电机制造时采用等级较高的绝缘材料。

3）提高电机的额定效率η_e 即设法降低电机的损耗。

5.2.3 电机的冷却

热平衡方程式在电机冷却过程中同样适用。因此，可以应用式5-3研究电机的冷却过程，只是其中的起始值τ_{qs}、稳态值τ_w和时间常数不同而已。电机的冷却过程有两种情况。

（1）电机负载下降 当电动机所拖动的负载减小时，其损耗减少，单位时间内产生的热量减少为Q'，相应的稳定温升降低到τ_w'。而起始温升则为原来的稳态温升τ_w。设散热系数A不变，则此时的$\tau=f(t)$ 为

$$\tau=\tau_w e^{-t/T'}+\tau_w'(1-e^{-t/T'}) \tag{5-7}$$

式中 $\tau_w'=\dfrac{Q'}{A}$——负载减小后电动机的稳定温升；

T'——电机的冷却时间常数。

在负载减小时，电机的冷却时间常数T'和发热时间常数T相等。冷却过程的温升曲线$\tau=f(t)$如图5-2中曲线1所示。

（2）断电停车 电机脱离电源后，电机的损耗为零，不再产生热量，其温升逐渐下降，直到与周围介质温度相同为止。因此稳定温升$\tau_w'=0$，有

$$\tau=\tau_w e^{-t/T'} \tag{5-8}$$

此时冷却过程的温升曲线$\tau=f(t)$如图5-2中曲线2所示。

对于他冷式电机，此时冷却时间常数T'仍与发热时间常数T相等。但是对自冷式电机，停车后散热能力降低，散热系数A减小为A'，而使冷却时间常数加大到T'。T'可达$(2\sim3)T$。

本节研究的电机发热和冷却情况只适用于电动机拖动恒定负载连续工作的情况。而电动机的发热和冷却情况不但与其所拖动的负载有关，而且与负载持续时间的长短有关。负载持续时间不同，电机的发热情况就不同。所以，还要对电动机的工作方式进行分析。

5.3 按发热观点对电机工作方式的分类

生产机械的工作方式不同，其拖动电机的工作方式也不同。为了便于电动机的系列生产和用户的选择使用，按发热观点将电机工作方式分为三类。

5.3.1 连续工作制(或称长期工作制)

在连续工作制下运转的电动机，工作时间相当长。在工作时间内，电动机的温升可以达到稳定温升。显然其工作时间$t_g>(3\sim4)T$，一般t_g可达几小时、几昼夜、甚至更长的时间。电动机所拖动的负载可以是恒定不变的，也可以是周期性变化的。此类电机拖动恒值负载的电动机负载图及温升曲线如图5-3所示。电机铭牌上对工作方式没有特殊标注的电机都属于连续工作制。如水泵．风机、机床主轴、轧钢机主传动拖动电机等。

5.3.2 短时工作制

电机工作时间t_g较短，在工作时间内，电机的温升达不到稳定值τ_w，而停歇时间相当长，$t_T>(3\sim4)T$。电机的温升可以降到零，其温度和周围介质温度相同。短时工作制电

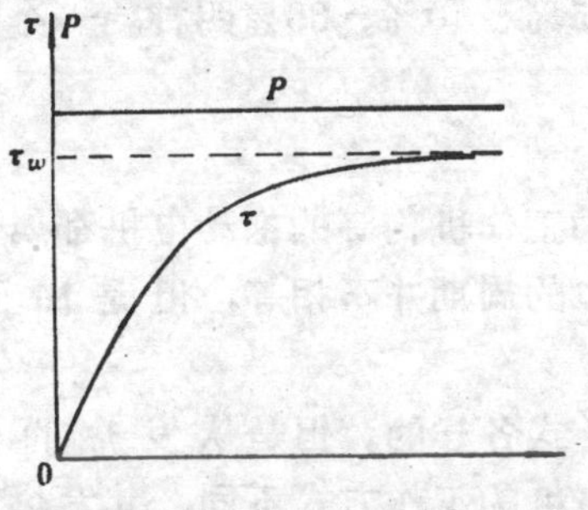

图 5-3 连续工作制电机的负载图与温升曲线

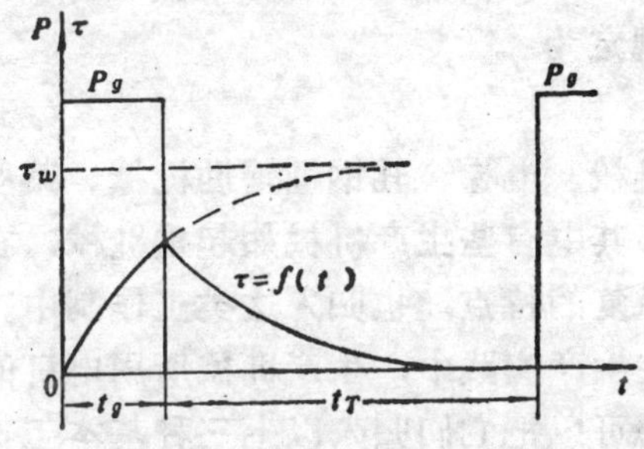

图 5-4 短时工作制电机负载图和温升曲线

机的负载图和温升曲线如图5-4所示。图中虚线表示电机拖动此负载连续工作时的$\tau=f(t)$曲线。一般应将t_g结束时的温升设计在接近绝缘材料允许的最高温升τ_{ym}。如设计使二者相等，则该电机在拖动同样负载而连续工作时，稳定温升将大大超过该电机的最高允许温升τ_{ym}，而将电机烧坏。所以，短时工作制电机拖动对应的额定负载时，不允许连续运行。我国规定的短时工作制的标准时间为15、30、60、90分钟四种。

属于这种工作制的电机，有水闸闸门、车床的夹紧装置、转炉倾动机构的拖动电机等。

5.3.3 周期性断续工作制（重复短时工作制）

在这种工作制下，电机的工作时间t_g和停歇时间t_T相互交替，两段时间都较短，$t_g<$

$(3\sim4)T$，$t_T<(3\sim4)T'$。在工作时间内，电机温升达不到稳定值，停歇时间内电机温升也降不到零。这样经过一个周期时间(t_g+t_T)，温升有所上升。经过若干个周期后，温升在最高温升τ_{max}和最低温升τ_{min}之间波动，达到周期性变化的稳定状态。其最高温升τ_{max}仍低于拖动同样负载连续运行的稳定温升τ_w。其温升曲线和负载图如图5-5所示。设计这种电机时，应该使最高温升τ_{max}在电机最高允许温升τ_{ym}的限度之内。显然，改变工作时

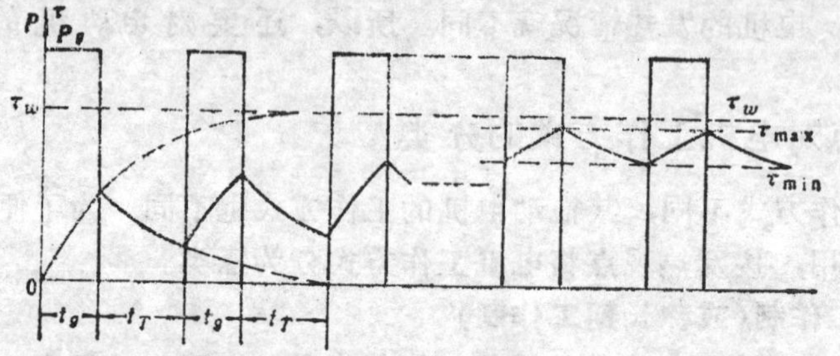

图 5-5　重复短时工作制电机负载图和温升曲线

间和停歇时间的比率，就会影响最大温升τ_{max}的大小，为此提出负载持续率（或称暂载率）$ZC\%$这一指标，并定义为

$$ZC\%=\frac{t_g}{t_g+t_T}100\% \tag{5-9}$$

它表明工作时间占周期时间的百分数。不难看出，如果周期时间和负载功率P_{fz}不变，则$ZC\%$越大，最大温升τ_{max}越高。即对同一台电机，$ZC\%$越大时，工作期间内允许的负载功率就越小。我国规定的标准负载持续率有15%、25%、40%、60%四种。一个周期的总时间规定为

$$t_g+t_T\leqslant 10\text{min}$$

起重机械、电梯、轧钢机辅助机械、某些自动机床的工作机构等的拖动电机都属于这种工作制。其中有些生产机械如起重机械，在工作过程中的周期并不相等，但是由于具有短时、重复的特点，也归入这类工作制中。

在生产实践中，生产机械所用电机的负载图是各式各样的。但是从发热的角度来考虑，总可以把它们归入以上三种基本工作制中去。电机的工作方式不同，其发热和温升情况就不同，因此，从发热观点选择电动机容量的方法也就不同。

5.4　连续工作制电机的容量选择

首先要说明的是，电动机容量选择实际上是带校验性的。因为选择电动机的容量就要画出电动机的负载图。但是，电动机在经常起制动时，它的负载转矩即轴上输出转矩为

$$M=M_{fz}+\frac{GD^2}{375}\ \frac{dn}{dt}=M_{fz}+M_g \tag{5-10}$$

要绘制电动机的负载图$M=f(t)$，除了要知道生产机械的负载图$M_{fz}=f(t)$外，还要知道折算到电动机轴上的飞轮矩GD^2（其中包括电动机本身的GD_d^2）和电动机的加速度图

$dn/dt=f(t)$。所以，必须先根据生产机械的负载图$M_{fz}=f(t)$，预选一台电动机，做电动机的负载图，再根据电动机的负载图对所预选的电机做发热和过载校验。因此，电动机的容量选择实际上是带校验性的。

连续工作制电动机所拖动的负载分为长时恒定负载和长时变化负载，下面分两种情况论述电机容量选择的方法。

5.4.1 长时恒定负载下的电动机容量选择

长时恒定负载是指在长期运行中，负载大小恒定不变或基本恒定不变的负载，如水泵、风机、大型机床主轴等。其负载图如图5-6所示。这种生产机械所用的电动机容量选择比较简单。由于连续工作制电动机带额定负载工作时，其稳定温升τ_w在电机绝缘允许的最高温升限度之内，所以只要在产品目录中选一台电机，使电动机的额定容量P_e等于或略大于生产机械需要的容量P_{fz}，发热就能通过。即

$$P_e \geqslant P_{fz} \tag{5-11}$$

对有冲击性负载的生产机械，如球磨机等，要在产品目录中选择过载能力较大的电机，并进行过载校验。若选择直流机，只要生产机械的最大转矩M_{fzm}不超过电动机的最大转矩，过载校验就可以通过。即满足

$$M_{fzm} \leqslant \lambda_M M_e \tag{5-12}$$

如果选择异步电动机，考虑到异步电动机的转矩与其相电压平方成正比，在电网电压向下波动时，异步机的最大转矩与之成平方的减小，考虑允许电网电压波动10%，所以应取

$$M_{fzm} \leqslant 0.9^2 M_m$$

当选用鼠笼异步机时，还要校验它的起动能力。

5.4.2 长时变化负载下的电动机容量选择

电动机拖动长时变化负载连续运行时，它的输出功率在不断变化，而且大都是周期性的。如图5-7所示，每一周期包括五段。如按其中最大的功率P_5选电机，则电机容量偏大；反之电机容量又不足。因此，在工程实践中，一般都采用下述方法进行发热校验。

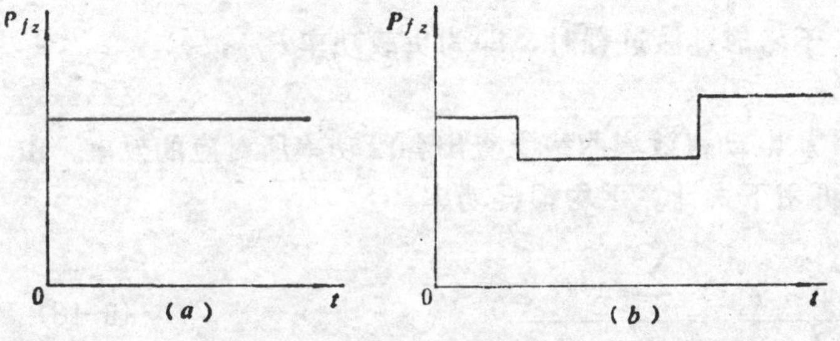

图 5-6 长时恒定负载图

a—恒定负载；*b*—变化负载

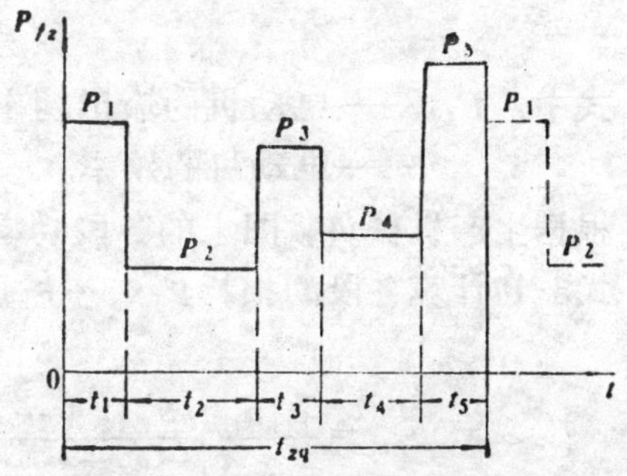

图 5-7 长时变化负载图

5.4.2.1 平均损耗法

一般负载的变化周期较短，发热时间常数T较大，在周期时间t_{zq}<10分钟，发热时间常数$T \gg t_{zq}$时，稳态循环中温升曲线上下波动不大。在发热校验时，可以用稳态循环的平均温升τ_{pj}代替最高温升，即$\tau_{pj} \approx \tau_{max}$。平均温升的大小取决于电动机的总发热量$Q$。又由

于$Q=0.24\Delta P$，所以，从发热观点可以用平均损耗p_{pj}代替平均温升。要求出平均损耗，就要知道各段的损耗功率，也就是要知道各段负载下电动机的效率η。这就要知道电动机的效率曲线。因此，首先要预选一台电动机，计算平均损耗，再进行发热校验。求平均损耗法的步骤如下：

（1）预选电动机　现假设有如图5-7所示的变化负载。根据生产机械折算到电动机轴上的负载图$P_{fz}=f(t)$或$M_{fz}=f(t)$求出平均负载功率P_{pj}或平均负载转矩M_{pj}为

$$P_{pj}=\frac{P_1t_1+P_2t_2+\cdots\cdots+P_5t_5}{t_1+t_2+\cdots\cdots+t_5}=\frac{\sum_{i=1}^{n}P_{fzi}t_i}{\sum_{i=1}^{n}t_i} \tag{5-13}$$

或

$$M_{pj}=\frac{\sum_{i=1}^{n}M_{fzi}t_i}{\sum_{i=1}^{n}t_i} \tag{5-14}$$

式中　P_1、$P_2\cdots\cdots P_{fzi}$——各段的负载功率；

M_{fzi}——对应t_i段的负载转矩；

$\sum_{i=1}^{n}t_i$——一个周期的时间。

预选电机的额定容量P_e为

$$P_e=(1.1\sim1.6)P_{pj} \tag{5-15}$$

$$P_e=(1.1\sim1.6)\frac{M_{pj}n_e}{9550} \tag{5-16}$$

如果过渡过程在整个工作过程中占较大比重，则系数（1.1～1.6）取偏大些。

（2）计算平均损耗p_{pj}　从电机学知，电动机的损耗功率p为

$$p=\frac{P_{sc}}{\eta}-P_{sc} \tag{5-17}$$

式中　P_{sc}——电动机的输出功率，不考虑过渡过程时，即为负载功率P_{fz}；

η——电动机的效率。

根据生产机械负载图上的各段功率，从电动机效率曲线上查出各段功率所对应的效率。由式5-17计算各段的损耗$p_1\cdots\cdots p_5$。再用下式计算平均损耗功率。

$$p_{pj}=\frac{p_1t_1+p_2t_2+\cdots\cdots+p_5t_5}{t_1+t_2+\cdots\cdots+t_5}=\frac{\sum_{i=1}^{n}p_it_i}{\sum_{i=1}^{n}t_i} \tag{5-18}$$

式中　$p_1\cdots\cdots p_i$——各段的损耗功率。

（3）计算额定损耗功率p_e

$$p_e=\frac{P_e}{\eta_e}-P_e \tag{5-19}$$

式中　P_e——电动机的额定功率；

η_e——电动机的额定效率。

如果满足下式，即

$$p_e \geqslant p_{pj} \tag{5-20}$$

则电动机的发热校验通过。若$p_{pj} > p_e$，则表明电机的发热比预选电机允许的发热大，即电机容量选小了，应再选大点的电机，重新进行发热校验；如果$p_{pj} \ll p_e$，则表明电机选得太大，应重选一台小些的电机再进行发热校验。

平均损耗最直接反映了电机的平均温升。所以，各种电机在一般情况下都可以用平均损耗法进行发热校验。但是这种方法的计算过程是比较麻烦的，而且有时电机的效率曲线不易得到，所以应该寻求更为简便的方法。

5.4.2.2　等效电流法

在平均损耗法中，我们同时考虑了可变损耗和不变损耗。不变损耗也叫定耗p_d，是不随负载变化而变化的。可变损耗简称变耗p_b，即为铜耗，$p_b = p_{Cu} = I^2R$，是随负载电流大小而变化的。电机总损耗为二者之和，即

$$p_{pj} = p_d + p_b$$

$$p_e = p_{de} + p_{be}$$

因为$p_d = p_{de}$，所以只要$p_b \leqslant p_{be}$，则必有$p_{pj} \leqslant p_e$。也就可以保证电动机的温升不超过允许值。这就是等效电流法的出发点。任何时候可变损耗都等于I^2R，因此每一周期中的平均值为

$$p_b = \frac{R\int_0^{t_{zq}} I^2 dt}{t_{zq}}$$

式中I为变化的电流。现在找一个不变的电流I_{dx}来代替变化的电流I，使二者在同一周期内产生的损耗相等。那么从发热观点看，变化负载下的变化电流就可以和这个不变的电流等效，即

$$I_{dx}^2 R = \frac{R\int_0^{t_{zq}} I^2 dt}{t_{zq}}$$

若R为常数，则

$$I_{dx} = \sqrt{\frac{1}{t_{zq}}\int_0^{t_{zq}} I^2 dt} \tag{5-21}$$

如果电流全为矩形波，如图5-8a所示，则等效电流计算公式为

$$I_{dx} = \sqrt{\frac{1}{t_{zq}}(I_1^2 t_1 + I_2^2 t_2 + \cdots\cdots + I_5^2 t_5)}$$

$$= \sqrt{\frac{1}{t_{zq}}\sum_{i=1}^{n} I_i^2 t_i} \tag{5-22}$$

若电流图是不规则的，如图5-8b所示，可用式5-21积分方法求出I_{dx}，也可以把变化曲线分成直线段，求出各段的等效值，然后仍用式5-22求I_{dx}值。在图5-8b中，只对三角形电流图求出等效值即可。在三角形电流图中，电流随时间按直线变化，即

$$I = at \tag{5-23}$$

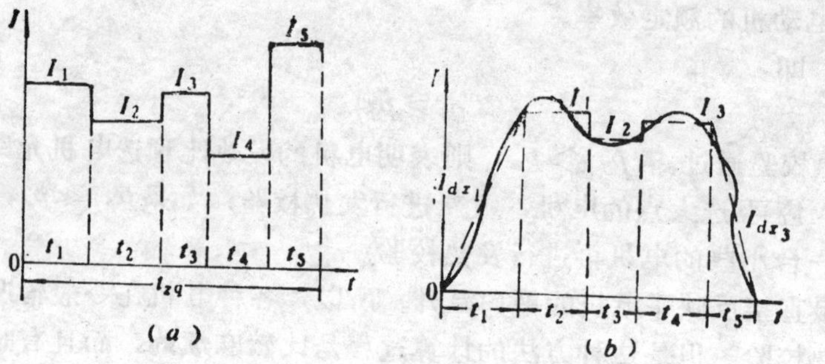

图 5-8 电动机的电流负载图

a—矩形波电流图；b—不规则的电流图

式中 $\alpha = I_1/t_1$——直线的斜率。

将式5-23代入式5-21中，得三角波电流图的等效电流I_{dx1}

$$I_{dx1}=\sqrt{\frac{1}{t_1}\int_0^{t_1}\left(\frac{I_1}{t_1}t\right)^2 dt}=\sqrt{\frac{1}{t_1}\times\frac{I_1^2}{t_1^2}\times\frac{t^3}{3}\Big|_0^{t_1}}$$

$$=\sqrt{\frac{I_1^2}{3}} \tag{5-24}$$

若有其他形状的电流图，也可用类似方法求出它的等效值。这样I_{dx}为

$$I_{dx}=\sqrt{\frac{1}{t_{zq}}\left(\frac{I_1^2}{3}t_1+I_1^2t_2+I_2^2t_3+I_3^2t_4+\frac{I_3^2}{3}t_5\right)} \tag{5-25}$$

如果满足以下关系

$$I_{dx}\leqslant I_e$$

则发热校验通过。

在推导等效电流I_{dx}计算公式的过程中，是假设电动机的定耗p_d为常数，电枢回路电阻为常数。所以等效电流法的适用条件应该是：定耗和电阻R为常数。因此，对于深槽和双鼠笼异步电动机，在经常起、制动时，电阻与铁损都有变化（其他用串电阻起动的电机也如此），而不适于应用等效电流法，只好采用平均损耗法对电动机进行发热校验。

5.4.2.3 等效转矩法

如果电动机的转矩与电流成正比，可将式5-22改写成转矩的形式，于是等效转矩M_{dx}为

$$M_{dx}=\sqrt{\frac{1}{t_{zq}}\sum_{i=1}^{n}M_i^2t_i} \tag{5-26}$$

如$M_{dx}\leqslant M_e$，则电机的发热校验通过。

应用等效转矩法时，除应满足等效电流法适用的条件外，电动机转矩还要和电流成正比，所以其适用条件为：定耗及电阻为常数，主磁通Φ为常数，对异步机，$\cos\varphi_2$也为常数。可见，对串励直流电动机、复励直流电动机及经常起、制动的异步电动机，不能用等效转矩法。

他励直流电动机弱磁调速时，原则上只能用等效电流法。但有时在负载图上对弱磁一段的转矩进行修正后，仍可采用等效转矩法。下面以龙门刨刨台拖动电机为例，说明修正

转矩的方法。图5-9为龙门刨刨床拖动电机的负载图及速度图。其中第五段退刀时的转速n高于额定转速n_e，是用减弱磁通升速的方法使$n>n_e$，以提高生产率的。因此这段的磁通Φ小于额定磁通Φ_e。电动机拖动的负载不变，电动机输出的转矩M也就不变。没有弱磁时$M=C_m\Phi_e I_s$；弱磁时$M=C_m\Phi I_s'$，显然I_s'要大于I_s。如果不对这段转矩M进行修正，M就不能反映电动机工作在这段时的发热情况。因此，要对这段的M进行修正。

$$\because \frac{\Phi_e}{\Phi}=\frac{I_s'}{I_s},\ \therefore \frac{\Phi_e}{\Phi}=\frac{M'}{M}$$

$$M'=\frac{\Phi_e}{\Phi}M \tag{5-27}$$

如图上的虚线所示。修正后即可使用等效转矩法对电动机进行发热校验。

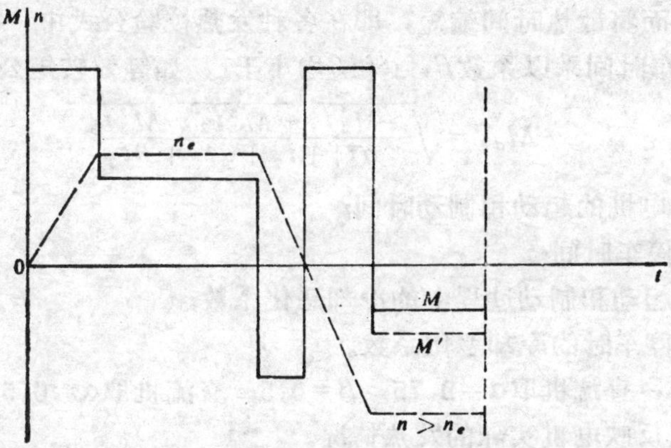

图 5-9 龙门刨刨台拖动电机的负载图和速度图

5.4.2.4 等效功率法

当整个工作期间内输出功率与转矩成正比时，式5-26可以改写成功率的形式：

$$P_{dx}=\sqrt{\frac{1}{t_{zq}}\sum_{i=1}^{n}P_i^2 t_i} \tag{5-28}$$

如果满足$P_{dx}\leqslant P_e$，则电机的发热校验通过。这种方法适用条件更窄，除满足等效转矩法适用条件外，还必须满足转速基本不变的条件。在负载功率图上，若有起、制动的区段，则不能直接用等效功率法。如只有个别段不满足$P\propto M$关系时，也可对功率曲线进行修正。使修正后的功率P'能反映电动机的实际发热情况。例如在第i段，$n<n_e$，必须按下式将P_i修正成P_i'。

$$P_i'=\frac{n_e}{n}P_i \tag{5-29}$$

但是对直流机因减弱磁通Φ，使$n>n_e$的负载功率，不必进行修正。因为此时功率P与电流I成正比，功率图能反映电动机的发热情况。这是由于此时转速从n_e上升到n'，功率P为

$$P=\frac{Mn'}{9550}=\frac{C_m\Phi In'}{9550} \tag{5-30}$$

电枢电压U不变，$U \approx C_e \Phi n' =$常数，即$\Phi n'$近似不变。所以$P \propto I$。

因为在电力拖动系统的计算中，往往可以直接得到负载转矩图，所以在三种等效法中，等效转矩法应用最为普遍。

5.4.2.5　各种发热校验公式的修正

由于自冷式电机是靠自身轴上所带的风扇在电机运行过程中进行自通风，因此在以额定转速运行时，电机的散热条件比较好。而在起、制动与停车时，电机转速变化，平均速度低，电机的散热条件就变坏了。在负载不变，发热量不变的条件下，经常起、制动的自冷式电动机比强迫通风的他冷式电机的温升要高。所以，针对相同的电动机负载图，对自冷式电机进行发热校验时，要适当加大反映电机实际发热情况的平均损耗p_{pj}、等效电流I_{dx}、等效转矩M_{dx}和等效功率P_{dx}。散热条件变坏，就是单位时间内散到周围介质中的热量少了，也就是散热系数A小了。但是A在各种发热校验的公式中都无所反映，因此设想散热系数A不变而将散热时间缩短，即在各种发热校验公式中，将起动时间、制动时间乘以系数α，将停车时间乘以系数β，α和β均小于1。如等效转矩公式修正为

$$M_{dx}=\sqrt{\frac{M_1^2 t_1+M_2^2 t_2+M_3^2 t_3}{\alpha t_1+t_2+\alpha t_3+\beta t_T}} \tag{5-31}$$

式中　t_1、t_3——电机的起动和制动时间；

t_T——停车时间；

α——起动和制动过程中的冷却恶化系数；

β——停车时的冷却恶化系数。

在工程实践中，直流机取$\alpha=0.75$，$\beta=0.5$；交流机取$\alpha=0.5$，$\beta=0.25$。因此使等效转矩加大，可以反映电机实际的发热情况。

5.4.3　非标准环境温度时的修正

某种等级的绝缘材料，允许最高温度是一定的。当环境温度不同时，允许最高温升不同，电机的输出容量就不同。所以，电机工作时的环境温度，直接影响电机的实际输出容量。我国幅员辽阔，环境温度差别很大。在电机设计时，只能取一种环境温度为标准环境温度。国家标准规定40℃为标准环境温度。

绝缘材料的允许温升定义为绝缘材料的允许温度和周围环境温度之差。而电动机的额定容量所对应的最高允许温升是按绝缘材料允许温度减去40℃设计的。如果实际环境温度不同，允许温升就不同，电机的带负载能力也就不同。例如，A级绝缘材料允许温度是105℃，它的最高允许温升$\tau_e=\tau_{ym}=105℃-40℃=65℃$。对应的损耗功率是$p_e$，对应的输出功率为$P_e$。如果环境温度为50℃，还输出$P_e$功率，损耗功率仍是$p_e$，温升仍保持65℃，则绝缘材料的温度就升高到115℃。如此长期运行，电机的寿命就要减少。若要使绝缘温度保持105℃不变，就要降低它的允许温升，也就是要降低它的输出功率，把大电机当小电机用。相反，如果环境温度低于40℃，则可以相应地提高电机的输出功率，把小电机当大电机用。可见当环境温度与标准环境温度40°相差较多时，应修正电机的额定功率。修正的方法是将I_e、M_e、P_e均乘以修正系数X。X为环境温度修正系数（公式推导从略），计算公式为

$$X=\sqrt{1+\frac{\Delta\tau}{\tau_e}(1+k)} \tag{5-32}$$

式中　$\Delta\tau$——标准环境温度40°与实际环境温度之差；

k——额定情况下，定耗与变耗的比例系数，一般电机$k=0.6$；

τ_e——电机的额定温升。

由式5-32看出，当实际环境温度低于40℃时，$\Delta\tau>0$，$X>1$，则电动机的实际输出电流、转矩、功率都可以高于其额定值；反之，则要小于额定值。还可看出X的大小与τ_e有关，即与电机的绝缘材料有关。在实际环境温度相同（$\Delta\tau$相同）时，绝缘材料等级不同的电机τ_e不同，它们的容量提高或降低的系数X也不同。

由于电机制造厂在规定绝缘材料的最高允许温度时，已经考虑了自然气候变化的因素，所以当环境温度由于季节变化低于40℃时，不应进行修正。

在工程实践中，当周围环境温度不标准时，电动机的功率还可以按表5-1进行修正。环境温度低于30℃时，一般电机功率也只增加8%。

表 5-1　　**不同环境温度下电动机容量的修正**

环境温度(℃)	30	35	40	45	50	55
电动机功率增减的百分数	+8%	+5%	0	−5%	−12.5%	−25%

例 5-1　一台电动机直接与低压离心式水泵相接，泵的流量$Q=50m^3/h$，总扬程$H=15m$，转速$n=1450r/min$，泵的效率$\eta_b=0.4$，周围环境温度不超过30℃。试选择电动机。

解：由设计手册查得泵类机械的负载功率计算公式为：

$$P_{fz}=\frac{Q\gamma H}{102\eta_b\eta_c}\ (kW) \tag{5-33}$$

式中　Q——泵的流量（m^3/s）；

γ——水的密度（kg/m^3）；

H——总扬程（m）；

η_b——泵的效率；

η_c——传动机构的效率。

将题中Q的单位变为m^3/s，$Q=0.0139m^3/s$。水的密度$\gamma=1000kg/m^3$，则

$$P_{fz}=\frac{0.0139\times1000\times15}{102\times0.4\times1}=5.1kW$$

水泵应采用封闭自冷式Y系列电机，查产品目录有下表所列电机。

表 5-2　　**Y系列三相异步电动机(4极)**

型　　号	P_e (kW)	U_e (V)	I_e (A)	n_e (r/min)
Y112M-4	4.0	380	8.8	1440
Y132S-4	5.5	380	11.6	1440
Y132M-4	7.5	380	15.4	1440

按$P_{fz} \leqslant P_e$，选Y132S-4型电动机，$P_e=5.5$kW，$n_e=1440$r/min（比要求的转速略低，但实际负载也比P_e略小，运行转速可略高于n_e，所以满足工艺要求）。

当实际环境温度等于30°时，电机的额定功率应进行修正。Y系列电机采用B级绝缘材料，最高允许温度为130℃，$\tau_e=130°-40°=90$℃，取$k=0.6$，由式5-32可得

$$P=P_e\sqrt{1+\frac{\Delta\tau}{\tau_e}(1+k)}=5.5\sqrt{1+\frac{10}{90}(1+0.6)}=5.97\text{kW}$$

可见用该电机时，负载能力可以提高8.5%，电机的容量有富裕。若选用型号低一档的Y112M-4，$P_e=4.0$kW的电机，修正后$P=4\times1.085=4.34$kW，低于负载功率P_{fz}，所以只好采用原来选的电机。

例 5-2 图5-10是具有平衡尾绳的矿井卷扬机传动示意图。图中电动机D直接与摩擦轮联接。当它们旋转时，靠摩擦力带动钢绳和矿石车的罐笼。尾绳系在左右两罐笼下面，以平衡罐笼上面一段钢绳的重量。已知数据如下：井深$H=915$m，运载重量$G_1=58800$N，空罐笼重量$G_3=77150$N，钢绳每米重量$g_3=106$N/m，罐笼与导轨的摩擦阻力使负载增大20%，摩擦轮直径$d_1=6.44$m，导轮直径$d_2=5$m，额定提升速度$v_e=16$m/s提升加速度$a_1=0.89\text{m/s}^2$，减速度$a_3=1\text{m/s}^2$，摩擦轮飞轮矩$GD_1^2=2730000\text{N}\cdot\text{m}^2$，导轮飞轮矩$GD_2^2=584000\text{N}\cdot\text{m}^2$，工作周期$t_{zq}=89.2$s，钢绳及平衡绳总长度$L=2H+90$m。试选择电动机的容量。

解： 1）计算负载功率　由于两个罐笼和钢绳与尾绳的重量都自相平衡，计算负载功率时，只须考虑运载的重量和摩擦力即可，所以负载功率为

$$P_{fz}=\frac{(1+20\%)G_1\times v_e}{1000}=\frac{1.2\times58800\times16}{1000}=1129\text{kW}$$

2）预选电动机　考虑过渡过程中电动机转矩的增大，取$P_e\geqslant1.2P_{fz}=1.2\times1129=1355$kW。由于容量较大，为了减小总飞轮矩，采用双电机拖动。电机的额定转速n_e为

$$n_e=\frac{60v_e}{\pi d_1}=\frac{60\times16}{\pi\times6.44}=47.5\text{r/min}$$

所以选两台$P_e=700$kW，$n_e=47.5$r/min的电动机，飞轮矩为$1065000\text{N}\cdot\text{m}^2$，则电机总飞轮矩$GD_d^2=2\times1065000=2130000\text{N}\cdot\text{m}^2$。

3）计算电动机负载图　图5-11a是根据矿井生产率和提升机的转速绘制的，在一个工作循环内的速度图$n=f(t)$。t_1是起动时间；t_2是恒速提升时间；t_3是制动时间；t_4是两次工作间的停歇时间。提升机的工作由一系列类似的循环所组成。图5-11b为对应的加速度图。在起动时间t_1内，加速度为正值，画在时间轴的上方；在制动时间t_3内，加速度为负值，画在时间轴下方。由于假定加速度恒定，所以惯性转矩M_g为常值，如图5-11c所示。其计算过程如下：

首先计算折算到电动机轴上的总飞轮矩GD^2。它包括旋转部分的飞轮矩GD_x^2和直线运动部分的飞轮矩GD_z^2。

$$GD_x^2=GD_d^2+GD_1^2+2GD_2^2\left(\frac{n_2}{n_1}\right)^2$$

$$=2130000+2730000+2\times584000\left(\frac{6.44}{5}\right)^2$$

$$=6798000\text{N}\cdot\text{m}^2$$

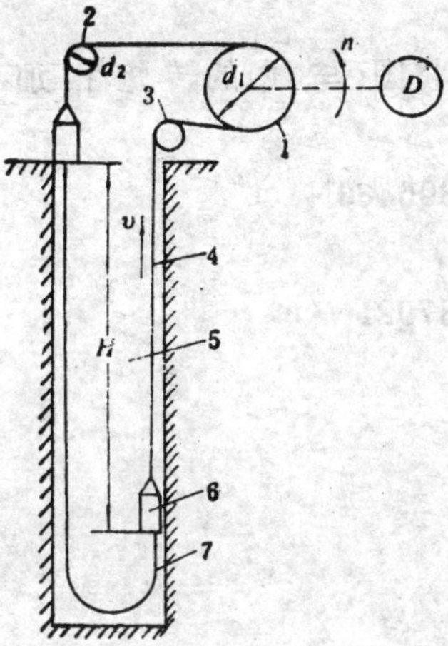

图 5-10 矿井卷扬机传动示意图

1—摩擦轮；2、3—导轮；4—钢绳；5—矿井；6—罐笼；7—平衡尾绳

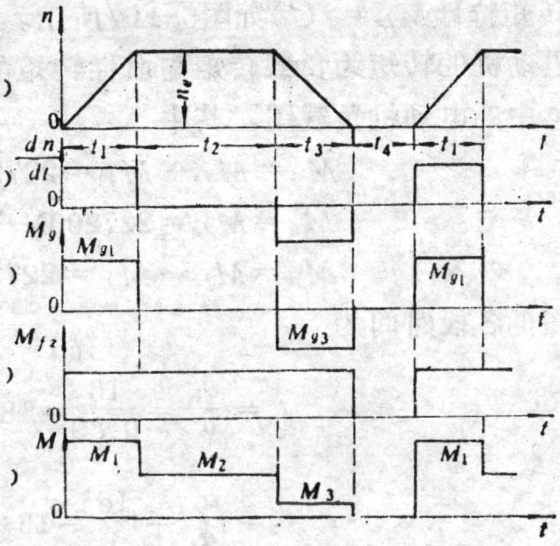

图 5-11 矿井卷扬机电动机的负载图

直线运动部分总重量G_z为

$$G_z=G_1+2G_3+g_4(2H+90)$$

$$\doteq58800+2\times77150+106(2\times915+90)$$

$$=416620\text{N}$$

注意，计算飞轮矩时，互相平衡部分的惯性都应加在一起，不会相互抵消，而导轨上的摩擦力不应算到转动惯量中去，所以有

$$GD_z^2=\frac{365G_zv_e^2}{n_e^2}=\frac{365\times416620\times16^2}{47.5^2}=17250000\text{N}\cdot\text{m}^2$$

因此，总飞轮矩GD^2为

$$GD^2=GD_x^2+GD_z^2$$

$$=6798000+17250000=24048000\text{N}\cdot\text{m}^2$$

再计算惯性转矩M_g。起动过程中的惯性转矩M_{g1}为

$$M_{g1}=\frac{GD^2}{375}\left(\frac{dn}{dt}\right)_1=\frac{GD^2}{375}a_1\frac{60}{\pi d_1}$$

$$=\frac{24048000}{375}\times0.89\times\frac{60}{\pi\times6.44}=169260\text{N}\cdot\text{m}$$

制动过程中的惯性转矩M_{g3}为

$$M_{g3}=\frac{GD^2}{375}\left(\frac{dn}{dt}\right)_3=\frac{GD^2}{375}a_3\frac{60}{\pi d_1}$$

$$=\frac{24048000}{375}\times1\times\frac{60}{\pi\times6.44}=190179\text{N}\cdot\text{m}$$

矿井提升机的负载转矩M_{fz}是重力产生的转矩，其值恒为

$$M_{fz}=1.2G_1\frac{d_1}{2}=1.2\times58800\times\frac{6.44}{2}=227200\text{N}\cdot\text{m}$$

负载转矩特性$M_{fz}=f(t)$如图5-11d所示。

电动机的转矩为负载转矩与惯性转矩的代数和。就是将图c与d中的转矩相加，而得到图e中的电动机负载图。其中

$$M_1=M_{fz}+M_{g1}=227200+169260=396460\text{N}\cdot\text{m}$$

$$M_2=M_{fz}=227200\text{N}\cdot\text{m}$$

$$M_3=M_{fz}-M_{g3}=227200-190179=37021\text{N}\cdot\text{m}$$

负载图的各段时间为

$$t_1=\frac{v_e}{a_1}=\frac{16}{0.89}=18\text{s}$$

$$t_3=\frac{v_e}{a_3}=\frac{16}{1}=16\text{s}$$

$$t_2=\frac{h_2}{v_2}=\frac{H-h_1-h_3}{v_e}=\frac{H-a_1t_1^2/2-a_3t_3^2/2}{v_e}$$

$$=\frac{915-0.89\times18^2/2-16^2/2}{16}=40.2\text{s}$$

$$t_4=t_{zq}-t_1-t_2-t_3=89.2-18-40.2-16=15\text{s}$$

根据以上结果，进行发热校验。

4）发热校验

$$M_{dx}=\sqrt{\frac{M_1^2t_1+M_2^2t_2+M_3^2t_3}{\alpha t_1+t_2+\alpha t_3+\beta t_4}}$$

$$=\sqrt{\frac{396460^2\times18+227200^2\times40.2+37021^2\times16}{0.75\times18+40.2+0.75\times16+0.5\times15}}$$

$$=259420\text{N}\cdot\text{m}$$

$$M_e=9550\frac{P_e}{n_e}=9550\frac{2\times700}{47.5}=281470\text{N}\cdot\text{m}$$

$M_{dx}\leqslant M_e$， 发热校验通过

5）过载校验　最大负载转矩$M_1=396460\text{N}\cdot\text{m}=1.4M_e$显然可以通过

计算结果表明，所选电动机适用。

通过此例题顺便讲了电动机负载图的绘制方法。一般情况下，由机械工程人员提供电动机的负载图，电气工程人员在此基础上进行发热校验和过载校验，也就是只进行上题中的第（4）步和第（5）步，这样就简便多了。但是，我们应该知道电动机的负载图是如何绘制的。

5.5 短时工作制电机的容量选择

短时工作制的特点是工作时间t_g很短，在工作时间内电动机的温升达不到稳态值τ_w，而停歇时间很长，可以使电机的温升降为零。对这种工作制的生产机械，可以选用专为短时工作制设计的电机，也可以选用连续工作制的电机。

5.5.1 选用短时工作制的电机

我国专门设计制造的短时工作制电机的标准工作时间为15、30、60和90分钟四种。对于一台电机，对应不同的工作时间，有不同的功率，其关系为$P_{15}>P_{30}>P_{60}>P_{90}$，显然其过载倍数的关系应该是$\lambda_{15}<\lambda_{30}<\lambda_{60}<\lambda_{90}$。一般这种电机铭牌上标的额定功率为$P_{60}$。当实际工作时间接近上述标准工作时间时，只要按对应的工作时间和功率，由产品目录中直接选用即可。在短时变化负载下，可按计算出的等效功率选择电动机，然后再校验电动机的过载能力。对鼠笼异步电动机，还要校验起动能力。

当实际工作时间t_{sj}和标准工作时间t_g相差较多时，要进行功率的换算。把t_{sj}下的功率P_{sj}换算成t_g下的功率P_g。再按P_g的大小选择标准工作时间下的电动机。换算的原则是二者的发热相同，也就是说要求两种情况下的损耗相等。设两种情况下的定耗相等，只考虑变耗，则应该满足以下关系

$$I_{sj}^2 t_{sj}=I_g^2 t_g$$

$$\therefore \quad I_g=I_{sj}\sqrt{\frac{t_{sj}}{t_g}} \tag{5-34}$$

$$同理 \quad M_g=M_{sj}\sqrt{\frac{t_{sj}}{t_g}} \tag{5-35}$$

$$P_g=P_{sj}\sqrt{\frac{t_{sj}}{t_g}} \tag{5-36}$$

换算时，应取与t_{sj}最接近的t_g代入换算公式中。

对短时工作制电机来说，因为工作时间很短，所以过载能力是要考虑的主要因素。因为专门设计制造的短时工作制电机具有较大的过载能力，其整流子和励磁绕组都比较强，可承受较大的过载电流，而且起动转矩也比较大，故此应尽量为短时工作的生产机械选用专门设计制造的短时工作制电机。

如果没有合适的短时工作制电机，可采用专为重复短时工作制设计的电动机代之，其对照关系可近似按表5-3考虑。

表 5-3 t_g与$ZC\%$的对应关系

t_g (min)	30	60	90
$ZC\%$	15%	25%	40%

5.5.2 选用连续工作制的电机

应按P_g/λ来选择电动机的容量（异步机应按$P_g/0.9^2\lambda$）。这时从发热观点看，电动机的容量是有富裕的。但是满足过载能力应为其首要条件。

例5-3 某大型车床刀架的快速移动机构，其移动部件重量$G=5300\text{N}$，移动速度$v=15\text{m/min}$，最大移动距离$L_m=10\text{m}$，传动效率$\eta_c=0.1$，动摩擦系数$\mu=0.1$，静摩擦系数$\mu_0=0.2$，传动机构的传动比$j=100\text{r/m}$。试为其选择一台电机。

解： 刀架移动时（图5-12），电动机的负载功率为

$$P_g=\frac{\mu Gv}{60\eta_c}\times10^{-3}=\frac{0.1\times5300\times15}{60\times0.1}\times10^{-3}=1.325\text{kW}$$

$$n=jv=100\times15=1500\text{r/min}$$

如果有短时工作制电机，选一台$P_e\geqslant P_g$且$n=1500\text{r/min}$的电机即可。

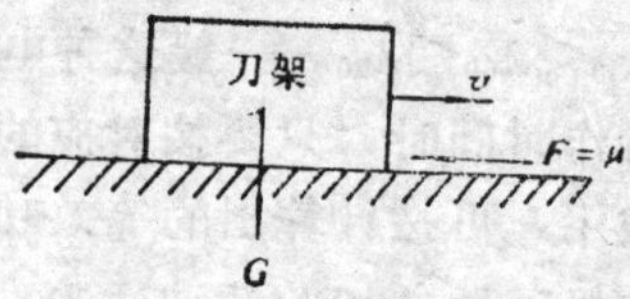

图 5-12 刀架移动机构简图

若选连续工作制电机，则按其过载能力选择。由于$n=1500\text{r/min}$，应选四极鼠笼异步机。又由于机床上有润滑液，为防止润滑液流入电机，应采用封闭式。

由产品目录节录Y系列四极鼠笼异步机额定数据如表5-4所示（数据取自《常用电器工程手册》）。

表 5-4 **Y系列(4极)鼠笼异步机额定数据节录**

型号	P_e (kW)	U_e (V)	I_e (A)	n_e (r/min)	K_I	K_M	λ_M
Y90S-4	1.1	380	2.7	1400	6.5	2.2	2.2
Y90L-4	1.5	380	3.7	1400	6.5	2.2	2.2
Y100L1-4	2.2	380	5.0	1420	7.0	2.2	2.2
Y100L2-4	3.0	380	6.8	1420	7.0	2.2	2.2

按过载能力选择电机

$$P_e\geqslant\frac{P_g}{0.9^2\lambda_M}=\frac{1.325}{0.9^2\times2.2}=0.744\text{kW}$$

可选Y90S-4，$P_e=1.1\text{kW}$的电机。

再校验起动能力：起动时负载为静摩擦力产生的转矩，其值为

$$M_{fzQ}=\frac{\mu_0Gv}{60\eta_c}\times10^{-3}\times\frac{9550}{n}$$

$$=\frac{0.2\times5300\times15}{60\times0.1}\times10^{-3}\times\frac{9550}{1500}=16.87\text{N}\cdot\text{m}$$

$$M_Q=9550K_M\frac{P_e}{n_e}=9550\times1.8\times\frac{1.1}{1400}=13.5\text{N}\cdot\text{m}<M_{fzQ}$$

为了提高起动能力，改选Y90L-4型1.5kW的电机，其起动转矩为

$$M_Q=9550\times1.8\times\frac{1.5}{1400}=18.4\text{N}\cdot\text{m}>M_{fzQ}$$

5.6 重复短时工作制电机的容量选择

重复短时工作制电机的暂载率在10%～70%之间，即10%≤$ZC\%$≤70%。如果$ZC\%$<10%，可按短时工作制选电机；如果$ZC\%$>70%，则可按连续工作制选电机。

5.6.1 选用重复短时工作制的电机

在工业企业中，特别是在冶金企业中，有不少电机是在重复短时工作制下运行。在这种工作制下，电机起制动频繁，要求惯性小，机械强度高。针对这种电机的工作情况，专门设计制造的重复短时工作制电机的特点是：起动和过载能力强，惯性小即飞轮矩GD^2小，机械强度大，绝缘材料的等级高。其标准暂载率为15%、25%、40%、60%四种。同一台电动机在不同的$ZC\%$下工作时，额定功率不一样，$ZC\%$越小时，额定功率越大。表5-5中列出了重复短时工作制电机的一些数据，可资比较。

表 5-5　重复短时工作制电动机的额定数据节录

电机种类	型　号	ZC%	额定功率 (kW)	额定电流 (A)	额定转速 (r/min)	过载能力
起重冶金用他励直流电动机	ZZ-12 (220V)	15%	3	17.5	1280	—
		25%	2.5	14.2	1300	2.5
		40%	1.8	10.5	1330	—
		60%	1.3	7.6	1370	—
起重冶金用绕线式异步电动机	JZR-11-6 (380V)	15%	2.7	8.3	855	—
		25%	2.2	7.2	885	2.3
		40%	1.8	6.6	910	—
		60%	1.5	6.2	925	—
		100%	1.1	5.8	945	—

表中“过载能力”一项，仅给出$ZC\%=25\%$的数据，它表示M_m/M_e（$ZC\%=25\%$）。对于一台电机，最大允许转矩M_m是一定的，而额定转矩则因$ZC\%$而异。$ZC\%$愈小，P_e和M_e愈大，过载能力愈低。其它$ZC\%$值的过载能力均可由给出的数据计算出来，一般产品目录中都未列出。

在选择电动机容量时，同样要进行发热和过载校验。如图5-13所示的重复短时工作制电机的负载图。首先求出一个周期时间内的等效转矩M_{dx}和暂载率$ZC\%$

$$M_{dx}=\sqrt{\frac{M_1^2t_1+M_2^2t_2+M_3^2t_3}{t_1+t_2+t_3}} \tag{5-37}$$

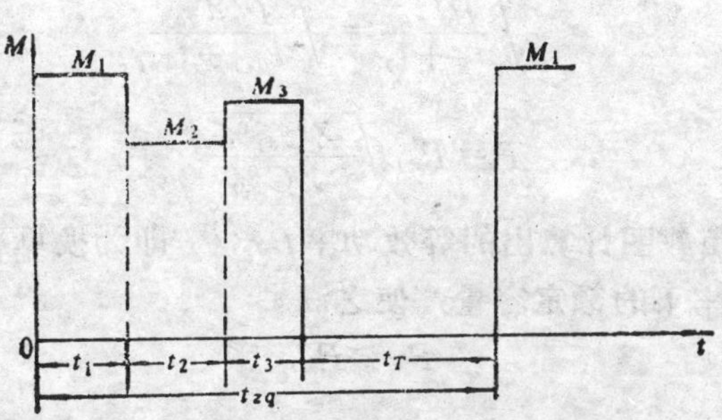

图 5-13　重复短时工作制电机的负载图

$$ZC\% = \frac{t_1 + t_2 + t_3}{t_1 + t_2 + t_3 + t_T} \times 100\% \tag{5-38}$$

对自冷式电机，考虑起动、制动与停车时电机的散热条件变坏的影响，为使计算数值更接近电机发热的实际情况，常对暂载率$ZC\%$做如下的修正

$$ZC\% = \frac{t_1 + t_2 + t_3}{\alpha t_1 + t_2 + \alpha t_3 + \beta t_T} 100\% \tag{5-39}$$

式中　t_1、t_2、t_3、t_T——分别为起动、恒速运转、制动及停歇时间；

α、β——散热条件恶化的修正系数。取值情况同前。

如果$ZC\%$等于或接近标准暂载率的数值，则选与$ZC\%$相近的电机，并使$M_e \geqslant M_{dx}$，发热校验即能通过。如果$ZC\%$值和标准值相差较多，应把实际暂载率$ZC_{sj}\%$下的功率P_{sj}换算成标准暂载率$ZC\%$下的功率P，再选电机。换算的原则仍是二者的发热情况相同。例如图5-14中，图a的暂载率与标准暂载率相差较多，要进行换算，它的暂载率$ZC_{sj}\%$为

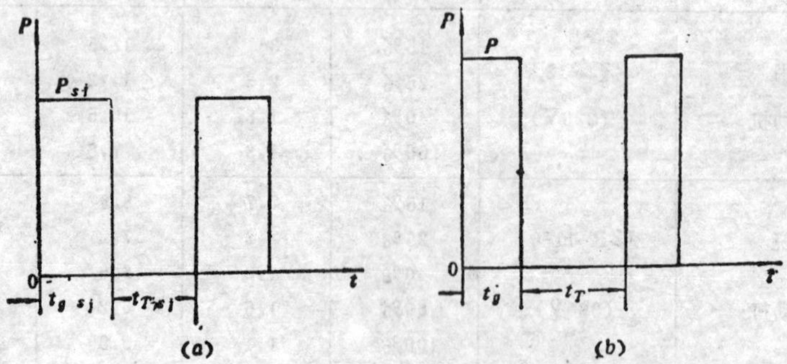

图 5-14　不同暂载率下的电动机负载图

a—非标准暂载率；b—标准暂载率

$$ZC_{sj}\% = \frac{t_{gsj}}{t_{gsj} + t_{Tsj}} 100\%$$

图b为与实际暂载率最接近的标准暂载率$ZC\%$下的电动机负载图，其$ZC\%$为

$$ZC\% = \frac{t_g}{t_g + t_T}$$

在不考虑定耗时，要使二者从发热观点等效，应满足如下关系，即

$$\sqrt{\frac{P^2 t_g}{t_g + t_T}} = \sqrt{\frac{P_{sj}^2 t_{gsj}}{t_{gsj} + t_{Tsj}}}$$

$$\therefore \quad P = P_{sj}\sqrt{\frac{ZC_{sj}\%}{ZC\%}} \tag{5-40}$$

式中P_{sj}即为按电动机负载图计算出的等效功率P_{dx}，P即为换算后的等效功率P'_{dx}。应按P'_{dx}选择对应标准暂载率下的额定容量，使之满足

$$P_e \geqslant P'_{dx}$$

发热校验即可通过。

当$ZC\%$为标准值时，电机输出功率为P；暂载率为$ZC_{sj}\%$时，电机可输出的功率为

P_{sj}。从式5-40看出，如果$ZC_{sj}\%<ZC\%$，则$P_{sj}>P$，可以提高电动机的输出功率。但是注意，一定要校验电机的过载能力和鼠笼异步机的起动能力。

如果手头没有适用的重复短时工作制电机，也可按表5-2对照关系，选用短时工作制电机。

5.6.2 选用连续工作制电机

从发热观点选用连续工作制电机，只要在式5-37的分母中计入停歇时间t_T即可。对图5-13来说

$$M_{dx}=\sqrt{\frac{M_1^2t_1+M_2^2t_2+M_3^2t_3}{t_1+t_2+t_3+t_T}} \tag{5-41}$$

如选自冷式电机，同样要进行散热条件变坏的修正，对起动时间t_1、制动时间t_3及停歇时间t_T分别乘以α、β。

$$M_{dx}=\sqrt{\frac{M_1^2t_1+M_2^2t_2+M_3^2t_3}{\alpha t_1+t_2+\alpha t_3+\beta t_T}} \tag{5-42}$$

使$M_{dx}\leqslant M_e$，发热校验即可通过。

用连续工作制电机拖动重复短时工作的负载，从发热观点考虑，允许输出的功率可以增加，但是往往要过载运行，所以必须使过载能力满足要求。

例5-4 已知一台重复短时工作制电机的功率曲线如图5-15所示。预选电动机为JZR42-8型，他冷式绕线异步电动机，$ZC\%=25\%$，$P_e=16\text{kW}$，$n_e=720\text{r/min}$，$\lambda_M=3$。试对电动机进行发热和过载校验。

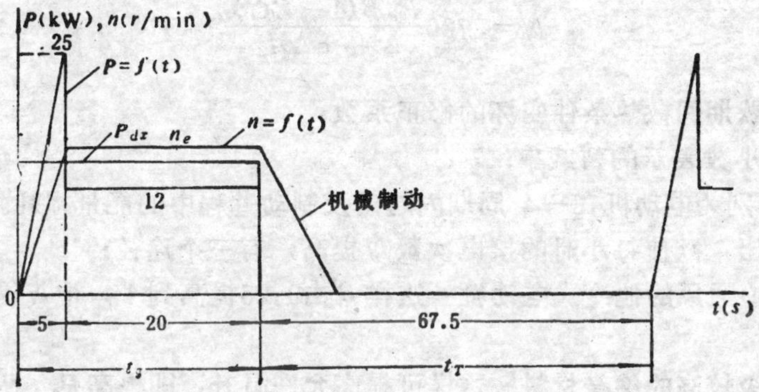

图 5-15 重复短时工作制电动机的功率曲线和$n=f(t)$曲线

解： 由图可见，在工作时间t_g之内，功率是变化的，因此须计算等效功率P_{dx}。但在第一阶段中，转速n是线性变化的，故不能直接由等效功率法进行发热校验，必须按式5-29修正这段功率。在这段中，转速n按线性变化，功率也按线性变化，又转矩$M=P/\Omega$，所以这段的转矩M为常数，即这段中的转矩等于n_e时的转矩。为使功率反映恒定转矩使电机发热的情况，应将这段线性变化的功率修正成恒定不变的功率P'（假设起动过程中$\Phi_m\cos\varphi_2$不变）。

$$P'=\frac{P}{n}\times n_e=\frac{25}{n_e}\times n_e=25\text{kW}$$

对他冷式电机，等效功率P_{dx}为

$$P_{dx}=\sqrt{\frac{25^2\times5+12^2\times20}{5+20}}=15.5\text{kW}$$

又由于是机械抱闸制动，制动过程中电机断电，制动时间应算在停歇时间内，所以实际暂载率$ZC_{sj}\%$为

$$ZC_{sj}\%=\frac{5+20}{5+20+67.5}=27\%$$

折算到$ZC\%=25\%$时的等效功率P'_{dx}为

$$P'_{dx}=P_{dx}\sqrt{\frac{ZC_{sj}\%}{ZC\%}}=15.5\sqrt{\frac{27}{25}}=16.11\text{kW}$$

此功率大于预选电机的额定功率16kW，因此发热校验不能通过。应改选大一号的电机，再进行发热和过载校验。

5.7 鼠笼电动机每小时允许接电次数的计算

如果生产机械由鼠笼电动机拖动，而且在重复短时工作制下运转，起、制动相当频繁。由于起、制动过程中电流比稳态运转时大得多，能量损耗很大，发热量大。这些热量往往会造成电机严重发热，因此，根据发热条件，鼠笼异步电动机每小时允许通电次数是有限的。在这种情况下，必须按照每小时接电次数校验电动机的发热。如果每小时的实际接电次数低于允许的接电次数，则电机的发热校验通过。当电机拖动额定负载运行时，用平均损耗法可求得每小时允许的接电次数N的近似计算公式（推导从略）为

$$N=3700\frac{P_e\beta(1-ZC)}{\Delta A_Q+\Delta A_Z} \qquad (5\text{-}43)$$

式中 β——停歇期间散热条件变坏的修正系数；

ZC——用小数表示的暂载率；

ΔA_Q、ΔA_Z——分别为电动机在一个周期内起动及制动过程中的能量损耗。

由式5-43看出，欲使每小时的接电次数N提高，有三个途径：

1）采用强迫通风的他冷式电动机　这样β由0.25提高到1，使N提高三倍，此法最有效；

2）采用等级较高的绝缘材料　这样可提高允许温升，即提高P_e，从而使N提高；

3）设法减小ΔA_Q和ΔA_Z。

5.8 电动机容量选择的工程方法

在前几节中，我们以电机的发热和冷却理论为基础，介绍了电动机容量选择的原则和基本方法，是基础性的内容，是非常重要的。但是，这些方法都必须先计算生产机械的负载图，根据生产机械的负载图预选电动机，再做出电动机的负载图，才能进行电动机的发热和过载校验。如果某一项不通过，还得重新预选电机，重复上面的过程。显然计算工作量比较大。尤其在某些特殊情况下，要作出电动机的负载图是比较困难的。

正因为如此，人们在工程实践中经过不断总结经验，目前已陆续得出一些生产机械选

择电动机容量的实用方法。这些方法比较简单，但有一定的局限性。所用方法有统计分析法和类比法。

统计分析法是将同类型设备所用的电动机容量进行统计和分析，找出电动机和它所拖动的生产机械主要参数之间的关系，再根据我国的实际情况得出相应的计算公式。例如我国机床制造工业已确定了不同类型机床主拖动电机容量的统计分析公式，现列出几种如下：

1）车床

$$P=36.5D^{1.54}\quad kW$$

式中 D——工件的最大直径（m）。

2）立式车床

$$P=20D^{0.88}\quad kW$$

式中 D——工件的最大直径（m）。

3）摇臂钻床

$$P=0.0646D^{1.19}\quad kW$$

式中 D——最大的钻孔直径（mm）。

4）外圆磨床

$$P=0.1KB\quad kW$$

式中 B——砂轮宽度（mm）；

K——考虑砂轮主轴采用不同轴承时的系数，当采用滚动轴承时$K=0.8\sim1.1$，若采用滑动轴承时$K=1.0\sim1.3$。

5）卧式镗床

$$P=0.004D^{1.7}kW$$

式中 D——镗杆直径（mm）。

6）龙门铣床

$$P=\frac{B^{1.15}}{166}\quad kW$$

式中 B——工作台宽度（mm）。

例如我国C660车床的工件最大直径为1250mm，按上列统计分析公式计算，电动机功率应为

$$P=36.5\times\left(\frac{1250}{1000}\right)^{1.54}=52kW$$

而实际应用$P_e=60kW$的电机，二者相近。实践证明，按统计公式选用的电动机能满足生产要求。

另一种实用的方法是类比法。所谓类比法，就是在调查其他厂矿经过长期运行考验的、同类型或相近的生产机械所采用的电动机容量的基础上，通过主要参数和工作条件的类比方法，来确定一台新的生产机械所用的电动机的容量。

小　结

本章前七节在研究电动机发热和冷却理论的基础上，介绍了电动机容量选择的一般方

法。

电动机作为能量转换的元件，在能量转换过程中必然有损耗，并转化为热能。其中一部分被电机吸收提高了电机本身的温度，另一部分散到周围介质中去。根据能量守恒原理，电机产生的热量Qdt、电机吸收的热量$Cd\tau$和散到周围介质中的热量$A\tau dt$之间的关系是热平衡方程式

$$Qdt = Cd\tau + A\tau dt$$

从热平衡方程式推导出电机在发热和冷却过程中，电动机温升τ随时间 t 变化的方程式$\tau = f(t)$。在发热和冷却过程中，τ随时间都按指数曲线变化。

为了便于电动机的系列生产和用户的选择使用，按发热观点将电动机工作方式分为连续工作制、短时工作制和重复短时工作制。电机的工作制不同，选择电机容量的方法也不同。这里重点介绍了连续工作制电动机的容量选择方法。

电动机容量选择的基本步骤是：根据生产机械的负载图，预选一台电动机。作出电动机的负载图，在此基础上进行发热和过载校验。对鼠笼异步机再进行起动能力的校验。

连续工作制电机发热校验多用等效法。各种等效法的适用条件不同，使用时应予以注意。

思考题及习题

5-1　电力拖动系统中电动机的选择包括哪些具体内容？

5-2　确定电动机额定容量时，主要应考虑哪些因素？

5-3　为什么电动机发热过程中，温升τ按指数曲线规律变化？电机发热时间常数的物理意义是什么？两台同样的电机，如果通风冷却条件不同，它们的发热时间常数是否一样？为什么？

5-4　电机三种工作方式是什么？各有什么特点？制造电机时为什么要区分这三种工作方式？

5-5　连续工作变化负载下，电动机容量选择的一般步骤是什么？

5-6　请指出等效电流法、等效转矩法、等效功率法及平均损耗法的共同点和不同点，以及它们各自的适用条件？

5-7　在选择重复短时工作制的电动机时，若工作时间内负载是变化的，为什么停歇时间t_T不计入计算等效转矩的时间之内？

5-8　暂载率$ZC\%$的意义是什么？试比较$ZC\% = 15\%$、30kW和$ZC\% = 40\%$、20kW两台重复短时工作制的电机，哪一台的容量大些？

5-9　为什么说电动机运行时的稳定温升取决于负载的大小？

5-10　环境温度不标准或散热条件变坏时，为什么要修正？如何修正？

5-11　在最高气温不超过30°C的河边建立一个抽水站，须将河水送到22m高的渠道中去，水泵的流量是600m³/h，效率为0.6，泵与电机用联轴节直接联接（可认为效率为1），水的密度$\gamma = 1000kg/m^3$。选用额定温升为80°C的E级绝缘电机，产品目录中给出的容量等级有：20、28、40、55、75、100……kW，定耗与额定变耗之比为0.6。试选择一台合适的电动机。若此抽水站建立在气温高达43°C的地方，电机容量应该是多少？

5-12　某台电动机$P_e = 10kW$，已知标准环境温度为40°C，允许最高温升为85°C，设可变损耗和不变损耗各为全部损耗的50%，求在下列环境温度下电动机的额定功率应修正为多少？

1）环境温度为50°C；2）环境温度为25°C。

5-13　一台自冷式他励直流电动机的数据为：$P_e = 5.6kW$，$U_e = 220V$，$I_e = 31A$，$n_e = 1000r/min$。它一个周期的负载图如图5-16所示，其中第一、四两段为起动，第三、六两段为制动，起制动各

段及第二段电动机均为额定励磁，只有第五段电动机的励磁为75%Φ_e。试进行发热校验。

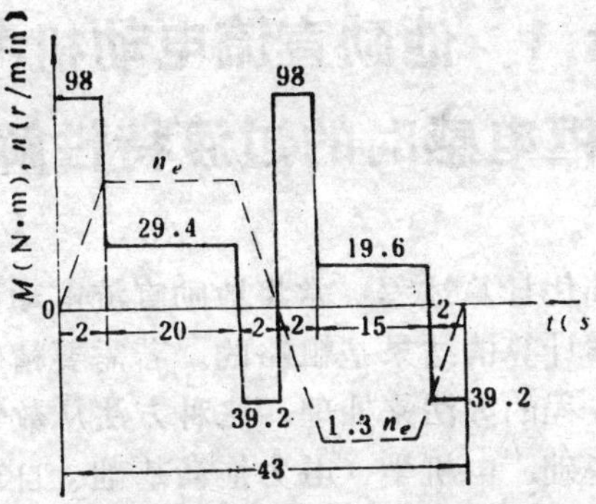

图 5-16　某他励直流电动机的$M=f(t)$及$n=f(t)$曲线

5-14　一台他励直流电动机，$P_e=16$kW，$ZC\%=40\%$，其$P=f(t)$及$n=f(t)$曲线如 图5-17所示。电机用机械制动，如不变损耗与可变损耗各占总损耗的50%，试对该电机进行发热校验。

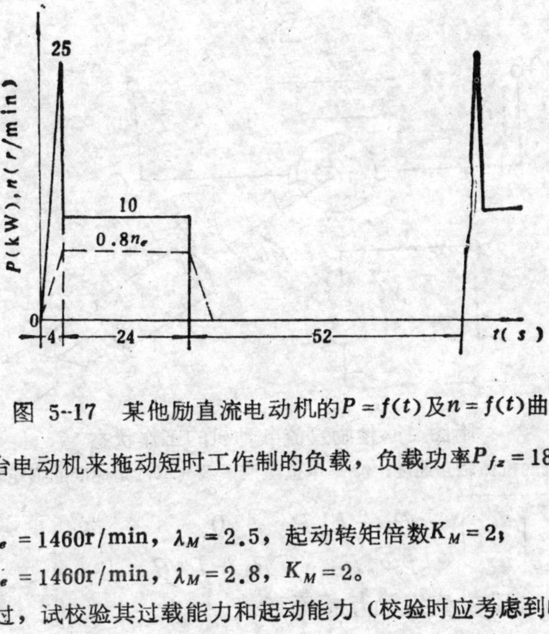

图 5-17　某他励直流电动机的$P=f(t)$及$n=f(t)$曲线

5-15　需要选用一台电动机来拖动短时工作制的负载，负载功率$P_{fz}=18$kW。现有两台鼠笼异步机可供选用，它们是：

1）$P_e=10$kW，$n_e=1460$r/min，$\lambda_M=2.5$，起动转矩倍数$K_M=2$；

2）$P_e=14$kW，$n_e=1460$r/min，$\lambda_M=2.8$，$K_M=2$。

如果发热校验全通过，试校验其过载能力和起动能力（校验时应考虑到电网电压可能降低10%），以决定哪一台电机适用。

附录 1　他励直流电动机考虑电枢电感时的过渡特性解析

在工程计算中，为了简化计算过程，常将他励直流电动机的电枢电感忽略，来研究其过渡过程特性。显然，这样计算的结果是粗略的。若需要精确计算时，电枢电感值就不能忽略。以往都是用解微分方程的办法来处理。这种方法从数学的角度来看是严密完整的，但从数学、物理学、电路基础、电机学、电力拖动基础、自动控制理论等知识的综合性来看却显得薄弱。现试图以此为基点来讨论过渡过程的解析方法，以便培养综合分析能力，建立比较完整的解析概念。

附1.1　基本方程

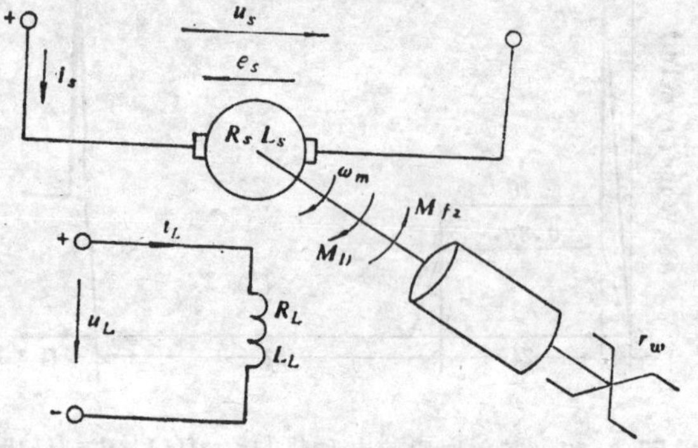

附图 1　他励直流电动机的工作状态

ω_m—电机的机械轴角速度；r_ω—单位阻尼系数（单位角速度的损耗转矩）

$$\begin{bmatrix} u_L \\ u_s \end{bmatrix} = \begin{bmatrix} R_L + L_L P & 0 \\ p\omega_m L_{Ls} & R_s + L_s P \end{bmatrix} \begin{bmatrix} i_L \\ i_s \end{bmatrix} \qquad \text{附 (1-1)}$$

式中　L_{Ls}——电枢绕组与励磁绕组的互感系数。

$$(JP + r_\omega)\omega_m = M_D - M_{fz} \qquad \text{附 (1-2)}$$

$$pL_{Ls} i_L = \frac{pN}{2\pi a}\Phi = \psi \qquad \text{附 (1-3)}$$

式中　p——电机的极对数；

P——算子符号；

N——导体数；

a——绕组并联支路对数；

ψ——电枢绕组与励磁绕组交链的磁链数。

$$p\omega_m L_{Ls} i_L = \psi\omega_m = e_s \qquad \text{附 (1-4)}$$

$$pL_{Ls} i_L i_s = \psi i_s = M_D \qquad \text{附 (1-5)}$$

附1.2 传输路径(框图)

附1.2.1 非线性结构

现利用以上基本方程式，以电枢电压u_s、励磁电压u_L，负载转矩M_{fz}为外部输入量；以电动机角速度ω_m为输出量，并且把算子P用拉普拉斯变换符号s来代替，就可以直接画出电动机中各物理量的传输框图。此图形象地表明了电动机中各物理量的相互关系，据此可以制作电动机模拟器，同时也可以利用它来求解过渡特性。

附1.2.2 线性化处理

附图2所示的系统因为具有乘法点，所以是一个非线性系统，使用起来很不方便，还需要将乘法点去掉，即进行线性化处理。线性化是用工作点附近的微小变量来考虑的，因

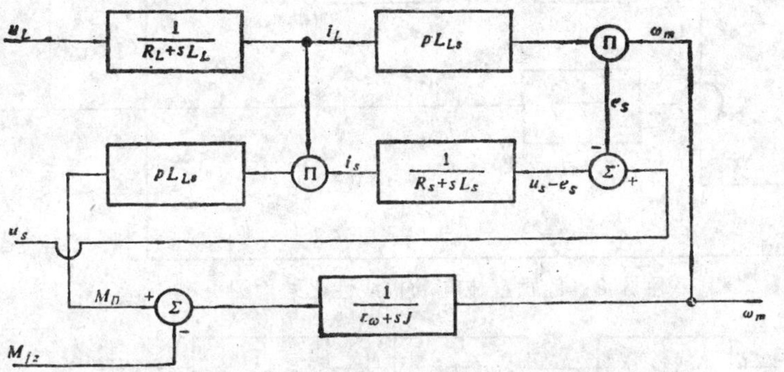

附图2 他励直流电动机各物理量的传输路径

Π—乘法点；Σ—加法点

此在工作点附近有

$$\left.\begin{array}{l} u_L=U_{L0}+u_{L1},\quad i_L=I_{L0}+i_{L1} \\ u_s=U_{s0}+u_{s1},\quad i_s=I_{s0}+i_{s1} \\ M_D=M_{D0}+M_{D1},\omega_m=\Omega_{m0}+\omega_{m1} \end{array}\right\} \qquad \text{附(1-6)}$$

式中 U_{L0}、U_{s0}、M_{D0}、I_{L0}、I_{s0}、Ω_{m0}——工作点处各物理量的数值；

u_{L1}、u_{s1}、M_{D1}、i_{L1}、i_{s1}、ω_{m1}——工作点附近各对应物理量的微小变量。

忽略二阶微小变量以后，基本方程式具有如下的形式。

$$u_{L1}=R_Li_{L1}+L_L\frac{di_{L1}}{dt} \qquad \text{附(1-7)}$$

$$u_{s1}=R_si_{s1}+L_s\frac{di_{s1}}{dt}+pL_{Ls}(\Omega_{m0}i_{l1}+I_{L0}\omega_{m1}) \qquad \text{附(1-8)}$$

式中 $pL_{Ls}\Omega_{m0}i_{L1}=e'_{s1}$——励磁电流增量引起的反电势增量；

$pL_{Ls}I_{L0}\omega_{m1}=e''_{s1}$——转速增量引起的反电势增量。

$$M_{D1}=pL_{Ls}I_{s0}i_{L1}+pL_{Ls}I_{L0}i_{s1}=J\frac{d\omega_{m1}}{dt}+r_\omega\omega_{m1} \qquad \text{附(1-9)}$$

式中 $pL_{Ls}I_{L0}i_{s1}=M'_{D1}$——电枢电流增量引起的转矩增量；

$pL_{Ls}I_{s0}i_{L1}=M''_{D1}$——励磁电流增量引起的转矩增量。

根据式附1-7～附1-9，按照前述方法，可以画出他励直流电动机的线性化结构图。因为对于突加性负载或随机性负载所引起的过渡过程解析，超出了本附录所要讨论的范围，所以令图中$M_{fz1}=0$，即负载转矩是恒定不变的。

附1.2.3 线性结构的简化

在起制动过程及正常运行时，电动机的励磁往往是恒定的。如果是这样，那么附图3就可以进一步简化，即当$i_L = I_{L0}$为常数时，可简化得到附图4。为了书写方便，今后图中各量下标1均去掉，但应注意这是在线性化基础上简化框图的，不要和附图1所用的符号

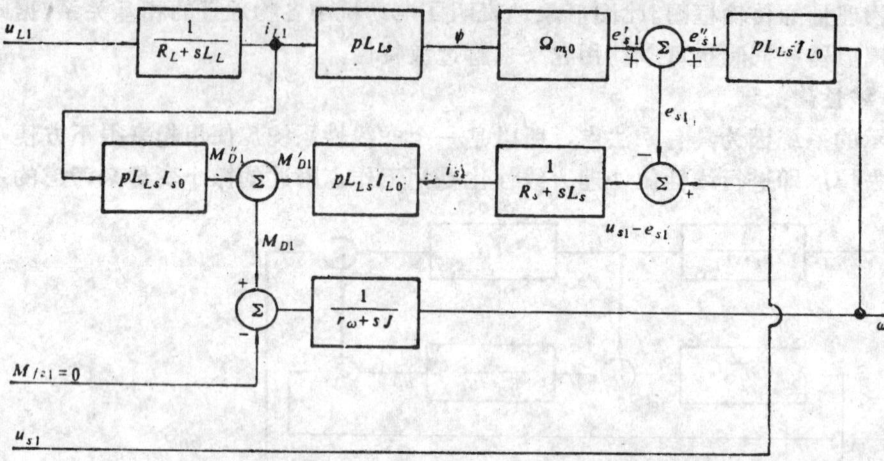

附图 3 他励直流电动机线性化结构图

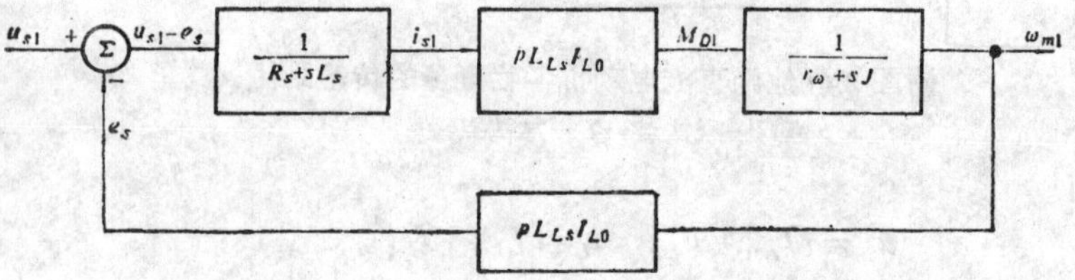

附图 4 他励直流电动机的简化线性结构图

混为一谈。

附1.3 利用框图求解过渡特性

令$\delta_s = u_s - e_s$，则简化结构图中各环节的传递函数为

$$K_1(s) = \frac{I_s(s)}{\Delta_s(s)} = \frac{1}{R_s + sL_s}$$

$$K_2(s) = \frac{M_D(s)}{I_s(s)} = pL_{Ls}I_{L0}$$

$$K_3(s) = \frac{\Omega_m(s)}{M_D(s)} = \frac{1}{r_\omega + sJ}$$

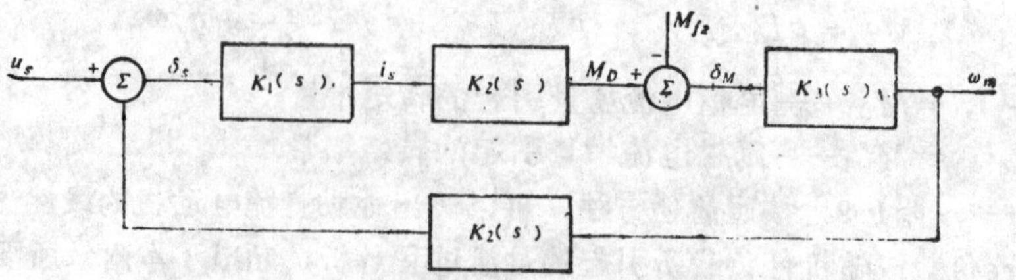

附图 5 用传递函数表示的简化线性结构图

为了循序渐进，由简入繁，下面我们分成四种情况来研究过渡特性的解析。

附1.3.1　设励磁电流恒定；忽略阻尼系数；电机空载；不考虑电枢电感的影响

即$i_L=I_{L0}=$常数，$r_\omega=0$，$M_{fz}=0$，$L_s=0$的条件下，突加电压$u_s=U_s$时，求$\omega_m=f(t)$及$i_s=f(t)$。

由附图5可见，当$M_{fz}=0$时，$\delta_M=M_D$。因为电压是突加的，即$u_s=U_s$，把它看成一个阶跃函数，所以$U_s(s)=U_s/s$。整个系统的传递函数$G(s)$为

$$G(s)=\frac{\Omega_m(s)}{U_s(s)}=\frac{K_1(s)K_2(s)K_3(s)}{1+K_1(s)K_2(s)K_3(s)K_2(s)}$$

$$\Omega_m(s)=\frac{U_s}{s}\frac{\frac{1}{R_s+sL_s}pL_{Ls}I_{L0}\frac{1}{r_\omega+sJ}}{1+\frac{1}{R_s+sL_s}(pL_{Ls}I_{L0})^2\frac{1}{r_\omega+sJ}}$$

考虑到$pL_{Ls}I_{L0}=\psi$；$r_\omega=0$；$L_s=0$，则

$$\Omega_m(s)=\frac{U_s}{s}\frac{\psi}{sR_sJ+\psi^2}$$

将此式分子分母同乘以$1/\psi^2$，则有

$$\Omega_m(s)=\frac{U_s/\psi}{s\left(\frac{sR_sJ}{\psi^2}+1\right)}$$

考虑到$\frac{U_s}{\psi}=\omega_0$——理想空载角速度；$\frac{R_sJ}{\psi^2}=T_m$——机电时间常数，于是有

$$\Omega_m(s)=\frac{\omega_0}{s(sT_m+1)}=\frac{\omega_0/T_m}{s\left(s+\frac{1}{T_m}\right)}=\frac{\omega_0/T_m}{(s-s_1)(s-s_2)}$$

式中　$s_1=0$；$s_2=-\frac{1}{T_m}$。

$\Omega_m(s)$是系统的输出函数，也是拉普拉斯变换中的变换函数。只要利用它解出拉普拉斯变换中的原函数，也就求出了过渡特性。

根据拉普拉斯变换，原函数为

$$\omega_m=L^{-1}[\Omega_m(s)]=L^{-1}\left[\frac{\omega_0/T_m}{(s-s_1)(s-s_2)}\right]$$

利用分解定律，将上式〔　〕中的两项分解，则有

$$\omega_m=L^{-1}\left[\frac{A_1}{s-s_1}+\frac{A_2}{s-s_2}\right]$$

$$=A_1e^{s_1t}+A_2e^{s_2t}=A_1+A_2e^{-\frac{t}{T_m}}$$

式中　A_1、A_2——原函数方程中的系数。

$$A_1=\left.\frac{\omega_0/T_m}{s-s_2}\right|_{s=s_1}=\frac{\omega_0/T_m}{-s_2}=\omega_0$$

$$A_2=\frac{\omega_0/T_m}{s-s_1}\bigg|_{s=s_2}=\frac{\omega_0/T_m}{s_2}=-\omega_0$$

$$\therefore\quad \omega_m=\omega_0-\omega_0 e^{-\frac{t}{T_m}}=\omega_0(1-e^{-\frac{t}{T_m}})$$

反电势 $e_s=\psi\omega_m=\psi\omega_0(1-e^{-\frac{t}{T_m}})=U_s(1-e^{-\frac{t}{T_m}})$

电枢电流 $i_s=\frac{1}{R_s}(U_s-e_s)=\frac{U_s}{R_s}e^{-\frac{t}{T_m}}=I_{dz}e^{-\frac{t}{T_m}}$

电磁转矩 $M_D=\psi i_s=\psi\frac{U_s}{R_s}e^{-\frac{t}{T_m}}=M_{dz}e^{-\frac{t}{T_m}}$

以上求出的$\omega_m=f(t)$、$e_s=f(t)$、$i_s=f(t)$ 及$M_D=f(t)$等表达式与第二章求得 的结果是完全一致的。

附 1.3.2 不考虑电枢电感，励磁电流恒定，带有负载时的过渡特性解析

即$L_s=0$，$i_L=I_{L0}$，M_{fz}为常数条件下，突加电压$u_s=U_s$时，求$\omega_m=f(t)$ 及$i_s=f(t)$。

在附图6中，我们将电枢电流i_s分解成两部分，即$i_s=I_{fz}+i_s'$，I_{fz}用来产生克服外界负载转矩的电磁转矩；i_s'用来产生过渡过程转矩。这样，我们可以把带有负载的过渡过程变成为一个没有负载的等效空载状态，如附图7所示。在空载状态下，电机电枢突加电压$u_s=U_s$时，由附图8的a点起动，角速度沿特性上升至ω_0点，稳态时$\omega_w=\omega_0$。

有载时，我们把它看成等效空载状态。此时$u_s'=U_s'$，由a点起动，角速度沿特性上升至ω_0'点，稳态时$\omega_w=\omega_0'=\omega_{fz}$。这就相当于将静特性的坐标轴向右移动了一个$M=M_{fz}$的距离。此时$\Omega_m'(s)$ 为

$$\Omega_m'(s)=\frac{U_s'}{s}\,\frac{\psi}{sR_sJ+\psi^2}=\frac{\omega_0'/T_m}{(s-s_1)(s-s_2)}$$

同理，式中，$s_1=0$，$s_2=-1/T_m$。可求得

$$\omega_m'=\omega_0'(1-e^{-\frac{t}{T_m}})$$

而$\omega_0'=\omega_w=\omega_{fz}$

$$\therefore\quad \omega_m=\omega_{fz}(1-e^{-\frac{t}{T_m}})$$

$$i_s'=\frac{U_s'}{R_s}e^{-\frac{t}{T_m}}=I_{dz}'e^{-\frac{t}{T_m}}$$

$$i_s=I_{fz}+i_s'=I_{fz}+I_{dz}'e^{-\frac{t}{T_m}}$$

其中

$$I_{dz}'=I_{dz}-I_{fz}$$

$$\therefore\quad i_s=I_{fz}+I_{dz}e^{-\frac{t}{T_m}}-I_{fz}e^{-\frac{t}{T_m}}$$

$$=I_{dz}e^{-\frac{t}{T_m}}+I_{fz}(1-e^{-\frac{t}{T_m}})$$

同理

$$M_D=M_{dz}e^{-\frac{t}{T_m}}+M_{fz}(1-e^{-\frac{t}{T_m}})$$

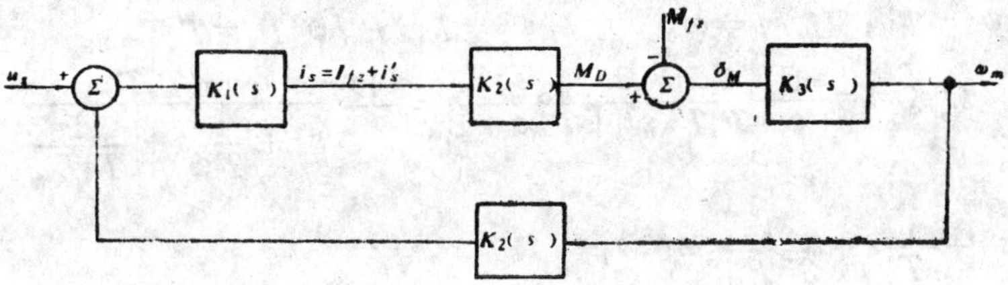

附图 6 带有恒定负载时的简化线性结构图

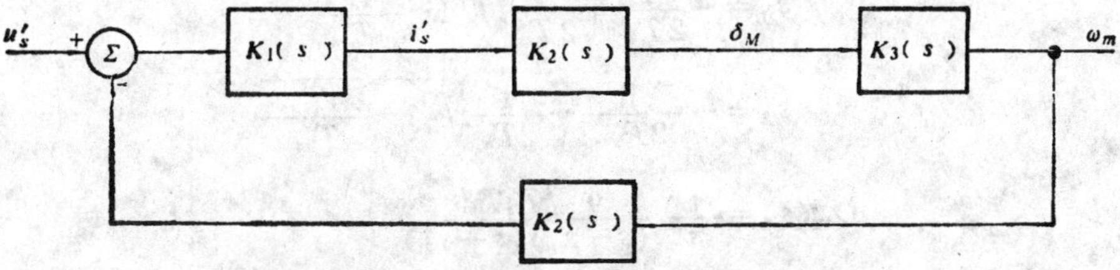

附图 7 等效空载结构图

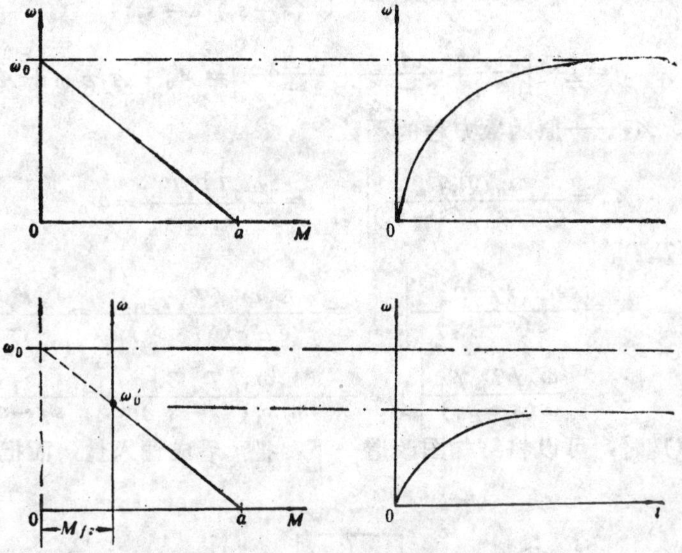

附图 8 起动过程中的动静态特性

附1.3.3 考虑电枢电感时，突加电压$U_s=U_s$的过渡特性

仍设$i_L=I_{L0}$，$r_\omega=0$，$M_{fz}=0$。

$$G(s)=\frac{\Omega_m(s)}{U_s(s)}=\frac{pL_{Ls}I_{L0}}{(R_s+sL_s)(r_\omega+sJ)+(pL_{Ls}I_{L0})^2}$$

$$\Omega_m(s)=\frac{U_s}{s}\left[\frac{\psi}{(R_s+sL_s)Js+\psi^2}\right]$$

上式〔 〕中，分式上下各乘以$1/\psi^2$，则有

$$\Omega_m(s)=\frac{U_s}{s}\left[\frac{1/\psi}{(R_s+sL_s)Js/\psi^2+1}\right]$$

$$=\frac{U_s/\psi}{s\left(s\frac{R_sJ}{\psi^2}+s^2\frac{L_sJ}{\psi^2}+1\right)}$$

考虑到$R_sJ/\psi^2=T_m$；$U_s/\psi=\omega_0$。$L_sJ/\psi^2=L_sJR_s/\psi^2R_s=T_sT_m$。

$$\Omega_m(s)=\frac{1}{s}\ \frac{\omega_0}{T_sT_ms^2+T_ms+1}=\frac{1}{s}\ \frac{\omega_0/T_sT_m}{s^2+\frac{1}{T_s}s+\frac{1}{T_sT_m}}$$

解 $s^2+\frac{1}{T_s}s+\frac{1}{T_sT_m}=0$，得

$$s_1=-\frac{1}{2T_s}+\frac{1}{2T_s}\sqrt{1-\frac{4T_s}{T_m}}$$

$$s_2=-\frac{1}{2T_s}-\frac{1}{2T_s}\sqrt{1-\frac{4T_s}{T_m}}$$

$$\Omega_m(s)=\frac{1}{s}\ \frac{\omega_0/T_sT_m}{(s-s_1)(s-s_2)}$$

原函数
$$\omega_m=L^{-1}[\Omega_m(s)]=L^{-1}\left[\frac{\omega_0/(T_sT_m)}{s(s-s_1)(s-s_2)}\right]$$

$$=L^{-1}\left[\frac{A_0}{s}+\frac{A_1}{s-s_1}+\frac{A_2}{s-s_2}\right]=A_0+A_1e^{s_1t}+A_2e^{s_2t}$$

式中 A_0、A_1、A_2——原函数方程的系数。

$$A_0=\left.\frac{\omega_0/T_sT_m}{(s-s_1)(s-s_2)}\right|_{s=0}=\frac{\omega_0/T_sT_m}{s_1s_2}=\omega_0$$

式中 $s_1s_2=1/T_sT_m$ 。

$$A_1=\left.\frac{\omega_0/T_sT_m}{s(s-s_2)}\right|_{s=s_1}=\frac{s_2\omega_0/T_sT_m}{s_1s_2(s_1-s_2)}=\frac{s_2}{s_1-s_2}\omega_0$$

$$A_2=\left.\frac{\omega_0/T_sT_m}{s(s-s_1)}\right|_{s=s_2}=\frac{s_1\omega_0/T_sT_m}{s_2s_1(s_2-s_1)}=\frac{s_1}{s_2-s_1}\omega_0$$

在求$i_s=f(t)$时，可以将结构图改造一下，把u_s看成输入量，而把i_s看成输出量，则有附图9。

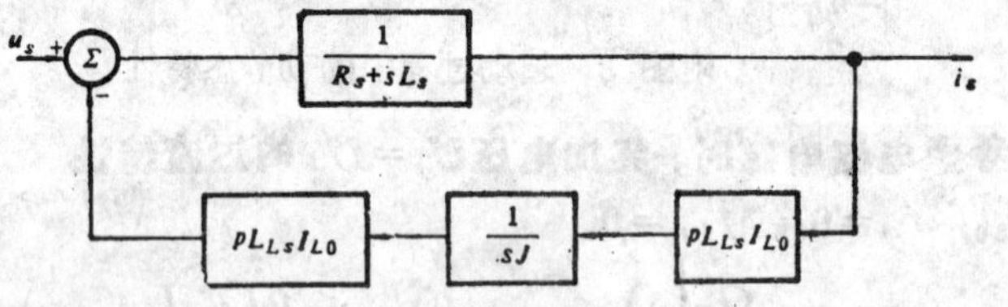

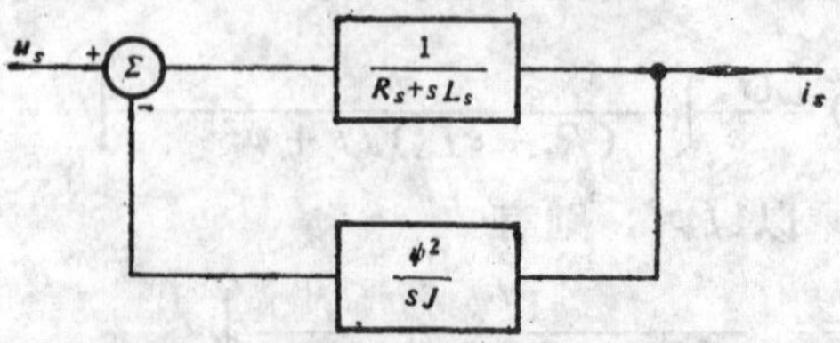

附图 9 以电枢电流i_s为输出量的结构图

$$G(s)=\frac{I_s(s)}{U_s(s)}=\frac{Js}{JsR_s+s^2JL_s+\psi^2}\ \frac{1/JL_s}{1/JL_s}$$

$$=\frac{s/L_s}{s^2+\frac{1}{T_s}s+\frac{1}{T_sT_M}}=\frac{s/L_s}{(s-s_1)(s-s_2)}$$

变换函数 $I_s(s)=U_s(s)\cdot G(s)$

$$=\frac{U_s}{s}\ \frac{s/L_s}{(s-s_1)(s-s_2)}=\frac{U_s/L_s}{(s-s_1)(s-s_2)}$$

原函数 $i_s=L^{-1}[I_s(s)]=L^{-1}\left[\frac{U_s/L_s}{(s-s_1)(s-s_2)}\right]$

$$=L^{-1}\left[\frac{D_1}{s-s_1}+\frac{D_2}{s-s_2}\right]=D_1e^{s1t}+D_2e^{s2t}$$

式中 D_1、D_2——原函数方程的系数。

$$\frac{U_s}{L_s}=\frac{U_s/R_s}{L_s/R_s}=\frac{I_{dz}}{T_s}$$

$$D_1=\frac{U_s/T_s}{s-s_2}\Bigg|_{s=s_1}=\frac{I_{dz}/T_s}{s_1-s_2}$$

$$D_2=\frac{U_s/L_s}{s-s_1}\Bigg|_{s=s_2}=\frac{I_{dz}/T_s}{s_2-s_1}$$

附1.3.4 考虑电枢电感，同时拖动恒定负载时，突加电枢电压情况下的过渡过程

同样设$i_L=I_{L0}$，$r_\omega=0$。

有载时的处理方法与前述方法相同，把i_s分成两部分，即$i_s=I_{fz}+i_s'$，同理求得

$$\omega_m=\omega_m'=A_0'+A_1'e^{s1t}+A_2'e^{s2t}$$

式中 $A_0'=\omega_{fz}=\omega_0'$； $A_1'=\frac{s_2}{s_1-s_2}\omega_{fz}$； $A_2'=\frac{s_1}{s_2-s_1}\omega_{fz}$。

$$i_s'=D_1'e^{s1t}+D_2'e^{s2t}$$

式中 $D_1'=\frac{I_{dz}'/T_s}{s_1-s_2}$； $D_2'=\frac{I_{dz}'/T_s}{s_2-s_1}$。

$$i_s=I_{fz}+i_s'=I_{fz}+D_1'e^{s1t}+D_2'e^{s2t}$$

值得注意的是，由于$L_s\neq0$，$M_{fz}\neq0$，如在起动之初，突加电压后，电流就有一个由零开始增大的过程。当$i_s\leqslant I_{fz}$时，电机不能起动，而处于“死区”工作状态。“死区”的时间取决于堵转电流和负载电流的大小及电机本身的电磁时间常数。“死区”时间t_0为

$$t_0=T_s\ln\frac{I_{dz}}{I_{dz}-I_{fz}}$$

附1.4 起动时的等效电路

由基本方程式可知

$$u_s=R_si_s+L_s\frac{di_s}{dt}+pL_{Ls}I_{L0}\omega_m \qquad 附(1\text{-}10)$$

$$pL_{Ls}I_{L0}i_s = J\frac{d\omega_m}{dt} + r_\omega \omega_m \qquad 附(1-11)$$

将$e_s = pL_{Ls}I_{L0}\omega_m$代入式附1-10中，可得

$$u_s = R_s i_s + L_s\frac{di_s}{dt} + e_s$$

显然上式是一个外加端电压u_s的R_s、L_s、e_s串联电路。

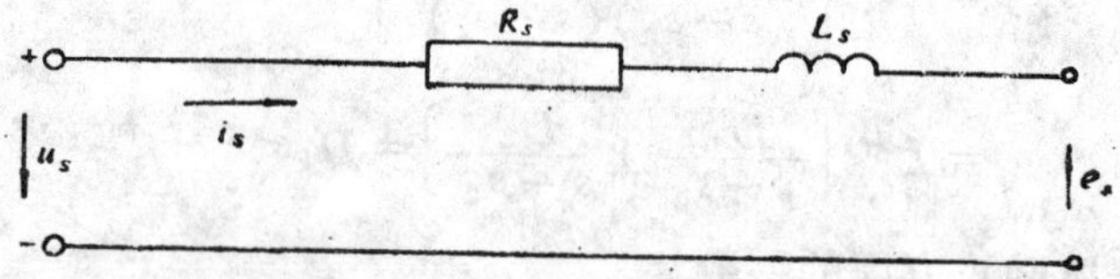

附图 10　他励直流电动机起动时的等效电路之一

将 $\omega_m = \dfrac{e_s}{pL_{Ls}I_{L0}}$ 代入式附1-11中，得

$$i_s = \frac{J}{pL_{Ls}I_{L0}} \frac{\frac{1}{pL_{Ls}I_{L0}}de_s}{dt} + \frac{r_\omega e_s}{(pL_{Ls}I_{L0})^2}$$

令　　$C_d = \dfrac{J}{(pL_{Ls}I_{L0})^2}$，$R_\omega = \dfrac{(pL_{Ls}I_{L0})^2}{r_\omega}$，则

$$i_s = C_d\frac{de_s}{dt} + \frac{1}{R_\omega}e_s$$

显然电流i_s流过的是一个具有反电势e_s的C_d与R_ω并联的电路。当$L_s = 0$，$r_\omega = 0$时，成为一个简化了的R_s、C_d串联电路，$C_dR_s = \dfrac{JR_s}{\psi^2} = T_m$。其中的电容$C_d$数值很大，1kW的电动机$C_d \approx (0.2 \sim 0.5)$F，故此无法直接模拟。反过来讲，如果有些场合需要采用特大电容器时，用电动机来代替静止电容器，则将是很经济的。这是一个非常有趣而有待进一步开发的课题。

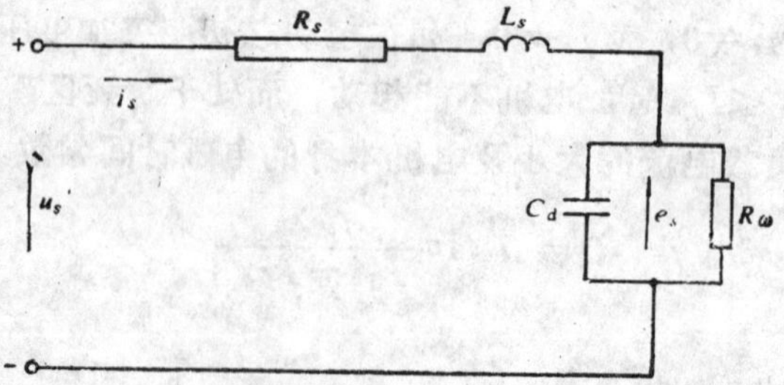

附图 11　他励直流电动机起动时的等效电路之二

附录2　计算机计算起动电阻、绘制$n=f(t)$曲线

设PE、UE、IE、NE、IZ、M、GD分别代表电动机的额定功率、额定电压、额定电流、额定转速、负载电流、起动级数和飞轮矩。

设$N\theta$、$N(1, A+1)$、$N(2, A)$分别代表理想空载转速、切换转速和稳态转速，

设$K1=IZ/IE$、$K3=I2/IZ$、$K4=I1/IE$，$K2$为运算系数。

计算起动电阻程序段框图

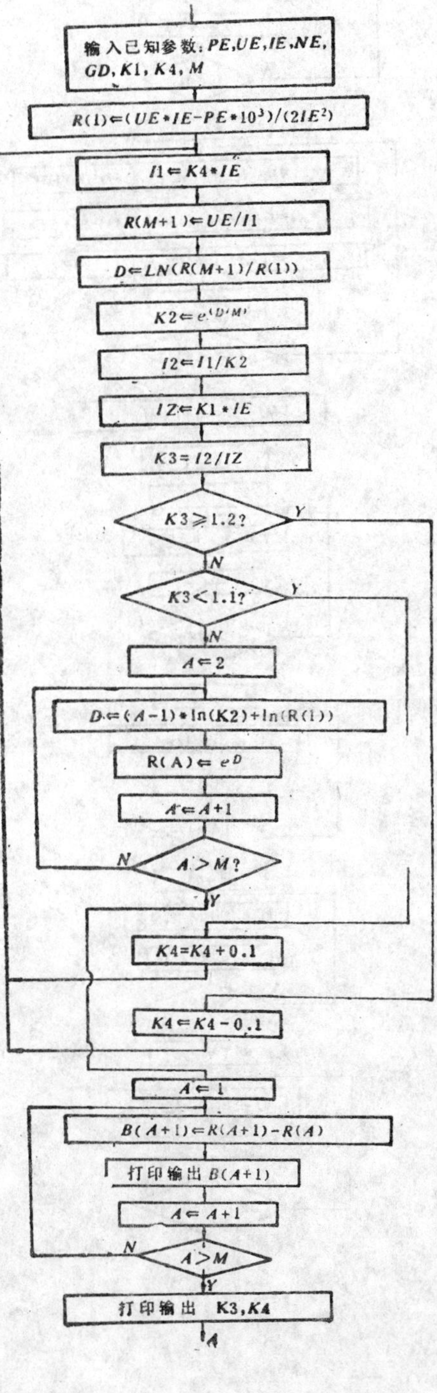

计算切换速度程序段框图

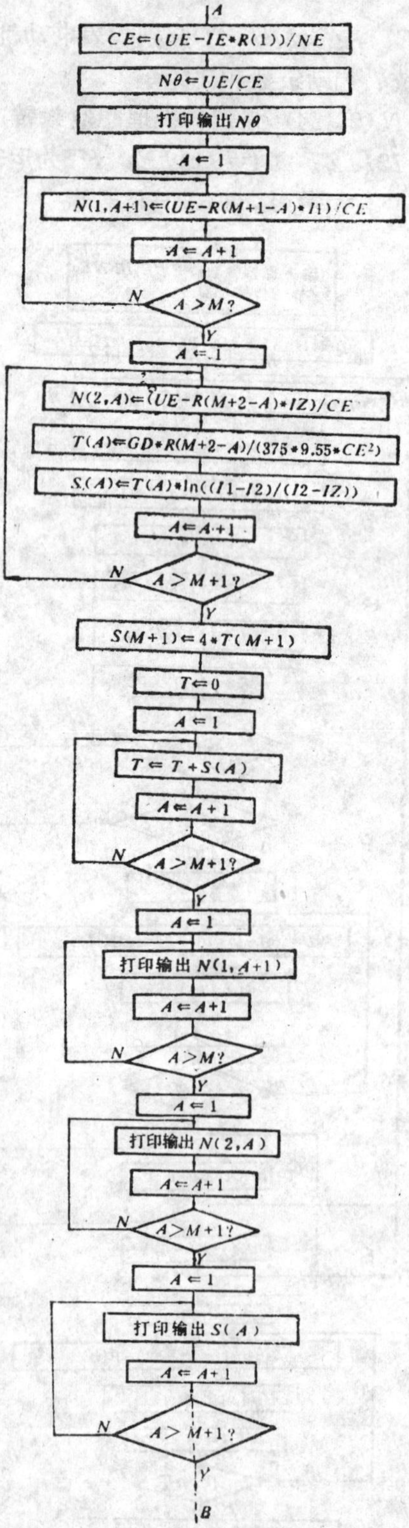